生物活性物质功能与技术丛书

香加皮多糖、细辛多糖的制取及应用

Preparation and Application
of Polysaccharides from
Cortex Periplocae and
Asarum

刘鹏飞　席高磊　彭军仓　主编

中国轻工业出版社

图书在版编目（CIP）数据

香加皮多糖、细辛多糖的制取及应用 / 刘鹏飞，席
高磊，彭军仓主编. -- 北京：中国轻工业出版社，
2024.12

ISBN 978-7-5184-4671-1

Ⅰ.①香…　Ⅱ.①刘…　②席…　③彭…　Ⅲ.①卷烟—
加料—香加皮—多糖—提纯—烟草质量化学　Ⅳ.
①TS452

中国国家版本馆CIP数据核字（2023）第234441号

责任编辑：伊双双　邹婉羽

策划编辑：伊双双　　　　责任终审：许春英　　封面设计：锋尚设计
版式设计：砚祥志远　　　责任校对：吴大朋　　责任监印：张　可

出版发行：中国轻工业出版社（北京鲁谷东街5号，邮编：100040）
印　　刷：三河市万龙印装有限公司
经　　销：各地新华书店
版　　次：2024年12月第1版第1次印刷
开　　本：710×1000　1/16　印张：17.5
字　　数：320千字
书　　号：ISBN 978-7-5184-4671-1　定价：99.00元
邮购电话：010-85119873
发行电话：010-85119832　010-85119912
网　　址：http://www.chlip.com.cn
Email：club@chlip.com.cn
版权所有　侵权必究
如发现图书残缺请与我社邮购联系调换
231562K1X101ZBW

本书编写人员

主　编　刘鹏飞　席高磊　彭军仓

副主编　王小莉　张明月　张友杰　赵学斌　任昭辉

参　编（**按姓氏音序排序**）
　　　　韩　路　杨顺贺　杨紫姗　张皓楠　张瑞平
　　　　张翼飞

前言

　　多糖是由10个以上单糖聚合而成的高分子聚合物。常见的多糖一般是由几百个甚至上万个单糖通过糖苷键连接而成的高分子聚合物。多糖主要来自高等植物、菌类、藻类、动物细胞膜和微生物。在自然界中，90%以上的碳水化合物以多糖的形式存在。多糖是构成生命有机体的重要组分。多糖没有均匀一致的聚合度，结构复杂且分子质量极大，具有多种不同的单糖残基、不同的连接位置和不同类型的糖苷键以及支链，因此能形成具有不同构象、不同分子质量以及链内和链间氢键的复杂多级结构。由于多糖的生物活性与其纯度、单糖残基组成、糖苷键类型、支链类型、取代基种类、分子质量、极性等因素有关，因此多糖的研究与开发是复杂且难度极大的工作。

　　对于核酸、蛋白质和脂肪的研究开始较早，而对于多糖的研究开始相对较晚，其中对于香加皮多糖、细辛多糖的研究较少且缺乏系统性。经过近几十年的发展，特别是随着生命科学、分析仪器、现代生物技术的进步，研究者发现多糖具有抗氧化、抗衰老、抗癌、抗病毒、增强免疫力、降血糖和预防艾滋病等生物活性，这也是糖类研究的热点。此外，由于多糖具有多羟基结构的吸水性、天然成膜性和良好的生物相容性，在加热时可以裂解生成大量与烟香协调的香味物质，因此在卷烟的保润增香方面也有较多的研究和应用。

　　本书基于编者多年来对多糖提取纯化、结构鉴定、清除自由基、保润和增香，以及烟草化学、感官评吸等方面的经验积累和研究结果分专题撰写而成。书中以香加皮多糖、细辛多糖为例，包含了详细的试验方法、清晰的数据分析和多方位的讨论，从原料、提纯、结构鉴定、衍生化到最终的保润、增香应用，一步一步进行，系统性、逻辑性较好。不同于其他多糖相关专著以医药应用为主，本书侧重于介绍多糖在烟草保润、增香等方面的应用。

本书第一章由彭军仓、张明月、任昭辉编写，第二章由张友杰、张瑞平、任昭辉编写，第三章由席高磊、张明月编写，第四章由席高磊、张皓楠、韩路编写，第五章由张友杰编写，第六章由张明月编写，第七章由杨顺贺、杨紫姗编写，第八章由王小莉编写，第九章由赵学斌编写，第十章由席高磊编写，第十一章由张翼飞、彭军仓、张明月编写，第十二章由杨紫姗、杨顺贺编写，全书由刘鹏飞、彭军仓统稿。

编者团队的研究获得了河南省科技厅科技攻关项目（182102110355、212102110353）、河南省科技研发计划联合基金项目（222103810005）、河南省高等学校重点科研项目（23A210022）的支持。

本书对从事多糖活性、多糖在卷烟保润增香等方面的教学、科研及开发人员具有一定的参考价值。

本书涉及的内容广泛，限于作者水平以及编写时间，书中难免存在不足之处，欢迎读者批评指正。

编者

2024年7月

于河南郑州

目录

第一章

糖类概述

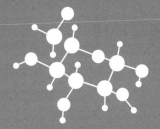

糖类是自然界中分布极为广泛的一类有机物质。糖类按结构特点分为3类：单糖、低聚糖和多糖。本书所研究的多糖是指非淀粉、非纤维素且具有生物活性的多糖。由于多糖是由多个单糖分子聚合而成，随着聚合度的增加，其分子质量可以多至数千、数万乃至数千万。关于核酸、蛋白质和脂肪的研究历史较早，而关于多糖的研究起步较晚。随着生命科学的发展，多糖也越来越多地受到研究者的关注。1998年3月，高益槐教授在新西兰从灵芝中成功提取了三维立体螺旋状活性多糖。1998年，博伊特勒发现对脂多糖具有耐受性的老鼠体内含有特殊蛋白质，并于2002年因此获得诺贝尔生理学或医学奖。2001年，美国科学家利兰·哈特威尔和英国科学家蒂莫西·亨特、保罗·纳斯因为发现了与调控细胞周期机制有关的关键性物质活性多糖和蛋白质获得诺贝尔生理学或医学奖。由于多糖由多种单糖组成，且有不同的连接方式和支链结构，因此具有复杂的连接结构和空间结构，承载了大量的生物学信息，并积极参与分子识别等重要的生理过程。例如，不同的血型是由血红细胞表面抗原决定簇中的糖连接结构决定的；细胞表面单糖分子连接抗原结构的改变导致了正常细胞发生癌变。

近年来，随着对多糖研究的深入，研究者们通过从多种原料（如植物和藻类等）中提取、分离、纯化以及有针对性地结构修饰得到大量多糖，并进一步研究了多糖的化学成分、单糖组成、连接结构、理化性质和生物活性等。由于多糖为多种不同单糖的聚合物，其初步代谢产物为糖类物质，因此无毒副作用。研究者们发现多糖具有很多良好的生理活性和理化性质。在生理活性方面，多糖具有抗氧化、抗辐射、抗病毒、抗菌、抗酪氨酸酶、抗炎、保护脱氧核糖核酸（DNA）、抗肿瘤、抗疲劳、抗衰老、保肝、降血脂、降血糖、降血压、提高免疫力、降胆固醇等功效，因而被开发成保健品、药品等。目前已上市的多糖药品和保健品有黄芪多糖注射液、灵孢多糖注射液、香菇多糖注射液、香菇多糖胶囊、云芝多糖胶囊、灵芝多糖胶囊、香菇多糖片等。在理化性质方面，多糖具有热稳定，比表面积大，以及良好的缓释性、乳化性、吸水性、保湿性等优势，常被研究开发用于药物缓释、面膜保润、烟草保润等方面，此外还用于卷烟爆珠和卷烟滤嘴，如某品牌卷烟含有铁皮石斛多糖爆珠。

第一节 糖类的分类

糖类按照组成糖的单元数量多寡可以分为单糖、低聚糖（寡糖）和多糖。

一、单糖

1.单糖的定义

单糖不能水解为更小的分子，葡萄糖、果糖、鼠李糖、阿拉伯糖、核糖等均为重要的单糖。

2.单糖的分类

单糖是多羟基醛或多羟基酮类化合物，依据这种分类方法，前者称为醛糖（Aldose），后者称为酮糖（Ketose），如图1-1所示。

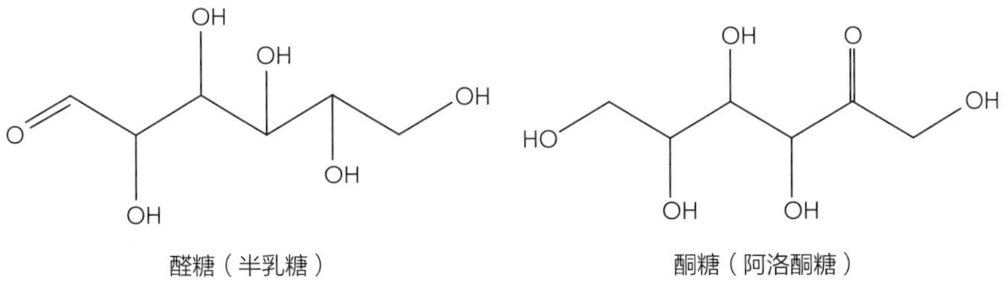

醛糖（半乳糖）　　　　　　酮糖（阿洛酮糖）

图1-1　醛糖与酮糖

具有吡喃环结构的糖称为吡喃糖（Pyranose），具有呋喃环结构的糖称为呋喃糖（Furanose），如图1-2所示。

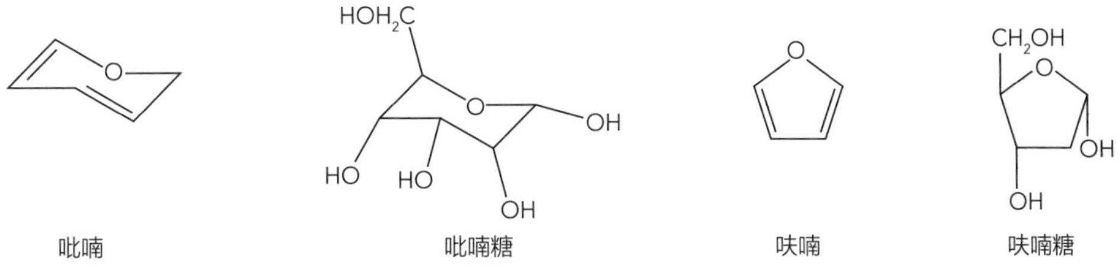

吡喃　　　　　吡喃糖　　　　　呋喃　　　　　呋喃糖

图1-2　吡喃糖与呋喃糖

按照分子中碳原子数目的不同，单糖又可分为三碳糖（丙糖，如甘油醛）、四碳糖（丁糖，如赤藓糖）、五碳糖（戊糖，如阿拉伯糖、核糖、木糖、来苏糖）、六碳糖（己糖，如葡萄糖、甘露糖、果糖、半乳糖）、七碳糖（庚糖）等，如图1-3所示。食品中的单糖以己糖为主。

单糖的这两种分类法常结合使用，例如含5个碳原子的醛糖称为戊醛糖，含6个碳原子的酮糖称为己酮糖，核糖属于戊醛糖，果糖属于己酮糖。

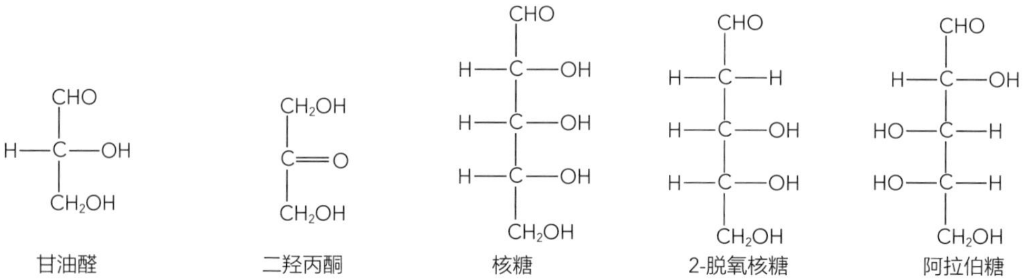

图1-3　不同碳原子数的单糖

糖的名称常与它的最初来源有关，例如葡萄糖是从葡萄中提取出来的，麦芽糖是用麦芽制备的。单糖的名称是糖类化合物名称的基础，例如葡聚糖，表示由葡萄糖组成的多糖。单糖一般不用有机化学系统命名，除少数简单的单糖如羟基乙醛、甘油醛、二羟丙酮按基团命名外，每种单糖都有一个俗名，例如果糖、核糖、赤藓糖等。

3.单糖的结构

（1）链状结构　单糖的链状结构常用费歇尔（Fischer）投影式来表示。下面以D-（＋）-葡萄糖为例来说明，如图1-4所示。

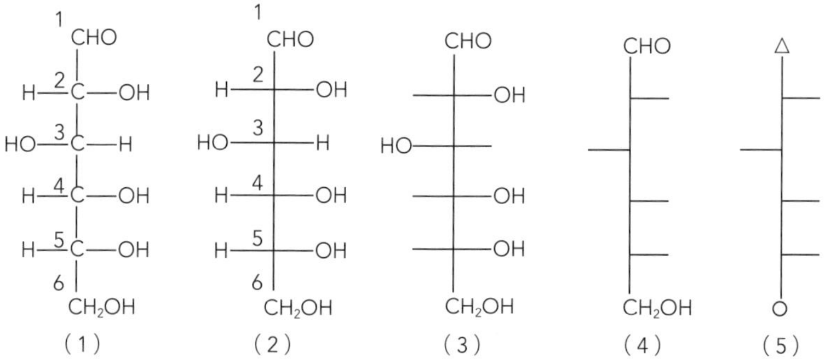

图1-4　葡萄糖的链状结构

用费歇尔投影式表示时规定：糖中的羰基位于投影式的上端，碳原子的编号从靠近羰基的一端开始。如图1-4（1）和（2）所示；有时为了书写方便，可以将碳上的氢省去，如图1-4（3）所示；更简便的方法是将手性碳上的羟基、氢均省去，如图1-4（4）

所示；还可以将醛基用△表示，羟甲基用○表示，进一步简化为图1-4（5）。图1-5所示为常见单糖的链状结构。

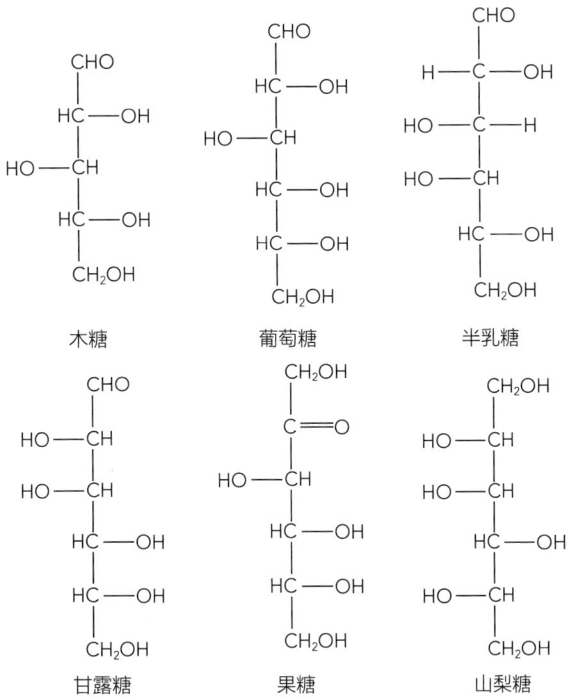

图1-5 常见单糖的链状结构

手性碳原子是指与4个各不相同的原子或基团相连的碳原子，如图1-6中甘油醛中间的碳原子。单糖分子含有手性碳原子，具有旋光性。甘油醛是一个三碳糖（丙糖），单糖开链结构的费歇尔投影式D、L构型的判断是以甘油醛为标准的，如图1-6所示。图1-7中葡萄糖的2、5位碳原子以及果糖的5位碳原子均为手性碳原子。

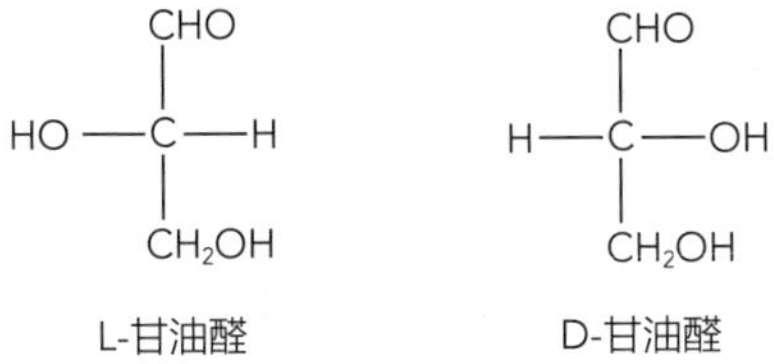

图1-6 甘油醛的费歇尔投影式

如图1-7所示，依照甘油醛的构型，对于醛糖，距离醛基最远的手性碳原子上的羟基在左侧定为L-型，在右侧则定为D-型，如葡萄糖。对于酮糖，距离羰基最远的手性碳原子上的羟基在左侧定为L-型，在右侧则定为D-型，如果糖。

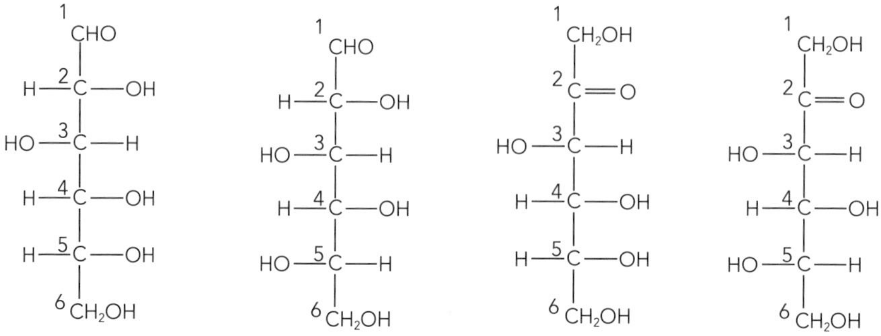

图1-7　D型与L型单糖

在丁醛糖的结构中，2、3位上是不对称碳原子，分子中有2个不对称碳原子，应有4个对映异构体。在丁酮糖的结构中，3位上是不对称碳原子，分子中有1个不对称碳原子，应有2个对映异构体。在戊醛糖的结构中，2、3、4位上是不对称碳原子，分子中有3个不对称碳原子，应有8个对映异构体。在戊酮糖的结构中，3、4位上是不对称碳原子，分子中有2个不对称碳原子，应有4个对映异构体。在己醛糖的结构式中，2、3、4、5位上是不对称碳原子，分子中有4个不对称碳原子，应有16个对映异构体。在己酮糖的结构式中，3、4、5位上是不对称碳原子，分子中有3个不对称碳原子，应有8个对映异构体。含有n个不对称碳原子的化合物可以有2^n个旋光异构体。

（2）环状结构　葡萄糖的开链结构式含有醛基和醇羟基，在分子内可以发生醇醛缩合作用，便可能产生新的异构体。试验已证明，葡萄糖的醛基与5位碳上的羟基在分子内形成了半缩醛。葡萄糖从开链结构变成半缩醛结构时，1位碳变成了不对称碳原子，1位碳上的羟基称为半缩醛羟基，它有两种空排，因此就产生了两个对映异构体。一个称为α-D-（＋）-葡萄糖，另一个称为β-D-（＋）-葡萄糖，如图1-8所示。葡萄糖的这种异构体和开链结构间能互相转变，并建立起一个平衡。含有半缩醛羟基的糖具有还原性，因此称为还原糖。

这两个葡萄糖的差别仅在于1位碳上的羟基在空间的排布不同。凡是半缩醛羟基与决定糖的构型的碳原子（在直链式中的倒数第2个碳原子）上的羟基处于碳链同一边的称为α-型，反之则称为β-型。因此，α-D-葡萄糖的半缩醛羟基在碳链的右边，β-D-葡萄糖的半缩醛羟基在碳链的左边。

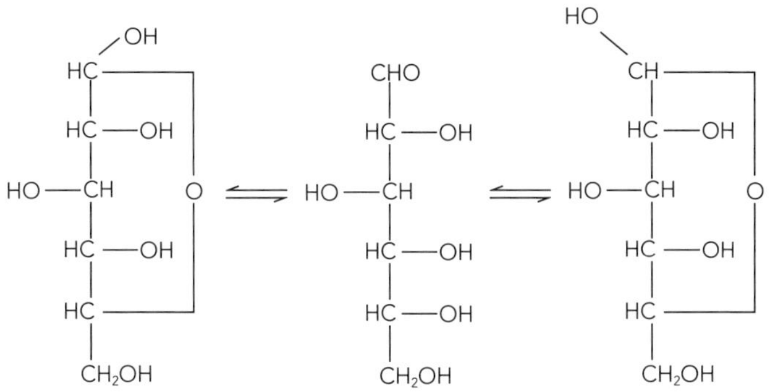

α-D-（+）-葡萄糖　D-葡萄糖　β-D-（+）-葡萄糖

图1-8　葡萄糖的环状结构

其他的单糖形成半缩醛后，都有α-、β-型异构体。

从葡萄糖半缩醛式的结构可以看出它是一个环状结构，即由氧原子连接1位碳与5位碳组成含氧六元环，由于这种环与吡喃结构相似，称为吡喃型单糖。它的环状结构如图1-9所示。

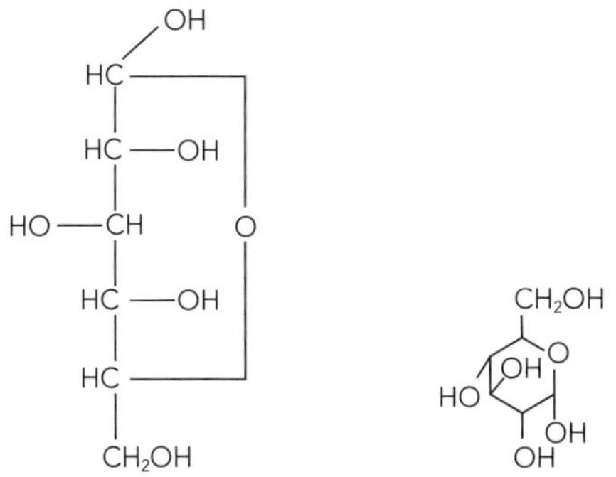

α-D-葡萄糖　α-D-吡喃葡萄糖

图1-9　吡喃型单糖的环状结构

在5位碳上的羟基与1位碳以氧桥形式组成环平面的吡喃型结构中，碳的序数按顺时针方向排列，羟基位置在环下面的相当于直链式右边，在环上面的相当于直链式左边。当直链式形成半缩醛环状时，由于碳—碳链间角度转动的结果，连接在5位碳上的氢原子处于环的下面，而羟甲基（即6位碳）处于环的上面。此外，α-葡萄糖1位碳上的羟基（即半缩醛羟基）应处于环的下面，β-葡萄糖1位碳上的羟基（即半缩醛羟基）应处于环的上面。

环状单糖也有是五元环的。己糖中的果糖，其2位酮基与5位羟基形成的半缩醛，是五元环；核糖是五碳糖，其1位醛基与4位羟基形成半缩醛，也是五元环。含氧五元环相当于呋喃环，因此可称为呋喃型单糖，如图1-10所示。

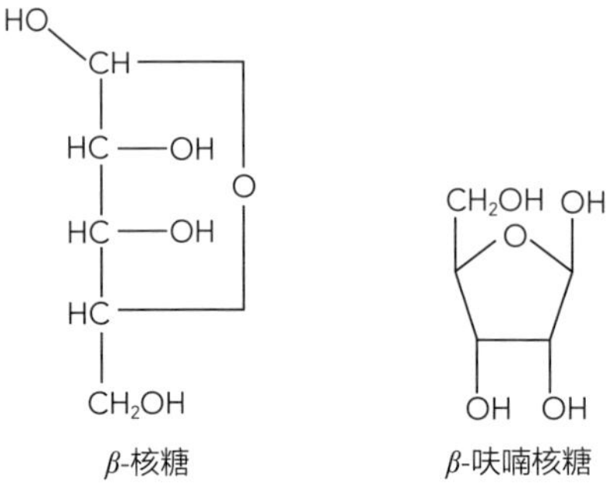

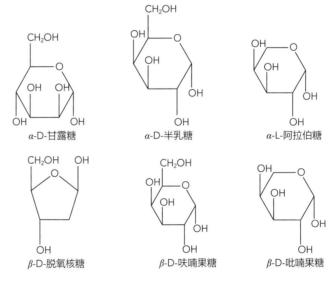

HO
CH
HC
OH
O
HC
OH
HC
CH₂OH
β-核糖
CH₂OH
OH
O
OH
OH
β-呋喃核糖

图1-10　呋喃型单糖的环状结构

图1-11所示为几种常见单糖的环状结构。

α-D-甘露糖
α-D-半乳糖
α-L-阿拉伯糖
β-D-脱氧核糖
β-D-呋喃果糖
β-D-吡喃果糖

图1-11　常见单糖的环状结构

4.单糖的衍生物

（1）糖醛酸　醛糖中的伯醇基被氧化为羧基后的衍生物称为糖醛酸（Glucuronic acid），一般以-uronic acid命名。自然界中存在的糖醛酸有3种，即D-葡糖醛酸、D-甘露糖醛酸和D-半乳糖醛酸。它们以组合成多糖的形式或以糖苷的形式存在于植物、动物和微生物多糖中。糖醛酸易形成内酯，如D-葡糖醛酸-γ-内酯等（图1-12）。含糖醛酸的多糖由于极性增强，水溶性更好，活性一般也较强。

（2）氨基糖　糖分子中有一个或多个羟基被氨基取代形成的糖称为氨基糖（Amino sugar，又称氨糖、糖胺）。自然界中存在大量氨基糖，它们是多糖肽、糖脂、糖蛋白等活性成分的重要组成部分。例如，氨基葡萄糖、甲壳素（图1-13）。氨基葡萄糖是天然的氨基单糖，为人体关节软骨基质中合成蛋白聚糖所必需的物质。它是由葡萄糖的一个羟基被氨基取代形成，易溶于水及亲水性溶剂，通常以N-乙酰基衍生物（如甲壳素）或以N-硫酸酯和N-乙酰-3-O-乳酸醚（胞壁酸）形式存在于微生物、动物来源的多糖和结合多糖中。

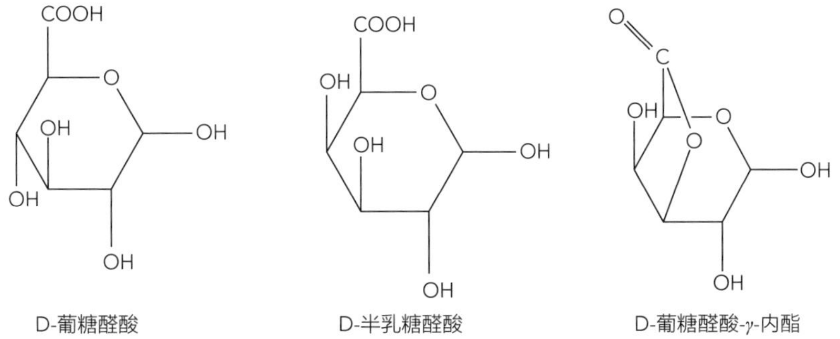

D-葡糖醛酸　　　　　　　　D-半乳糖醛酸　　　　　　　D-葡糖醛酸-γ-内酯

图1-12　糖醛酸及其内酯

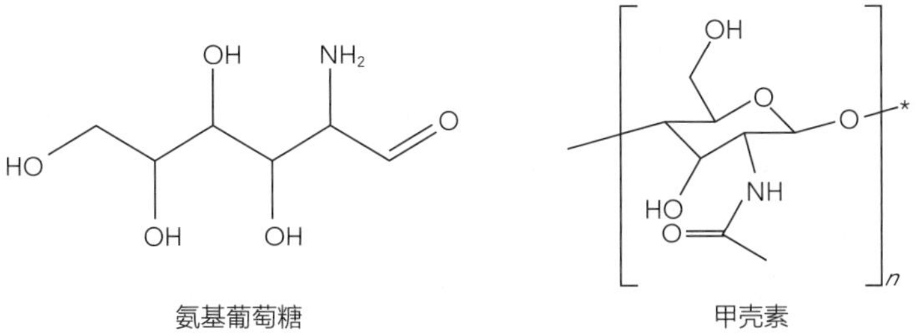

氨基葡萄糖　　　　　　　　　　甲壳素

图1-13　氨基糖及其衍生物

（3）糖醇　糖醇（Sugar alcohol）是糖的醛基、酮基还原产物，也称多元醇，通常是生物有机体的组成成分及代谢产物，直接或间接参与生命活动，如葡萄糖还原生成山梨糖醇，木糖还原生成木糖醇等（图1-14）。由于糖醇具有似蔗糖的甜味，热量又大多低于蔗糖，因此常作为蔗糖等的替代物。同时，由于糖醇不受胰岛素制约，不会引起血糖水平升高，故常用作辅助治疗糖尿病、肥胖症的甜味剂。并且，口腔中的糖醇不受微生物作用，不产生酸，特别是木糖醇还能抑制微生物，在食品、药品等方面越来越受到重视。

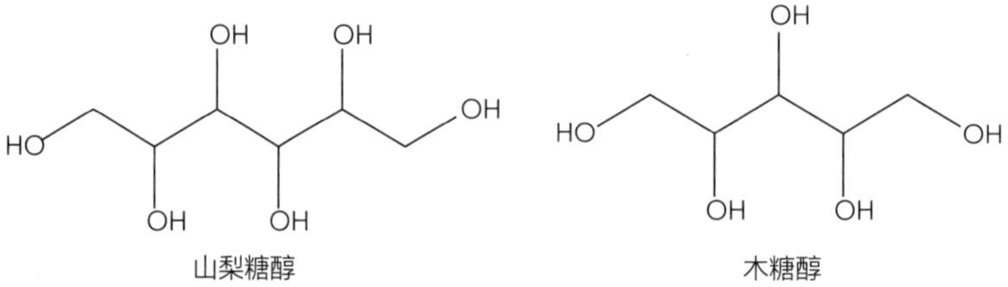

图1-14   山梨糖醇与木糖醇

二、低聚糖

低聚糖（Oligosaccharide）又称寡糖，是由2~10个单糖分子通过分子间羟基的脱水缩合而成，在一定条件下又能水解成单糖。按照水解后生成单糖的数目，低聚糖可分为二糖、三糖等。二糖有蔗糖、麦芽糖和乳糖等，三糖有棉籽糖等。一般地，糖与其他化合物（包括糖与糖）通过糖苷键相连。

1.糖苷的形成

单糖分子的环状结构中含有半缩醛羟基，可与其他含有羟基的化合物脱水形成缩醛型化合物，称为糖苷（Glycoside）。在糖苷分子中，糖的部分称为糖基，非糖的部分称为配基。糖基和配基之间的键（例如—C—O—C—）称为糖苷键（Glycosidic bond）。在生物体内，单糖是很活跃的，主要以结合态的形式存在，除形成多糖外，还可与非糖物质结合成糖苷后被保留下来。自然界中的糖苷主要有两种类型：O-糖苷（又分为醇苷和酚苷）和N-糖苷，还有少量的S-糖苷和C-糖苷（图1-15）。配基以氧原子与糖基连接的为O-糖苷，如多糖中的葡萄糖苷；配基以氮原子与糖基连接的为N-糖苷，主要有核酸中的核糖的糖苷。配基在糖苷分子中与半缩醛羟基位置相应，有α-型和β-型两种异构体。糖苷具有缩醛结构，不存在半缩醛羟基，其构型是稳定的，没有还原性，异构体在水中不发生变旋现象。

糖苷常见的糖基有葡萄糖、半乳糖、鼠李糖和芸香糖等，配基则有许多类型的化合物。烟草中存在较多的糖苷配基有花青素、芸香苷配基和苦杏仁配基。

糖苷是无色无臭的晶体，味苦，能溶于水及乙醇，难溶于乙醚，有旋光性，天然的糖苷一般是左旋的。糖苷的化学性质和生物功能主要是由配基决定的。

毛茛苷（*O*-糖苷，醇苷）　　水杨苷（*O*-糖苷，酚苷）　　腺苷（*N*-糖苷）　　芥子苷（*S*-糖苷）

图1-15 **糖苷的种类**

2.低聚糖的结构

低聚糖的结构特点需要从三个方面来说明：①由哪一个或哪几个单糖组成；②指出是 α -糖苷还是 β -糖苷；③糖苷键连接在糖的哪个位置上。例如，乳糖的结构（图1-16）为 β -半乳糖（1→4） α -葡萄糖，（1→4）表示糖苷键连接的位置，括号前的半乳糖1位与括号后的葡萄糖4位连接；半乳糖前的" β -"表示半乳糖属于 β -型，由于半乳糖1位碳（即半缩醛羟基）参加糖苷键，故形成 β -糖苷键，因此乳糖是一个 β -半乳糖苷；葡萄糖前的" α -"表示处于配基位置的葡萄糖是 α -型的，但游离的二糖常无须说明是 α -型还是 β -型，因此只要写 β -半乳糖（1→4）葡萄糖即可，在配基位置上葡萄糖前不必注" α -"或" β -"；"→"指的是配基上成键羟基的位置，并说明括号后的单糖处于配基地位。如果互为配基则用"↔"表示。

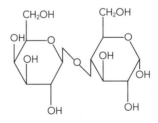

图1-16 **乳糖（ β -异构体）的结构**

二糖中的单糖基有两种状态：一种是单糖基以它的半缩醛羟基连接成糖苷键；另一种则保留了半缩醛羟基而以其他位置的羟基参与糖苷键。在二糖或低聚糖中保留半缩醛羟基单糖基的称为还原糖，它们像游离的葡萄糖那样具有还原性、变旋性和与苯肼成脎等性质。相反，缺乏游离半缩醛羟基的低聚糖称为非还原性糖，例如海藻二糖——α-葡萄糖（$1\leftrightarrow1$）α-葡萄糖，两个葡萄糖基彼此都是由半缩醛羟基连接成糖苷键的，所以海藻二糖就不具有还原糖的上述性质。对于非还原糖，如果在能够发生水解的条件下做试验，要注意因水解产生单糖，使非还原糖被误认为是还原糖的假象。

3.常见的二糖

常见的二糖有蔗糖α-葡萄糖（$1\leftrightarrow2$）β-果糖、麦芽糖α-葡萄糖（$1\rightarrow4$）葡萄糖、异麦芽糖α-葡萄糖（$1\rightarrow6$）葡萄糖、纤维二糖β-葡萄糖（$1\rightarrow4$）葡萄糖、龙胆二糖β-葡萄糖（$1\rightarrow6$）葡萄糖、蔗糖α-葡萄糖（$1\leftrightarrow2$）β-果糖、乳糖β-半乳糖（$1\rightarrow4$）葡萄糖、芸香糖β-鼠李糖（$1\rightarrow6$）葡萄糖和棉籽糖α-半乳糖（$1\rightarrow6$）α-葡萄糖（$1\rightarrow2$）β-果糖。

（1）蔗糖 蔗糖是由α-葡萄糖1位碳上的半缩醛羟基与β-果糖2位碳上的半缩醛羟基脱去1分子水，通过α-1,2糖苷键连接而成的，如图1-17所示。

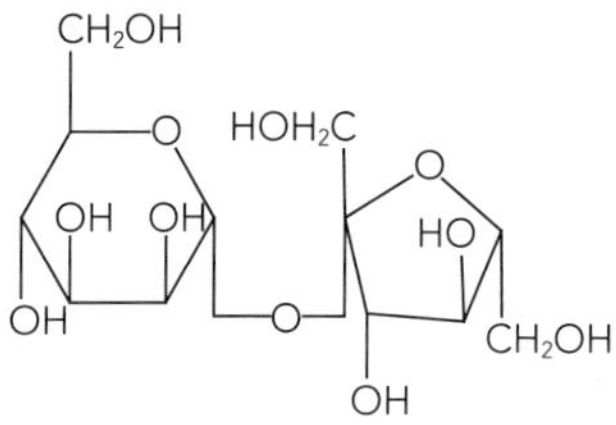

图1-17 蔗糖的结构

蔗糖α-葡萄糖（$1\leftrightarrow2$）β-果糖的糖苷键用（$1\leftrightarrow2$）表示前后2个糖基彼此以半缩醛或半缩酮的羟基结合成糖苷键，因此两个糖基也可以看成彼此的配基。蔗糖分子中不存在半缩醛羟基，因此它没有还原性和变旋现象。蔗糖本身是非还原性糖，但是当蔗糖水解成D-葡萄糖和D-果糖后，由于糖苷转变为半缩醛结构，故又显示单糖的还原性。

蔗糖易溶解于水，难溶于乙醇。蔗糖的比旋光度（[α]）为+66.5°。在稀酸或蔗糖酶的作用下，蔗糖水解，比旋光度为−20.4°。D-葡萄糖的比旋光度是+52.5°，D-果糖的比旋光度是−93°，所以这两种单糖的等分子混合物的比旋光度是−20.4°。由于在水解过程中，溶液的旋光性由右旋变为左旋，因此把蔗糖的水解称为转化反应（图1-18），所生成的等量葡萄糖与果糖的混合物称为转化糖。这个反应是不可逆的，趋向于差不多完全水解。

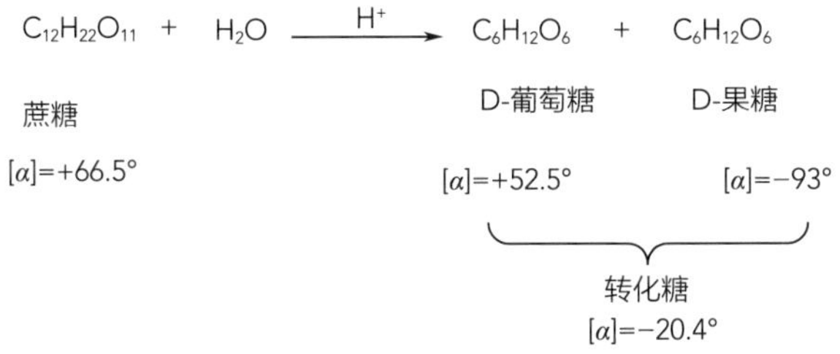
$C_{12}H_{22}O_{11}$ + H_2O $\xrightarrow{H^+}$ $C_6H_{12}O_6$ + $C_6H_{12}O_6$
蔗糖
D-葡萄糖
D-果糖
[α]=+66.5°
[α]=+52.5°
[α]=−93°
转化糖
[α]=−20.4°

图1-18　蔗糖的转化反应

蔗糖是烟草植物体内糖类运输的主要形式。光合作用产生的葡萄糖转变为蔗糖后再向各部位运输，到达各部位后又迅速转变成葡萄糖供呼吸作用，或转变成淀粉贮藏起来。蔗糖转化是低聚糖或双糖在酸或水解酶的催化下水解的典型例子。存在于生物细胞的转化酶有两种，即β-葡萄糖苷酶和β-果糖苷酶。

在烟草加料中使用蔗糖时，一般是利用柠檬酸使其水解转化，但柠檬酸的用量不宜太大，应通过试验求出最佳用量，否则影响烟气质量，产生酸味和涩味。

蜜蜂分泌的转化酶可以使植物花蜜中的蔗糖大部分转化，所得蜂蜜中含有大量转化糖，因此蜂蜜可直接用于烟草加料。

（2）麦芽糖　麦芽糖在麦芽糖酶的作用下能水解产生2分子D-葡萄糖，但不被苦杏仁酶水解。这一事实说明麦芽糖属α-葡萄糖苷。麦芽糖是α-葡萄糖1位碳上的半缩醛羟基与另一分子α-葡萄糖4位碳上的醇羟基脱水通过糖苷键结合而成，这种糖苷键称为α-1,4糖苷键（图1-19）。

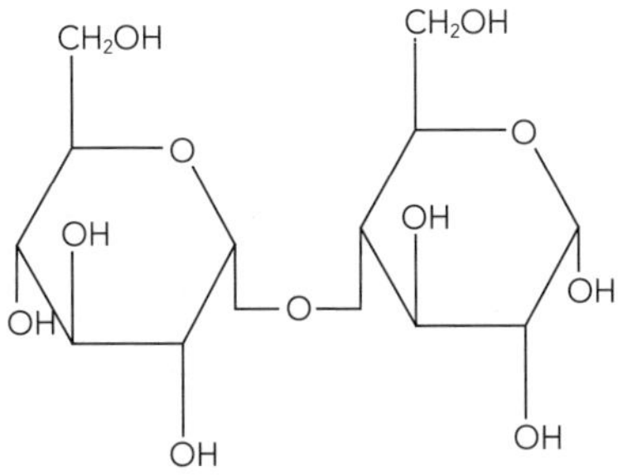
CH_2OH
CH_2OH
O
O
OH
OH
OH
OH
O
OH
OH
OH

图1-19　麦芽糖的结构

麦芽糖是无色片状结晶，易溶于水。其分子结构中还保留1个半缩醛羟基，所以它在水溶液中仍可以α-型、β-型和开链式3种形式存在。α-麦芽糖的[α]=+168°，β-麦芽糖的[α]= +112°，变旋达到平衡时[α]= +136°，所以麦芽糖和葡萄糖等单糖一样，具有还原性，属于还原糖。麦芽糖是饴糖的主要成分。

三、多糖

多糖是由10个以上单糖基通过糖苷键连接而成的聚合物。多糖广泛存在于高等植物、地衣、菌类、藻类、微生物和动物中，与核酸、蛋白质、脂肪并称为生命的四大基础物质，是自然界中含量最丰富的生物多聚体。通常，多糖由几百个甚至几万个单糖聚合而成，因此其性质已与单糖截然不同。多糖不再具有单糖的还原性、甜味，其水溶性等也大幅降低。

常见的多糖有淀粉、纤维素、半纤维素、甲壳素、果胶、树胶等。根据在生物体内的功能，多糖可细分为：生物能量型多糖，如淀粉、肝糖原等，一般具有支链结构；支持组织的多糖，如纤维素、甲壳素等，具有支链和直链结构。有些多糖的衍生物也称为多糖，如糖醛酸、脱氧糖、氨基糖、糖醇等。

分类依据不同，多糖的分类结果也不同。按照其单糖组成可分为均多糖（某一种单糖的聚合物）和杂多糖（多种单糖的聚合物）；根据其酸碱性可分为酸性多糖、中性多糖和碱性多糖；根据其来源不同可分为植物多糖、动物多糖、藻类多糖、菌类多糖等。

单糖组成和糖苷键类型等是多糖具有各种理化性质和生物活性的基础。一般地，分子质量较小的多糖具有较高的极性和水溶性特征，抗氧化活性也较好；而分子质量较大的多糖具有较高的黏性、复杂的空间结构和多种生理活性，在烟草中的保润效果也较好；含有糖醛酸的多糖由于具有羧基而极性更大，很多研究表明其抗氧化活性也更高。因此解析多糖的分子质量、单糖组成等信息有助于更好地认识多糖和利用多糖。

1.植物多糖

植物多糖是指从植物中提取出的多糖。按照存在状态差异，植物中的多糖种类很多，如淀粉、纤维素、果胶质、果聚糖、树胶、黏液质、黏胶质等。

（1）淀粉　植物体内的多糖是非常多的，其中最主要的就是淀粉（Starch）和纤维素（Cellulose）。淀粉是由许多个D-葡萄糖通过糖苷键结合而成的多糖，可以用通式（$C_6H_{10}O_5$）$_n$表示。淀粉一般有2种：一种是直链淀粉，约占20%；另一种是支链淀粉，约占80%。这2种淀粉的结构和理化性质都有差别。

直链淀粉是D-葡萄糖通过α-1,4糖苷键连接而成的，如图1-20（1）所示。括号中的二糖基是相当于麦芽糖的一个基本结构单位，直链淀粉是这个基本结构单位的延伸。基本结构单位表达了淀粉分子中的葡萄糖是由α-1,4糖苷键连接的，聚合度为100～1000，平均相对分子质量为23000～165000。直链淀粉在水溶液中并不是线性分子，而是由分子内的氢键作用使链卷曲成螺旋状，每个环含有6个葡萄糖残基。

　　支链淀粉分子比直链淀粉大，是由600～6000个D-葡萄糖连接而成的枝状化合物。在支链淀粉的分子中，D-葡萄糖除了通过α-1,4糖苷键连接成直链外，直链和支链间是通过α-1,6糖苷键连接的。每个支链含有20～25个葡萄糖基，它们相互间也是以α-1,4糖苷键连接的。分支点，即淀粉直链上的一个葡萄糖由它的6位碳上羟基组成另一个糖苷键，因此分支点的葡萄糖1、4、6位3个羟基都参与了糖苷键，如图1-20（2）所示。支链淀粉的相对分子质量为100000～1000000。

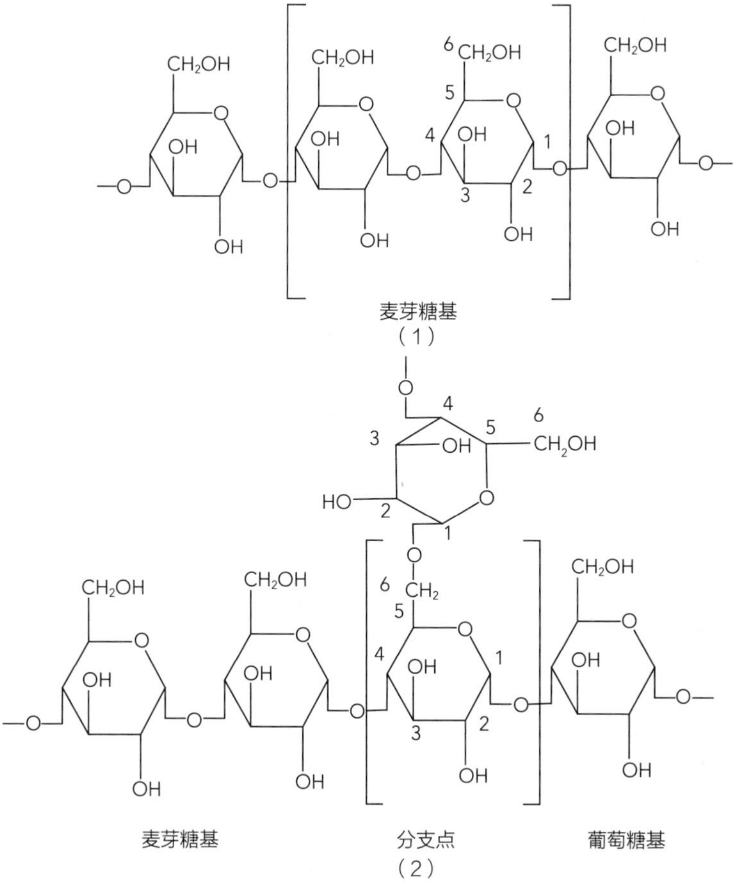

图1-20　直链淀粉（1）和支链淀粉（2）的结构

　　一个直链淀粉的分子，有一个还原尾端，而由50多个支链组成的支链淀粉，也只有一个还原尾端。因为20～25个葡萄糖链的还原端的1位羟基与分支点上葡糖基的6位羟基结合成了糖苷键。

淀粉可与一些化学物质如酸等试剂生成衍生物，被称为改性淀粉。改性淀粉在农业、工业、日用品等行业中的应用非常广泛。

（2）纤维素　纤维素是构成植物细胞壁最重要的成分，在植物体内起支撑和保护作用，是自然界中分布最广、含量最多的一种多糖，例如木材、秸秆、树叶、棉花等，均含有大量的纤维素。做衣服用到的就是棉花、亚麻等植物中的纤维素。造纸用到的也是木材、秸秆、竹子中的纤维素。

纤维素是由1000～10000个β-葡萄糖通过β-1,4糖苷键连接的没有分支的长链多糖。其基本结构单位是"纤维二糖"基（图1-21）。纤维素分子中的D-葡萄糖残基是以反向邻接聚合而成的，其中还存在众多的羟基，能形成大量氢键，纤维素分子之间依靠这些氢键彼此相连成牢固的纤维股束，每一股束由大约60个纤维素分子组成。股束之间再定向排布形成网状结构，这种结构使得限位具有非常好的机械强度和化学稳定性。

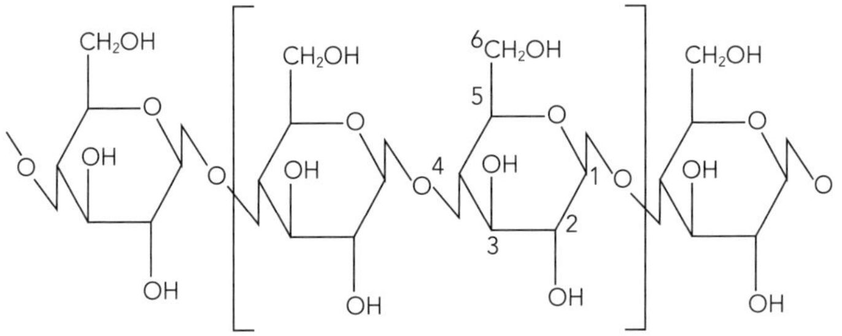

图1-21　纤维二糖基的结构

纤维素一般呈白色纤维状固体，不溶于水，能吸水膨胀，也不溶于稀酸、稀碱和一般的有机溶剂。纤维素较淀粉性质更稳定，不能被人的肠胃吸收消化，所以多吃食用纤维有利于增加肠蠕动并且不会导致血糖水平升高。食草动物的肠胃内有分解纤维素的特殊微生物，这些微生物能分泌出纤维素酶，使纤维素水解生成葡萄糖，以提供能量。

（3）果胶质　果胶质（Pectin）是一类成分比较复杂的多糖，是主要由D-半乳糖醛酸和D-半乳糖醛酸甲酯以α-1,4糖苷键连成的直链，也常含有其他的糖类成分，如L-阿拉伯糖、D-半乳糖、L-鼠李糖、D-木糖、D-葡萄糖等。一般存在于植物的果实、种子、根、茎和叶中。植物体内的果胶质可分为两种，原果胶和可溶性果胶。

原果胶存在于未成熟的果实和茎、叶中，是可溶性果胶酸与纤维素和半纤维素联合而成的高分子化合物，不溶于水。未成熟的果实是坚硬的，这直接与原果胶的存在有关。原果胶在稀酸或原果胶酶的作用下可转变成可溶性果胶。

可溶性果胶主要成分是果胶酯以及糖醛酸通过 α -1,4糖苷键连接而成的聚合物。一般一部分糖醛酸的羧基与甲醇形成甲酯，依据甲酯化程度的不同，可溶性果胶可分为果胶酯酸（图1-22）和果胶酸（图1-23）。果胶酸基本上不含甲酯，果胶酯酸则甲酯化。果胶酸和果胶酯酸均可溶于水，形成胶体溶液。果胶酯酸的主要成分是多缩半乳糖醛酸甲酯和少量多缩半乳糖醛酸，可存在于细胞内液中。果胶酯酸能溶于水是果实成熟后由硬变软的原因之一。果胶酯酸在稀酸或原果胶酶的作用下，在半乳糖醛酸的甲酯部位水解生成果胶酸和甲醇，这就是一些果酒（如葡萄酒）中甲醇含量比较高的原因。

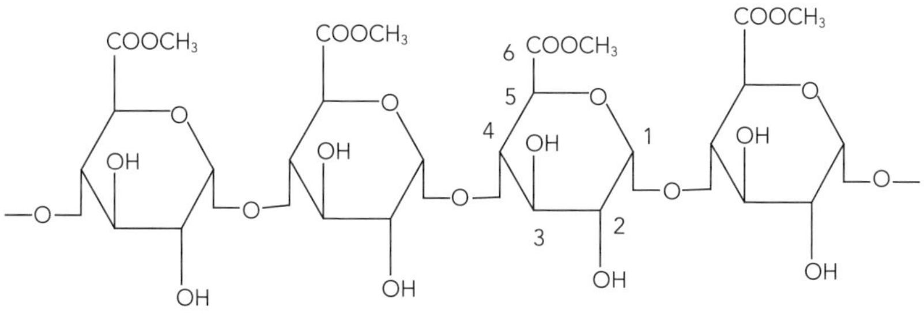

图1-22 果胶酯酸的结构

果胶酸是由很多半乳糖醛酸通过 α -1,4糖苷键结合而成的高分子化合物。果胶酸分子中含有游离的羧基，完全未甲酯化，因此果胶酸在细胞汁液中能与Ca^{2+}或Mg^{2+}、K^+、Na^+等矿质离子生成不溶性的果胶酸钙或果胶酸镁等果胶酸盐沉淀。

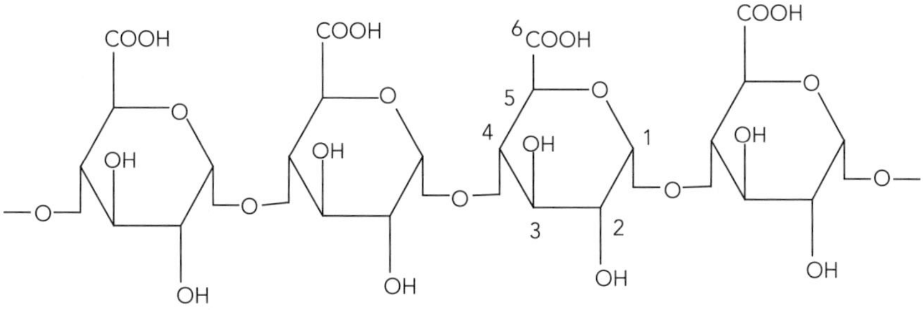

图1-23 果胶酸的结构

（4）树胶 许多植物当其受到物理损伤或霉菌侵袭后，能分泌渗出一些分泌物，干后形成半透明或透明的玻璃或琥珀状物质，一般呈淡黄色至深褐色，称为树胶（Gum，又称树黏胶）。树胶主要存在于植物的树皮、根部、叶子和花朵中，是植物的能量贮存形式。树胶属于杂多糖，主要由一些半乳糖、阿拉伯糖、鼠李糖、葡糖醛酸等组成。

2.动物多糖

（1）糖原　糖原（Glycogen）又称为肝糖或糖元，是一种动物淀粉，是动物贮藏多糖，主要存在于高等动物体内的骨骼肌和肝脏中。它的结构与支链淀粉相似，是由 α-1,4糖苷键连接的主链和 α-1,6支链构成；聚合度比支链淀粉小，但是分支程度更大。支链淀粉的分支结构是24个葡萄糖残基为其分支的长度，而糖原则是一般以平均12个葡萄糖残基为分支的长度。与淀粉类似，糖原遇碘变为紫红色。

（2）甲壳素　甲壳素（Chitin）又称甲壳质、几丁质，是一种广泛存在于动物体内的氨基多糖。甲壳纲动物如虾、蟹的甲壳等中，昆虫纲如蝶、蚕等的蛹壳中，软体动物如蜗牛、沙蚕等体内，腔肠动物如水母、海蜇等体内含有甲壳素。自然界每年合成的甲壳素估计有数十亿吨之多，远超过其他氨基多糖，是一种十分丰富的自然资源[1]。

甲壳素是由2-乙酰氨基-2-脱氧-D-葡萄糖以 β-1,4糖苷键形成的直链多糖。它有 α-、β-、γ-三种晶型存在形式。第1种的 α-甲壳素最丰富，由两条反向平行的糖链组成；第二种是 β-甲壳素，由两条同向平行的糖链组成；第三种是 γ-甲壳素，由三条糖链组成，两条同向，一条反向。三者的结晶状态不同，物理化学性质也不同，甚至有很大差别。甲壳素热稳定性较好，可在200℃左右裂解，不溶于一般的溶剂，在稀酸溶液中发生降解。

甲壳素脱去分子中的乙酰基，则转变为壳聚糖，此时由于极性增强，溶解性大幅升高，因此又称为可溶性甲壳素、甲壳胺等。甲壳素、壳聚糖与纤维素的结构非常像，如图1-24所示。

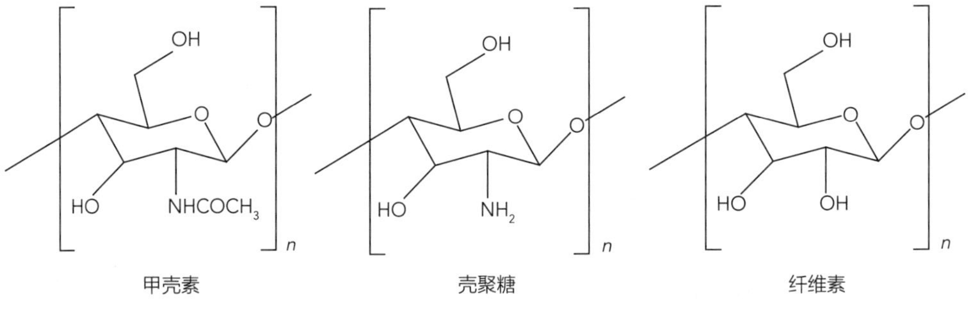

图1-24　甲壳素、壳聚糖及纤维素的结构

甲壳素和壳聚糖（聚合度为2~20的壳聚糖又称壳寡糖）越来越引起大家的重视，它们具有很多特别的优良性质：①可以用作功能材料，由于它们是一类天然高分子吸附剂，无毒，而且具有抑菌、杀菌作用，因此可以在食品、药品、饮料、饮用水中作为理想的吸附

剂，如吸附重金属As、Pb、Hg和Cr等；②具有生物活性，在医药行业可以作为药品、保健品，用作降胆固醇、降血糖、降血脂等，还可以提高免疫力，用作药物缓释材料等；③作为营养剂，由于具有营养、抑菌、杀菌等功效，因此可用作动物饲料添加剂或者种子处理剂等。

（3）肝素　肝素（Heparin）因首先在肝脏中发现而得名，存在于动物的脾、肝、肺和肌肉中，以抗凝血活性而著称。它是由葡萄糖胺、L-艾杜糖醛苷、*N*-乙酰葡萄糖胺和D-葡糖醛酸交替组成的黏多糖硫酸酯。肝素常见有两种连接方式（图1-25）。由于肝素有酸性、黏性，因此又称为酸性黏多糖。

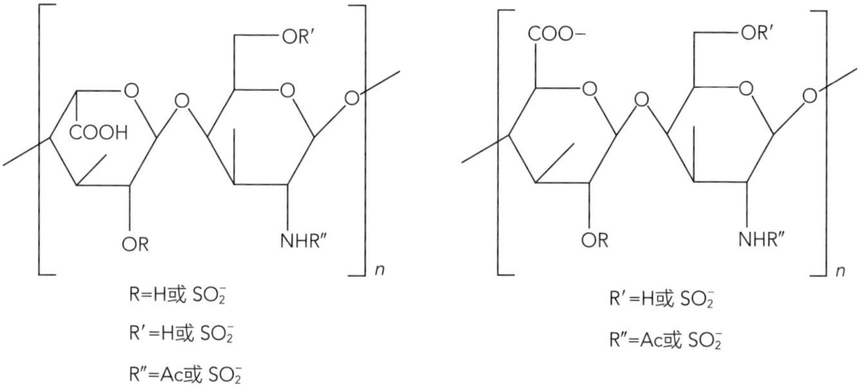

OR′
O
O
O
COOH
OR
NHR″
n
R=H或 SO_2^-
R′=H或 SO_2^-
R″=Ac或 SO_2^-
COO−
OR′
O
O
O
OR
NHR″
n
R′=H或 SO_2^-
R″=Ac或 SO_2^-

图1-25　肝素结构中的连接方式

（4）透明质酸　透明质酸（Hyaluronic acid）是一类糖胺类聚糖，是该类聚糖中结构最简单的一种，也属于酸性黏多糖。它多存在于脐带、玻璃体（如眼球）、关节液和皮肤等组织中，是关节间的润滑剂和撞击时的缓冲剂，并有助于阻滞入侵的微生物及毒性物质的扩散。它是一种线性分子，结构如图1-26所示。

COO⁻
O
O
O
O
NAHc
n

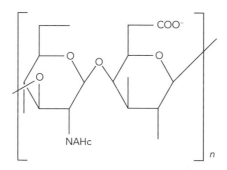

图1-26　透明质酸的结构

（5）硫酸软骨素　硫酸软骨素（Chondroitin sulfate）是人和动物组织的基础物质，用于保持组织的水分和弹性。主要分布于软骨、骨、肌腱、肌膜和血管壁中，由D-葡糖醛酸和N-乙酰-D-氨基半乳糖以1,3糖苷键连接形成二糖，二糖之间以β-1,4糖苷键连接而成，相对分子质量一般为25000～30000。其根据分子结构中糖醛酸种类和氨基己糖上硫酸酯位置的差异，主要分为硫酸软骨素A（CS-A）、硫酸软骨素C（CS-C）、硫酸软骨素D（CS-D）、硫酸软骨素E（CS-E）等，如图1-27所示。软骨素多存在于动物的软骨中，例如羊、牛、猪主要含硫酸软骨素A，鲨鱼、乌贼等主要含硫酸软骨素C等。

在我国、美国、日本及欧洲国家，硫酸软骨素主要作为保健食品或药品，用于防治心脑血管疾病、骨关节炎、神经保护等。近年来，随着学者们对硫酸软骨素的药理学作用和应用进行了更为广泛的研究，发现了一些新的作用与机制，也探讨了其更广泛的在防治疾病方面的应用。

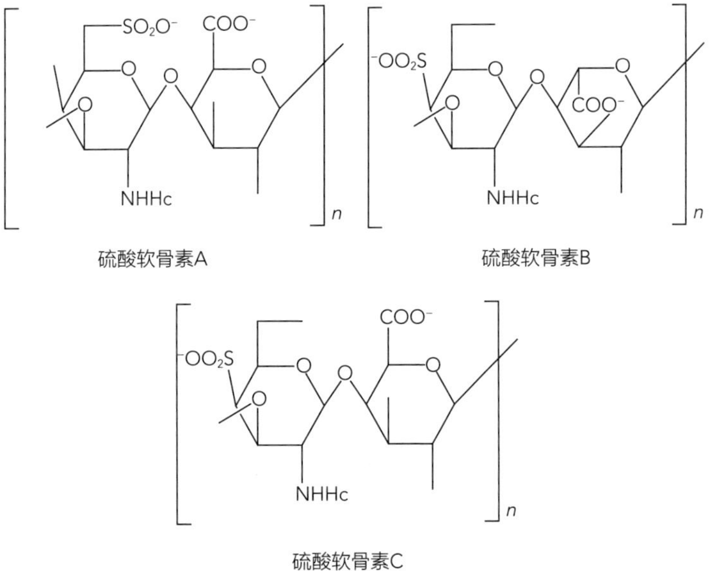

图1-27　硫酸软骨素的结构

3.藻类多糖

在海洋生物中，海洋藻类作为一种新的生物活性物质越来越受到广泛关注。因海藻含有某些色素呈现不同颜色而分红藻、蓝藻、褐藻和绿藻4大类。例如褐藻因为含有绿棕色的藻褐素而得名。海藻所含的主要活性成分可分为6大类，即酮类、萜烯类、多肽、生物碱、莽草酸类和多糖类化合物。海藻多糖是近年来研究较多的藻类重要的药理活性物质之一，国内外科学家已从多种海藻中分离提取得到螺旋藻多糖、紫菜多糖、羊栖菜多糖、琼胶、卡拉胶等多种糖类化合物。藻类多糖（Algal polysaccharide）虽在组成和化学结构上各不相同，但在生物活性方面有很多相似性，如大多具有抗肿瘤、抗氧化、抗菌、调节免疫和抗炎、保湿等作用[2]。藻类多糖大多属于酸性黏多糖，含有硫酸基。

4.食用菌类多糖

食用菌是可食用的大型真菌的统称，因其味道鲜美、营养价值高、生物活性物质多而越来越受到人们关注。现代研究发现，食用菌还具有重要的医疗保健功能，有抗肿瘤、降胆固醇等多种药理作用。研究表明，食用菌多糖（Mycopolysaccharide）是食用菌中起到免疫调节和抗肿瘤功效的主要活性物质之一。食用菌多糖能提高机体免疫性，增强淋巴细胞活力，加强机体防御能力，抗疲劳，消除体液中自由基的产生，保护正常细胞，降低血液中的胆固醇，降血压和血脂，能产生多种抗生素，对病毒、细菌有良好的抑制作用[3]。随着不断深入认识食用菌多糖的结构特性、生理特性及食药用价值，其在生物学、医学、药物学、食品科学等领域的应用也逐渐扩大，是一种极具开发价值的天然化合物，市场前景广阔。

第二节　多糖的物理化学性质

一、多糖的物理性质

单糖具有多羟基结构，极性较强，易溶于水，难溶于有机溶剂如乙醇、丙酮等，不溶于石油醚、乙醚等。尽管多糖是单糖脱水缩合而成，具有多羟基结构，但是由于聚合度较高，因此难溶于冷水，可溶于热水，不溶于甲醇、乙醇、石油醚、乙醚等有机溶剂。并且，随着分子质量的增大，多糖的水溶性降低，在水中易形成胶体。多糖多为白色或淡黄色无定形粉末，无臭，无味，具有吸湿性。

由于多糖是由单糖残基通过—O—醚键连接，并且聚合度较高，因此自由度和柔性很大，在水中一般以螺旋状而非直链状存在。加之糖链上羟自由基很多，特别容易形成分子间和分子内氢键，因此糖链间可以相互缔合、缠绕，也可以和一些多价金属离子形成配合物，用来吸附重金属。多糖具有多手性碳原子，具有旋光性。多糖的旋光性与其结构和构型有密切关系。

1.多糖的乳化性

在食品工业中，乳化剂是一种非常重要的食品添加剂。常用的天然乳化剂包括天然多糖类和甘油酯类等，可以将大量饮料配制成浓油水乳剂并稀释到最终的浓度，使得饮料等商品品相更好。其中，常见的油相包括蔬菜油、挥发油和增重材料，常见的水相则包括水、糖、乳化剂、酸和防腐剂等。典型的乳化液不只是在浓缩的条件下稳定，而是即使经过高倍稀释后也可以保持长时间的稳定。乳化液如牛乳拥有水一样的流动特征，也拥有像固体脂肪的黏性特征。一般的乳状液有2种类型：一种是油分散在水中，形成水包油（O/W）型，例如牛乳和豆浆；另一种是水分散在油中，形成油包水（W/O）型，如奶油等。

多糖作为乳化剂主要是因为多糖具有三个方面的特性：①能够在增加溶液黏度的同时防止相分离；②由于分子质量较大且羟基较多，拥有亲水性和亲油性基团；③可以降低界面张力。水溶性多糖均具有强亲水性，能增加溶液黏度从而提高乳化液的稳定性，因此多糖是否具有亲油性基团，能否降低界面张力就成为衡量多糖乳化剂性质的重要标准。总之，多糖乳化剂性质的优劣取决于多糖的分子质量、是否具有亲油性基团或者结构蛋白等[4]。

2.多糖的流变性

根据剪切应力和剪切速率的关系，可以将流体分为牛顿流体和非牛顿流体。简单归为三类：①牛顿流体，剪应力和切变是呈线性关系的，例如水、牛乳、软饮料等；②假塑性流体，呈剪切变稀行为，在外力作用下流体的黏度会随剪切速率的增大而减小；③胀塑性流体，呈剪切变稠行为，流体受力后黏度会随着剪切速率的增大而增大，但当外力作用停止时，流体也会慢慢地恢复到原来的状态。

在流变学中，材料的黏弹性用弹性模量G'和黏性模量G''以及两者的相对大小和对振荡频率的依赖性来表述。简单地说，弹性模量G'对应于所测流体的弹性，而黏性模量G''对应于所测流体的黏性。黏性和弹性这两种变形机制在施加外力下同时存在。当施加外力时黏弹性材料不会像液体一样永久地改变其形状，当外力被移除时也不会像固体那样回到原来的形状。多糖溶液属于高分子溶液，其特点在于黏度高。这是由于多糖长链之间相互作用，无规则团聚，分子链在溶液中的形状及支化程度，溶剂化作用等使得多糖链在流动时会受到较大的内摩擦阻力。

一般高分子体系的流变学行为主要分为四种类型。

（1）稀溶液行为　在整个测试频率范围内弹性模量小于黏性模量，两个模量对频率都有依赖性，并且在低频区分别遵循幂率规律，频率为振荡频率。

（2）高分子缠结溶液　低频时$G' < G''$，两个模量均随着频率的增加而增大，至某一频率时发生交叉，高频率时$G' > G''$。

（3）弹性凝胶　弹性模量大于黏性模量，且两个模量大小均不依赖振荡频率。

（4）弱凝胶行为　弹性模量略微大于黏性模量，两个模量略微依赖振荡频率。

近年来，对多糖的研究成为现代研究的一个热点，特别是关于多糖理化性质、结构和生物活性都有大量的报道，而对多糖流变性的研究相对较少，但多糖的流变性对多糖的结构特征、物理性能和加工中的稳定性都有重要的作用。

多糖溶液的剪切流变学性质能够反映出多糖溶液的表观黏度是否会随着外界剪切力的变化而变化（降低或者升高），如果将多糖作为乳化剂，则需要多糖溶液具有良好的剪切稳定性。

二、多糖的化学性质

多糖是单糖的聚合物，其相应的化学性质一般由其具有的相应的羟基、羧基（酸性糖）、氨基（碱性糖）、糖苷键等表现出来。例如，羟基、羧基、氨基等的存在让多糖可进行相应的结构修饰，详见第四章。糖苷键使得多糖可以在酸性条件下水解，常用的酸有醋酸、盐酸、硫酸等。多糖水解成单糖可以检测其单糖组成。

第三节　多糖含量的检测

由于多糖是多种单糖的聚合物，分子质量较大，组成不同，无标准品，无紫外吸收，无荧光特性，因此难以用常规的液相色谱法或者气相色谱法等直接检测。但是可以通过将多糖进行水解成单糖后检测多糖的方法进行检测，所以多糖的检测方法是基于单糖的检测方法进行的。常用的有苯酚-硫酸法和蒽酮-硫酸法。

一、苯酚-硫酸法

苯酚-硫酸法的主要原理是在浓硫酸作用下，多糖被水解产生单糖，并迅速脱水从而形成糠醛或羟甲基糠醛，在强酸条件下，该糠醛衍生物可与苯酚缩合生成橙红色物质，该物质在490nm处有较强吸收，在一定浓度范围内，其吸光度与糖浓度呈线性关系，可用比色法测定其含量[5]。对于含有糖醛酸的多糖，则利用硫酸-咔唑法进行检测，终产物在523nm处有特征吸收峰[6,7]。

二、蒽酮-硫酸法

蒽酮-硫酸法的主要原理与苯酚-硫酸法类似，也是在浓硫酸作用下，多糖被水解产生单糖，并迅速脱水从而形成糠醛或羟甲基糠醛，在强酸条件下，该糠醛衍生物可与蒽酮缩合生成蓝绿色物质，该物质在620nm处有较强吸收，在一定浓度范围内，其吸光度与糖浓度呈线性关系，可用比色法测定其含量[8]。

第四节 多糖在烟草中的应用

多糖由于其自身在抗肿瘤、抗氧化、抗病毒等方面具有的重要作用，而广泛应用于食品、药物、生命科学等领域，其在烟草育苗及生长过程中的抗病毒特性以及在卷烟保润增香方面的作用也引起了广泛的关注与研究。

一、多糖在烟草抗病毒中的应用

烟草作为以叶片为主要利用价值的经济作物。在烟草种植环节中，低温、水涝、干旱、高温、高湿、连作、阴雨等会造成烟草易感染多种病害，如常见的烟草花叶病（Tobacco mosaic virus，TMV）、烟草灰霉病（Tobacco grey mould，TGM）、烟草黑胫病（Tobacco black shank，TBS）、烟草青枯病和烟草病毒病（Tobacco virus disease，TVD）等。这些病害的发生往往会导致烟草产量下降，烟叶品质降低，甚至造成整株枯死直至大面积绝收，给烟农、烟草行业和国家带来重大经济损失。由于多糖的抗病毒特性，其可以通过对烟叶植株进行配施，提高烟草植株的抗病性，从而改善烟草植株的生长条件，因此多糖在烟叶育苗及生长种植过程中可以起到重要的作用。随着我国农业化肥用量和农药用量"双控"工程的推进和绿色化农业的发展，植物源和生物可降解防控药物成为发展方向。为此，研究者对多糖和改性多糖在烟草等作物上防治病害方面进行了相关研究。

在抗烟草花叶病方面。Zhao等用从云芝中提取纯化的多糖肽在K326品种的叶面上进行抗烟草花叶病病毒研究，以宁南霉素为对照，研究发现，在相同浓度（100μg/mL和500μg/mL）下，云芝多糖肽较宁南霉素有更好的抗烟草花叶病效果，其原理是通过诱导烟草叶片的H_2O_2、过氧化物酶（Peroxidase，POD）和苯丙氨酸酶（Phenylalaninase，PAL）等起到防治作用[9]。张莉等采用盆栽试验和半叶枯斑法测定易脆毛霉多糖处理对烟苗生长的影响及对烟草花叶病的抗性[10]。结果表明，多糖处理对烟苗有明显的促生作用，多糖处理的烟苗，其最大叶面积、地上部鲜重、根部鲜重、总叶绿素含量和光合速率均显著增加；多糖处理对烟草花叶病的预防效果最好，可达62%。相似地，吴艳兵等（提取毛头鬼伞多糖）、许玉娟等（提取苍耳多糖）、王杰等（提取海带多糖）、沈小英等（提取云芝、金针菇、平菇、杏鲍菇、白桦茸等12种多糖）、王贻鸿等（提取烟草青枯菌胞外多糖和脂多糖）均发现多糖对烟草花叶病、灰霉病有不同程度的预防效果[11-18]。此外，牛小义研究发现云芝多糖对烟草黄瓜花叶病也具有良好的防治效果[19]。

在抗烟草灰霉病、烟草黑胫病和烟草病毒病等方面，李金岭选用云芝多糖和香菇多糖为研究对象，以烟草K326为供试品种，对烟草成熟期时抗烟草灰霉病进行了盆栽和小区试验，发现云芝多糖可以提高烟株体内几丁质酶和β-1,3-葡聚糖酶等抗病相关酶的活性，从而提高烟草抗病性，结果显示，对烟草的灰霉病最高达到52.3%的防治效果[20,21]。徐文明选用香菇多糖对烟草在大田条件下进行病毒病防治研究，结果表明平均防治效率在60%以上[22]。庄占兴等选用菇类蛋白多糖对烟草、番茄和黄瓜病毒病防治进行大田试验，发现防治效果好于盐酸吗啉胍-铜[23]。赵志峰等选用拟氨基多糖类抑菌剂K1和拟氨基多糖类抑菌剂K2对烟草黑胫病原菌的抑菌效果进行研究，发现两个多糖类抑菌剂对烟草黑胫病原菌均有显著的抑制作用，抑制率分别达到50.58%和84.68%[24]。褚德朋等利用海藻多糖与其他有机物料混合使用研究对烟草青枯病的防控效果，结果表明，海藻多糖与有机物料的混合使用均促进了团棵期和旺长期的烟株生长发育，提高了土壤pH和有机质含量，降低了烟草青枯的发病率和病情指数[25]。郑庆伟选用10g/L香菇多糖水剂500倍液等6种药剂处理，对烟草病毒病烟株进行了喷施试验，希望通过使用这6种免疫诱抗剂诱导烟株产生抗性，提升烟株自身抵抗病毒病侵染的能力，减轻病毒病带来的损失[26]。结果表示，10g/L香菇多糖水剂防治效果较好，并且对烟叶未产生不良影响，无药害反应。因此，由于无农残药害、抗病毒效果较好等优势，多糖在烟叶育苗及生长种植过程中的抗病毒作用具有较好的发展前景。

二、多糖在卷烟中的应用

目前，相对于多糖在烟叶育苗及生长种植过程中的抗病毒作用，多糖在卷烟保润保湿以及增香方面的应用更为广泛。烟丝含水率是决定卷烟吸食品质的重要条件之一。在卷烟产品的制造和储存过程中，特别是打开烟盒以后，受环境因素的影响，卷烟含水率会逐渐下降。传统常用的保润剂是甘油、丙二醇和山梨醇等。由于甘油等在卷烟燃烧时具有产生粗糙气、余味不舒适等缺点，影响卷烟抽吸品质，因此开发更优质的保润剂是烟草行业的重要任务，为此，国家烟草专卖局专门设立烟草保润重大专项以研究开发新的保润剂。对比传统保润剂，多糖由于具有大量多羟基结构，通过氢键束缚自由水，并且多糖及多糖衍生物的空间网状结构也可以起到减少散失水分的作用，因此多糖具有较强的保润性能。同时，由于烟叶本身也含有多糖，因此将多糖作为保润剂与卷烟燃吸时其生成物协调性较好。同时，多糖在燃烧时会生成大量的香气物质，在保润的同时也可起到增香的作用。此外，也有因多糖的生物活性而将其用作卷烟爆珠等。

（一）烟草增香

李仙等选用羊肚菌菌丝作用于烟叶碎片，从烟叶中提取出粗多糖并对粗多糖进行热裂解产物分析，发现多糖热裂解产物中有几十种与烟草协调性较好的物质如糠醛、苯乙烯、2-甲基-2-环戊烯-1-1酮；将粗多糖添加到卷烟中进行了加香评吸，结果表明羊肚菌发酵多糖在醇和烟香、提高舒适性、去除杂气等方面具有显著效果[27]。张慧茹等将槐栓菌胞外多糖用于烟草薄片的生产过程中，研究发现加入多糖后的薄片卷烟烟气中的酮类、醇类、脂类和内酯类、醛类、醚类、含氮杂环类等均有所增加[28]。许春平等以烤烟上部废弃烟叶为原料提取多糖，利用尺寸排阻色谱-多角度激光光散射-示差折光对多糖在水溶液中的构象进行研究，发现多糖在水溶液中为球形多支构象，并经过热裂解分析发现多糖可裂解成几十种香气物质[29]。朱晓波等采用微波辅助提取法提取了益母草多糖并进行了卷烟加香评吸研究，发现益母草多糖能赋予卷烟特殊的香韵，减少烟气的干燥感，醇和细腻烟气，提高烟气的舒适性[30]。王大锋将不同量的茯苓多糖添加于卷烟中对其进行感官评价。结果表明茯苓多糖添加于卷烟中，能够起到掩盖杂气，去除刺激性，改善卷烟余味的作用，使卷烟香气的细腻程度有较高的提升，烟气状态较好[31]。王吉中等将云芝胞外多糖添加至单料烟丝中进行评吸试验，结果表明精制胞外多糖添加量0.04%（质量分数）明显地改善了卷烟的吸食品质，起到掩盖杂气，去除刺激，改善余味的作用，使香气细腻程度有所提升[32]。

（二）烟草保润

邢占厂以茶树菇多糖为研究对象，对提取后的粗多糖进行了热裂解产物、重金属含量、理化性质和烟草保润性研究，发现该多糖在前50h比甘油有更好的保润效果，到70h时与甘油基本一致[33]。唐丽等将多糖与海藻酸钠等制成混合多糖膜，考察了多糖膜的厚度、透氧率、水蒸气透过系数、机械性能抗拉强度等指标，对多糖膜在烟草中的吸湿性、保湿性和抗破碎性进行了研究，发现多糖膜具有良好的保润性和抗破碎性等[34]。邹鹏等以香菇为原料，用水提取后经过超滤分离得到分子质量不等的4种多糖组分，用于烟草保润和卷烟加香评吸研究，结果发现，香菇多糖能明显提升烟丝在干燥环境下的平衡含水率，并能降低高湿环境下的平衡含水率，达到烟草保润和防潮功效，且可以提高卷烟烟气的甜感、细腻感，降低干燥感[35]。孙志涛等对黄芪多糖进行羧甲基化修饰以增加其亲水基团从而提高多糖的吸水性和保水性，修饰后的黄芪多糖在吸湿性和保湿性方面均有明显提升并优于丙二醇对照[36]。雷声等以添加水和丙二醇的烟丝为对照，比较具有代表性的微生物多糖和海藻多糖在烟丝中的热力学保润效果[37]。结果表明，海带多糖及螺旋藻多糖的保润效果优于丙二醇，Page模型拟合效果最好。根据保润指数综合考虑热力学与动力学因素，螺旋藻多糖、海带多糖和猴头菇多糖具有较优的保润效果。低场核磁表明，与添加蒸馏水和丙二醇的烟丝相比，添加3种较优保润剂的烟丝化学结合水含量大幅增加，烟丝中的水分更不易失去。雷声等同样以丙二醇和水为对照，比较了黄精多糖、葫芦巴多糖、小球藻多糖和灵芝多糖的吸湿保润效果，结果表明，黄精多糖具有与丙二醇类似的吸湿性，但其保润效果显著优于丙二醇[38]。黄精多糖的添加使得烟丝中物理结合水含量下降，化学结合水含量显著上升。因此，黄精多糖可以作为一种天然高效的保润剂应用于烟草，防止烟草在贮藏过程中的水分散失。

参考文献

［1］　郭振楚. 糖类化学［M］. 北京：化学工业出版社，2005.

［2］　李霞，刘玉凤，李艳伟，等. 褐藻多糖生物活性的研究进展［J］. 中国海洋药物，2015，34（2）：86-90.

［3］　耿晓进，李海清，刘紫征. 食药用菌多糖提取工艺研究进展［J］. 食用菌，2019，41

（6）：1-5.

[4] 王丽. 木瓜籽油的提取及其籽粕多糖结构和应用特性研究 [D]. 郑州：郑州大学，2017.

[5] 郭慧静. 蒲公英多糖的提取、分离纯化、鉴定及其生物活性的初步研究 [D]. 石河子：石河子大学，2019.

[6] Chen H，Qu Z，Fu L，et al. Physicochemical properties and antioxidant capacity of 3 polysaccharides from green tea，oolong tea，and black tea [J]. Journal of Food Science，2009，74（6）：469-474.

[7] Li Z，Nie K，Wang Z，et al. Quantitative structure activity relationship models for the antioxidant activity of polysaccharides [J]. Plos One，2016，11（9）：1-22.

[8] 陈黎. 鄂西北白及产地适宜性与品质评价研究 [D]. 武汉：湖北中医药大学，2014.

[9] Zhao L，Hao X G，Wu Y F. Inhibitory effect of polysaccharide peptide（PSP）against Tobaccomosaic virus（TMV）[J]. International Journal of Biological Macromolecules，2015，75（4）：474-478.

[10] 张莉，李现道，张国超，等. 易脆毛霉多糖对烟草幼苗的促生效果及烟草花叶病毒的抑制作用 [J]. 山东农业科学，2017，49（2）：127-131.

[11] 吴艳兵，谢荔岩，谢联辉，等. 毛头鬼伞多糖抗烟草花叶病毒（TMV）活性研究初报 [J]. 中国农学通报，2007，23（5）：338-341.

[12] 许玉娟，范素素，齐文静，等. 苍耳多糖对烟草花叶病毒的抑制作用及对烟草几种防御酶活性的影响 [J]. 山东农业大学学报（自然科学版），2010，41（4）：485-488.

[13] 王杰，王开运，张骞，等. 海带多糖对烟草花叶病毒的抑制作用及其对烟草酶活性的影响 [J]. 植物保护学报，2011，38（6）：532-538.

[14] 沈小英. 抗病毒多糖筛选、提取及其对烟草花叶病毒病的抑制作用 [D]. 西安：西北农林科技大学，2013.

[15] 沈小英，牛小义，段军娜，等. 多糖对烟草花叶病毒（TMV）的抑制作用研究 [J]. 西北农林科技大学学报（自然科学版），2012，40（12）：115-120.

[16] 沈小英，宋双，罗晶，等. 抗烟草黄瓜花叶病毒多糖筛选及其对烟草防御酶活性的影响 [J]. 微生物学报，2013，58（8）：882-888.

[17] 单宏英，沈小英，陈德鑫，等. 香菇多糖对烟草灰霉病的防治效果研究 [J]. 中国烟草学报，2012，18（4）：56-61.

[18] 王贻鸿，赵云峰，孔凡玉，等. 不同pH下胞外多糖和脂多糖对烟草青枯菌根部定殖的影响 [J]. 中国烟草科学，2017，38（5）：24-31.

[19] 牛小义. 新型生物杀菌剂真菌多糖在烟草病害防治中的研究和应用 [D]. 西安：西北农林科技大学，2013.

[20] 李金岭. 陕西省烟草灰霉病病原及云芝多糖对其控制效应 [D]. 西安：西北农林科技大学，2013.

[21] 李金岭，罗晶，单宏英，等. 陕西省烟草灰霉病病原及云芝多糖对其防治研究 [J]. 菌物学报，2013，32（2）：168-178.

[22] 徐文明. 2%香菇多糖水剂防治烟草病毒病田间药效试验报告 [C]. 河南省植物病理学

与现代农业学术讨论会，2011：251-253.

［23］庄占兴，韩书霞，王德红. 菇类蛋白多糖对烟草、番茄和黄瓜病毒病防治效果研究［J］. 农药科学与管理，2006，25（11）：38-41.

［24］赵志峰，昌珩，周本国，等. 拟氨基多糖抑菌剂K1、K2对烟草黑胫病原菌（*Phytophthora parasitica* var. *nicotianae*）的抑制效果研究［J］. 中国烟草学报，2011，17（6）：86-88.

［25］褚德朋，许永幸，高强，等. 海藻多糖与有机物料对烟草青枯病的防控效果［J］. 中国烟草科学，2020，41（4）：58-65.

［26］郑庆伟. 3种药剂处理对烟草病毒病的防效较好［J］. 农药市场信息，2020（5）：50.

［27］李仙，董伟，段继铭，等. 羊肚菌发酵烟草多糖及其在卷烟中的初步应用［J］. 中国烟草科学，2011，32（3）：36-40.

［28］张慧茹，李强，许春平. 槐栓菌胞外多糖组分分析及在烟草薄片中的应用［J］. 河南农业科学，2014，5：186-191.

［29］许春平，王充，曾颖，等. 烤烟上部鲜烟叶多糖的结构及保润性能［J］. 烟草科技，2017，4：58-64.

［30］朱晓波，潘文亮，郑新涛. 益母草多糖微波提取及在卷烟中的应用［J］. 香料香精化妆品，2014，6：10-13.

［31］王大锋. 茯苓多糖的提取及对卷烟感官品质的影响研究［J］. 轻工科技，2015，31（09）：23，24，26.

［32］王吉中，耿卢婧，席攀攀，等. 发酵产云芝胞外多糖的分析及其在卷烟中的应用［J］. 食品工业科技，2012，33（8）：140-142.

［33］邢占厂. 茶树菇多糖作为烟草保润剂的研究［D］. 昆明：云南大学，2014.

［34］唐丽，刘娟，雷声，等. 三元共混多糖成膜性能对卷烟保润性能的影响［J］. 食品工业，2017，38（2）：42-45.

［35］邹鹏，周骞，戴魁，等. 香菇多糖的超滤分离及保润性能研究［J］. 安徽农业大学学报，2016，43（6）：1029-1032.

［36］孙志涛，陈芝飞，郝辉，等. 羧甲基化黄芪多糖的制备及其保润性能［J］. 天然产物研究与开发，2016，28（9）：1427-1433.

［37］雷声，刘秀明，蒋举兴，等. 天然多糖对烟草保润效果的影响及动力学研究［J］. 食品与机械，2020，36（7）：28-32，38.

［38］雷声，刘秀明，李源栋，等. 不同植物多糖对烟丝吸湿性和保润性的影响及其作用机制［J］. 食品与机械，2019，35（8）：49-54.

第二章

多糖的提取和纯化

多糖是单糖的聚合物，具有一定的极性，提取时，通常选择水（冷水或者热水）作为提取溶剂。多糖分为酸性多糖、中性多糖和碱性多糖，可以分别采用酸性、中性或者碱性溶剂进行分步提取。根据原料中所含目标多糖的不同，所采用的提取溶剂也不尽相同，主要根据多糖的溶解性质来进行选择。由于多糖是单糖通过糖苷键缩合而成，因此实际操作中应尽量少用酸性试剂，因为酸会引起多糖中糖苷键不同程度的断裂。通常采用水提取法，此法比较温和，能够使糖保持原有的结构特征，而含有糖醛酸的多糖则可以利用稀碱溶液进行提取。但碱溶液浓度过大或提取时间过长，会使多糖和糖蛋白发生 β -消去反应而使多糖结构遭到破坏。多糖提取后，由于含有较多的色素、蛋白质、单糖、矿物质等杂质，因此还要进行脱蛋白、脱色素、脱去小分子等纯化。本章对多糖的提取、脱蛋白、脱色素、纯化（Enzymatic assisted extraction）分别进行阐述。

第一节　多糖的提取

由于多糖有一定极性，具有溶于水而不溶于有机溶剂的特点，因此常采用水提醇沉法。有时研究者或者生产工艺上会根据目标糖的性质，采用外加辅助条件以提高效率，如水提醇沉法、碱溶液提取法、酸溶液提取法、超声波辅助提取（Ultrasonic assisted extraction）法、微波辅助提取（Microwave assisted extraction）法、超（亚）临界流体提取［Supercritical（subcritical）fluid extraction］法、酶解提取（Enzymatic assisted extraction）法和内部沸腾（Internal boiling extraction）法等。

一、水提醇沉法

由于多糖分子质量较大，但在冷水中的溶解度小，而在热水中的溶解度大，还由于操作简单易行，因此水提醇沉法是最常用的多糖提取方法。另一方面，由于热水在提高多糖溶解性的同时也提高了色素、蛋白质、单宁等杂质的溶解性，而这些杂质依据原料不同而有所差异，因此需考察温度、提取次数对提取效率、色素和蛋白质含量的影响，从中找到平衡。此外，由于多糖不溶于乙醇，因此可以添加乙醇得到多糖，俗称水提醇沉法，本方法是中药有效成分提取、中药口服液制备最常用的方法。一般地，乙醇含量在50%时，多糖、淀粉开始沉淀，乙醇含量达到70%时蛋白质开始沉淀。因此，水提醇沉法提取多糖时易将蛋白质、淀粉类等水溶性成分一并提取出来，存放时会造成易变质等问题。例如，张怀提取柏子仁多糖、刘霞提取五加皮多糖等均采用本方法[1,2]。

二、碱溶液提取法

对于某些在纯水中溶解度较小的多糖可以采用碱溶液提取法，常用的碱有NaOH和KOH，为防止多糖分解，常通入N_2进行保护。例如，孔繁利采用液料比为5：1、浓度为0.5mol/L的NaOH溶液，在50℃反复浸提3次，合并提取液后，用冰醋酸进行中和得到了糙皮侧耳水溶性多糖[3]。孔凡利利用pH 8.0的水溶液提取了荔枝多糖[4]。

三、酸溶液提取法

在多糖提取时通常加入乙酸或者盐酸等提高提取效率，但是由于多糖是糖苷键连接的聚合物，在用酸提取时会迫使糖苷键断裂，需要充分考虑酸性、浓度、时间和温度。例如孔凡利等采用5%（质量分数）的盐酸和纯水分别提取荔枝多糖，发现酸性溶液提取的多糖较纯水提取的更纯净、产率更高[5]。

四、超声波辅助提取法

超声波是指振动频率超过20000Hz的声波，具有方向性好、穿透能力强等特点。超声波辅助提取植物多糖技术主要是利用了超声波的空化效应，它可以迫使细胞壁、细胞膜及整个植物原料破裂变形，从而加快多糖与提取剂的接触，并使其快速溶于提取剂中。此外，超声波还具有机械效应，迫使原料和提取液产生振动，从而提高提取效率。振动还可以对提取体系产生热效应，从而提高提取速率。因此，超声波可以提高提取效率是多因素影响的结果。例如，李炳辉等采用响应面分析法发现，提取时间117min，提取次数2次，提取功率92W，可以达到最高提取率[6]。Zhang等建立了多个超声波辅助提取模型，对提高韭菜中多糖的提取效率有明显效果[7]。

超声波虽然能提高多糖的提取效率，但其超高振动频率可能会改变多糖的结构，从而改变多糖的性质。例如，Tang等通过对普通水提取多糖和超声辅助提取多糖进行比较研究，发现水提多糖的分子质量为$1.36×10^6$u，单糖组成为Ara：Gal：Glc：GalA = 1.0：5.9：3.9：4.4，糖醛酸含量为19.5%；而超声波提取多糖的分子质量为$1.34×10^6$u，单糖组成为Ara：Gal：Glc：GalA = 1.0：4.6：3.5：4.5，糖醛酸含量为21.2%[8]。Rzaz等通过对水提多糖和超声波辅助提取多糖的抗氧化性进行对比，发现超声波辅助提取的多糖在清除1,1-二苯基-2-三硝基苯肼（1,1-diphenyl-2-picrylhydrazyl，DPPH）、抗2,2′-联氮-双-3-乙基苯并噻唑啉-6-磺酸（2,2′-azino-bis-3-ethylbenzthiazoline-6-sulfonic acid，ABTS）、总抗氧化能力等方面优于普通水提多糖[9]。张丽芬利用不同功率超声波定向降解方法对柑橘果胶多糖进行研究发现，超声波可以迫使柑橘果胶多糖侧链分解，而主链未受影响，多糖分子质量由630ku降低到419ku、228ku和230ku[10]。

　　通过以上文献可以发现，一般地，超声波辅助提取能够不同程度地提高多糖的提取效率，但是对多糖的结构和性质可能会有影响。

五、微波辅助提取法

　　微波辅助提取法也是近年来新出现的提取方法。其原理是利用波长极短、频率超高的辐射能处理原料，使原料在微波电磁场作用下瞬时极化，产生键的振动、断裂和粒子间的相互摩擦、碰撞，使细胞间变得松散，同时原料内部温度升高，有利于萃取的进行。从原理上来讲，与超声波辅助提取技术类似，但频率更高，提取时间更短，提取效率也更高。王大为采用微波辅助提取以正交试验优化提取方法，发现提取功率900W、提取时间4min即可得到较高的提取率。杨君等利用微波辅助提取技术在提取功率400W、提取时间8min的条件下发现裂片石莼多糖的提取率可以达到16.37%[11]。Dong等对比研究了热水提取、超声波辅助提取和微波辅助提取三种不同方法提取川明参（*Chuanminshen violaceum*）多糖，发现采用微波辅助提取多糖提取率最高，而超声波辅助提取率最低[12]。通过文献对比可以发现，微波相比超声波提取时间更短，提取效率更高。

六、超（亚）临界流体提取法

　　超（亚）临界流体提取法是以超（亚）临界流体为提取剂，从原料中将多糖提取出来的技术。超（亚）临界萃取法以溶解性高、扩散性强的超临界流体为溶剂，根据分子极性、分子质量、沸点高低进行不同成分的分离。与其他提取技术相比，超（亚）临界可用于分离热不稳定物质，易穿透提取物，溶剂使用极少，处理时间较短且有较高的提取选择性[13]。超临界CO_2提取法是最常用的超临界流体提取方式，因为CO_2超临界条件较易达到，可循环利用，且无溶剂残留，具有惰性保护作用，还可以加入助溶剂来调节CO_2极性，因此常用于提取非极性或低极性化合物，如彭国岗等考察了温度、时间、压力、液料比四个因素对淫羊藿多糖提取的影响，发现采用超临界CO_2提取粗多糖提取率可以达到14.02%[14]。杨杰南利用亚临界水提取技术对大枣多糖进行提取，发现在140℃、液料比为20（mL/g）时提取效率较高[15]。

七、酶解提取法

　　酶解提取是利用蛋白酶、淀粉酶类等多种酶如果胶酶、纤维素酶、木瓜蛋白酶、纤维素酶、α-淀粉酶等对植物进行酶解，破坏其细胞壁后提取多糖的技术。本方法的原理是利用酶将复合型多糖（如连接在蛋白质上的多糖）进行分解，从而释放出多糖，或利用酶破坏细胞壁的致密结构使得细胞壁与细胞间质结构产生局部疏松、膨胀等，减少传质阻力从而提高多糖的提取效率。使用酶提取时可采用单一酶也可采用不同酶复合配比的方式以提高提取效率，同时应考虑酶之间的协同关系。凡军民等利用纤维素酶提取茅苍术多糖，通过响应面法优化得到较高的提取效率[16]。黎英等利用木瓜蛋白酶、果胶酶和纤维素酶的复合酶对红腰豆原料进行酶解提取多糖，通过响应面法优化提取方法得到较高的提取效率[17]。Liao等利用超声波和酶解复合法提取河蚬（*Corbicula fluminea*）中的多糖，并研究了其抗氧化活性，发现超声-酶复合法提取效率（17.8%）高于只用酶解法提取效率（6.37%），单糖组成也有所差异，其中酶解法Rha：Fuc：Arb：Man：Glc：Gal= 1.377：0.633：3.533：45.200：4.844，复合法Rha：Fuc：Arb：Man：Glc：Gal=0.733：2.422：1.683：4.850：39.078：6.989[18]。丁霄霄等利用复合酶提取灵芝多糖，结果表明复合酶的提取效果优于单酶提取，最佳复合酶用量配比为纤维素酶3.5%、半纤维素酶4.0%和木瓜蛋白酶3.0%，在温度50℃、pH 5.7的条件下提取81min可得到最高提取效率[19]。

八、内部沸腾法

　　内部沸腾是近几年新提出的用于提取植物有效成分的方法。该方法的原理是先用少量石油醚、乙酸乙酯或乙醇等低沸点溶剂作为浸润剂充分润湿原料，然后迅速加入一定温度（高于浸润剂的沸点）的提取溶剂，使渗透到物料内部的浸润剂发生汽化，产生内部沸腾，强化提取效率的过程。陈晓光等用不同浓度的乙醇浸润香菇30min，然后加水在90℃下提取4~6min即可获得较高的提取效率[20]。类似地，许英伟等采用该方法利用响应面优化发现提取温度85℃、提取时间6min可达到较高生米薢头多糖得率[21]。相比普通水提法，内部沸腾法极大提高了提取效率，并且无酸、碱、酶等干扰物质的引入，也无需超声波、微波或超临界装置。

九、其他提取法

除上述提取方法外，还有很多新的多糖提取方法因试验设备、成本要求过高、试验条件不易达到而不常被采用[22-29]。表2-1列举了几种不常用的多糖提取方法及其参数条件。

表2-1 多糖的其他提取方法

原料	方法	参数	提取量
茨菇	亚临界水提法	pH 7，提取温度170℃，料液比1∶30（g/mL），时间16min	24.57%
羊肚菌	高压脉冲电场法	电场强度18kV/cm，脉冲数7，料液比1∶27（g/mL）	56.03mg/L
香菇	双水相萃取法	乙醇浓度26%（体积分数）与硫酸铵浓度19.58%（质量分数）组成双水相，提取温度78.7℃，提取时间19.55min，料液比1∶50（g/mL）	上相2.12%，下相11.16%
黑豆皮	蒸汽爆破法	含水量15%，压力水平1.0MPa，处理时间为80s	17.49%
葫芦巴	闪式提取法	料液比1∶27（g/mL），提取时间136s，提取温度58℃，电压140 V	21.23%
松茸	磁感应电场提取法	电压1000V，频率500Hz，温度100℃，料液比1∶30（g/mL），提取时间16min	14.32%
山药	低共熔溶剂法	1,4-丁二醇与氯化胆碱的物质的量的比4∶1，含水量32.89%，提取温度94℃，提取时间44.74min	15.98%

第二节 粗多糖脱色

纯多糖一般是白色、无甜味的，但是在多糖提取过程中往往会将色素、蛋白质等杂质一并提取出来，常使提取的溶液呈褐色、红色或者黄色，必须进行脱色处理，因此脱色就成为多糖制备过程中一个重要环节。色素种类较多，按照化学结构式的差异可分为四大类：①吡咯衍生物类色素，以吡咯环为基础形成的色素，如叶绿素等，多存在于植物的叶子、茎、秆等中；②萜烯类色素，以异戊二烯为基本组成单位的色素，如胡萝卜素、番茄红素、新黄质等，多存在于植物的叶子、花等中；③多酚类色素，含有多酚结构的色素，如黄酮类、花青素类和单宁类等，多存在于植物的叶子、茎、秆和根中；④酮类和醌类及其衍生物色素、多酚类经过氧化等组成的色素，这类色素主要存在于地下根茎中。目前，较为成熟的脱色方法主要有活性炭脱色法、双氧水脱色法和树脂脱色法。

一、活性炭脱色法

活性炭脱色法是最常规的脱色方法，其原理是利用范德瓦耳斯力（范德华力）将色素吸附到活性炭表面进而脱除色素。活性炭颗粒越小，其比表面积越大，吸附能力也就越强。所以，活性炭的粒径对脱色效果影响较大。但由于活性炭脱色利用范德华力吸附作用，因此选择性比较差，在吸附色素的同时会吸附多糖，造成多糖损失。活性炭对不带电物质的吸附能力较强，对带电物质可以通过改变溶液的pH来有针对性地提高色素的吸附效果。此外，活性炭对于分子质量在3000u以内的小分子物质吸附效果较好。但由于活性炭的选择性不强，因此利用活性炭脱色的研究并不多。特别是对于多酚类色素，这类色素主要是负离子型，很难用活性炭吸附脱色达到理想的效果。

二、双氧水脱色法

双氧水具有强氧化性，当双氧水与色素特别是萜烯类色素（发色基团一般具有不饱和共轭键，有还原性）作用时，双氧水在水溶液中电离出过氧氢根离子与色素的发色基团发生氧化还原反应，使得色素的发色基团被破坏从而达到脱色的目的。在碱性介质中，过氧化氢电离度增大，氧化能力增强，脱色效果更好。但是，由于多糖大多具有良好的抗氧化活性，也就是还原性，可能会被双氧水氧化变质，因此使用时需严格控制双氧水浓度、温度和时间。吕磊采用正交试验法研究了双氧水对大枣提取液脱色的影响，发现在pH 8.8时，双氧水添加量达到40%（按双氧水浓度为36%计算其浓度为12.4%），在40℃下水浴4h脱色率可以达到95.4%以上，多糖损失率为4.75%，但当双氧水添加量达到200%时，多糖损失率为51.43%[30]。双氧水会造成多糖的分解，但也有研究者利用其氧化性对大分子多糖进行降解，从而分解成小分子多糖，以研究其生物活性的变化。如Shi等利用双氧水将浒苔（*Entermorpha prolifera*）中分子质量为1400ku的多糖氧化降解得到44ku的多糖，然后再进行羧基化修饰，得到酸性多糖，通过对其抗氧化活性研究发现，经降解和羧基化的小分子多糖的抗氧化活性有大幅提升[31]。

三、树脂脱色法

树脂脱色是近年来常用的一种脱色方法，其原理是利用树脂对色素的吸附性进行脱色。相比活性炭的选择性差和双氧水的副作用，树脂具有孔隙率高、表面积大、交换速率高、机械强度高、再生性好、热稳定性好、不溶于酸碱和有机溶剂等优点；并且，树脂不受盐类、阴阳离子、小分子化合物的影响，可以物理吸附多糖提取液中的有机物质。此外，成熟的树脂种类非常多，可选择范围很广，可以根据多糖和色素的性质差异考察筛选出适合的树脂进行脱色。目前常用的树脂类型主要有弱极性大孔吸附树脂、阴离子型交换树脂和阳离子型交换树脂。基于以上优点，利用树脂对多糖溶液进行脱色的研究较多，其中脱色率和多糖保留率是判断该树脂是否适合用于目标多糖脱色的主要指标。例如，罗玺等筛选用5种大孔吸附树脂和5种离子交换树脂对灵芝多糖溶液进行脱色研究，结果显示，弱阴离子交换树脂D303和D315脱色效果较好，多糖保留率较高；强阴离子交换树脂HZ202和JK206的脱色率较高，但多糖保留率极低；吸附性树脂中HZ806脱色率较高，多糖保留率也较高，但选择性较差[32]。肖静怡等分别选用吸附树脂、阴离子交换树脂和阳离子交换树脂对香菇多糖溶液进行脱色研究，发现阳离子交换树脂JK008脱色率较高，且pH对色素吸附率影响较大，在弱碱性条件下不仅具有较高的脱色率（86%~95%）且具有较高的多糖保留率（82%~90%）[33]。

第三节 粗多糖脱蛋白

提取多糖时，溶液中混有大量的水溶性蛋白质，对多糖的纯化和性质研究带来一定的干扰，因此脱除蛋白质是提取纯化多糖工艺中一个重要的环节。根据蛋白质分子质量大，难溶于水，可被酶水解为氨基酸而且受热、酸、碱易变性生成沉淀等性质，常采用三氯乙酸法、Sevag法、蛋白酶法、盐析法和树脂吸附法等方法脱除蛋白质。

一、三氯乙酸法

三氯乙酸法是在多糖溶液中加入一定浓度的三氯乙酸（Trichloroacetic acid，TCA）使蛋白质变性，产生浑浊沉淀，低温环境（冰箱中）下放置过夜，离心或分液漏斗分离蛋白质即可。本方法操作简单，但是TCA容易导致多糖水解，因此多糖损失率较高。陈义勇在多糖溶液中加入3%的TCA进行脱蛋白，蛋白质脱除率为38.6%，而多糖保留率为45.3%，效果较Sevag和聚酰胺树脂吸附法差[34]。

二、Sevag法

Sevag法的原理是根据蛋白质在氯仿、正丁醇等有机溶液中变性生成沉淀的特点，用氯仿-正丁醇以4∶1或者5∶1的二元混合体系作为脱蛋白质试剂，与多糖的提取液以1∶4至1∶6进行混合，振荡30~40min，变性的蛋白质与Sevag试剂生成不溶物进而与水相进行分离。本方法的特点是避免多糖的降解，但是效率较低，多糖由于有机溶剂的加入而产生沉淀造成损失，且有机溶剂容易残留，环境不友好。例如陈义勇研究桦褐孔菌（Inonotus obliquus）多糖溶液脱蛋白时发现使用Sevag试剂6次后蛋白质脱除率达到69.7%，同时多糖保留率为53.9%[34]。韩铨研究茶树花多糖溶液脱蛋白时发现使用Sevag试剂3次后蛋白质脱除率达到61.2%，多糖含量由脱除前的76.4%降为63.8%[35]。

三、蛋白酶法

蛋白酶法是近几年研究人员比较关注的方法，可单独使用或与其他方法联用。本方法的原理是利用蛋白酶（如木瓜蛋白酶）将蛋白质分解产生小分子化合物，进而进行脱除，其优点是针对性强，不容易造成多糖的降解。任嘉兴在提取的羊肚菌多糖溶液中加入2%木瓜蛋白酶后在50℃酶解30min，然后高温灭酶，冷却离心，结果显示蛋白质脱除率和多糖保留率均较高[36]。

四、盐析法

盐析法的原理是利用蛋白质在浓盐条件下变性的特性，对其进行脱除。郭慧静在提取蒲公英多糖时调整样液pH至8，加入100g/L的氯化钙，85℃下搅拌10min，冷却后离心，结果显示蛋白质脱除率达到92%，但多糖损失率达到39%[37]。

五、树脂吸附法

由于用树脂脱色时也会对蛋白质产生一定的吸附，因此，同样可以利用树脂吸附法脱蛋白。何钏等通过静态吸附法利用大孔吸附树脂NKA-9对白蜡虫多糖进行脱色、脱蛋白研究，发现在一定条件下脱色率达到71.4%的同时蛋白质脱除率达到了51.9%，而多糖保留率为60%，说明大孔吸附树脂在脱色的同时也能有较好的脱蛋白效果[38]。吴玉和选用多种树脂进行脱色研究，发现在多糖脱色的同时也能达到较高的蛋白质脱除率，其中D301T和S-8对蛋白质的吸附率接近100%，可见采用树脂吸附法可以同时进行脱色、脱蛋白[39]。

六、联合法

蛋白质脱除一般选用多种方法配合使用，可以达到更好的效果。刘延吉等选用Sevag法、蛋白酶法和TCA法进行对比研究，发现单独的Sevag法需5次脱蛋白才能达到较高的蛋白质脱除率；5%的TCA脱除蛋白质时多糖损失较少；蛋白酶-Sevag法联用2次即可达到较高的蛋白质脱除率，且多糖损失较少[40]。

第四节 多糖的纯化

经过提取、脱色素、脱蛋白质后，需要对多糖溶液进行透析处理，目的是将小分子物质如低聚糖、单糖、氨基酸、色素、盐类等脱除。根据所研究多糖分子质量的不同，一般选用截留分子质量为1000、3500、7000或13000u的透析袋在纯水中进行透析。透析处理后的多糖需要进一步分离纯化才能得到分子质量较为均一的纯化多糖。目前常见的植物或藻类多糖一般为中性多糖或含有羧基的酸性多糖，而碱性多糖多存在于某些壳类生物体内。无论是中性多糖、酸性多糖还是碱性多糖，都存在溶解性差异、极性差异、分子质量差异等，因此常依次使用分步醇沉法、盐析法、膜分离法、离子交换色谱法和凝胶色谱法等进行多糖纯化。

一、分步醇沉法

分步醇沉法是利用多糖在不同浓度乙醇中的溶解性差异，分步提高醇沉浓度进行纯化的方法。一般随着乙醇浓度的增大，多糖按分子质量从大到小的顺序沉淀出来。例如，陈玉香等将沙棘多糖提取后，将粗多糖溶液依次分别采用乙醇浓度为30%、50%和70%（体积分数）进行醇沉，分别得到HR1、HR2和HR3 3个多糖[41]。

二、盐析法

盐析法是根据不同多糖在不同浓度盐溶液中具有不同的溶解度，通过添加不同浓度的盐迫使不同性质的多糖分步沉淀析出。通常用到的盐有NaCl、KCl、$(NH_4)_2SO_4$等，其中以$(NH_4)_2SO_4$效果最好。盐析法的优点是成本低、无毒、操作方便；但是也有明显的缺点，如效率不高、目标性不强、在沉淀过程中容易造成多种多糖共沉淀等。因此要多方考察盐的种类、浓度、pH等对不同多糖的效果[42]。

三、膜分离法

膜分离技术作为一种新型分离技术在很多方面都已有很好的应用，该技术具有连续作业、分别分离、无有机溶剂残留等优点，但也有膜易堵塞、使用寿命短等缺点。苏浩等依次使用0.5μm无机陶瓷膜、10ku有机膜和复合纳滤膜对大豆多糖进行分离纯化，得到不同分子质量的多糖[33]。蒋华彬等依次采用6ku、15ku、30ku、50ku和100ku的超滤膜分离多糖，并考察了膜通量的衰减和酸碱溶液的清洗效果[44]。

四、离子交换色谱法

离子交换色谱法是利用多糖分子的极性差异，与离子交换色谱填料的结合能力不同，再用浓度递增的NaCl溶液洗脱从而进行分离纯化。常用的离子交换色谱填料有DEAE-Sepharose Fast Flow、Q-Sepharose、DEAE-52、DEAE-32和EX-TEOLA等。Liu等利用DEAE-52色谱对蒙古黄芪（*Astragalus membranaceus*）多糖进行分离纯化[45]。Seedevi等利用Q-Sepharose色谱柱对海藻*Gracilaria corticata*多糖进行分离，先用水洗脱，再用0~3mol/L的NaCl溶液进行分步洗脱，得到多种不同的洗脱组分[46]。

五、凝胶色谱法

经过离子交换色谱分离后可以得到几种不同极性的多糖组分，但是可能所得极性相同的每种组分中还含有不同分子质量的多糖，因此必须进一步按照分子质量大小分离纯化，以便得到分子质量均匀性较好的多糖。凝胶色谱即体积排阻色谱可以达到此目的，其作用原理是利用色谱填料的孔径差异对不同分子质量的多糖进行截留分离。常用的凝胶色谱填料有葡聚糖凝胶Sephadex系列（G25、G50、G75、G100、G150、G200等）、琼脂糖凝胶Sepharose CL-6B、聚丙烯酰胺葡聚糖Sephacryl系列（S100、S200、S300、S400、S500等）。Yu等利用Sepharose CL-6B对西洋参（*American ginseng*）多糖进行纯化，得到3种纯度较高的多糖[47]。Wang等利用Sephadex G75凝胶色谱对苦荞（*Fagopyrum tartaricum*）多糖进行纯化，得到分子质量为26ku的多糖[48]。

经过离子交换色谱和体积排阻色谱联用分离纯化后的多糖，其均一性非常高，所得到的每一种组分可以认为是纯化的多糖组分，然后再对每种纯化后多糖组分的组成、性质和结构进行分析和鉴定。

六、金属配合法

由于多糖属于大分子聚合物，在溶液中呈现螺旋状，溶解度不大，因此可以与一些金属离子形成配合物（络合物）而沉淀，如Cu^{2+}、Ca^{2+}、Ba^{2+}等过渡金属或高价金属离子。常用的络合剂以Cu^{2+}居多。将金属离子与多糖形成的沉淀经水洗涤后，用盐酸或者稀硫酸处理使多糖溶解，除盐后再加乙醇得到多糖。

参考文献

[1] 张怀，章琦，祁东利，等. 柏子仁多糖含量测定及其改善睡眠作用研究 [J]. 辽宁中医药大学学报，2010，12（9）：25-27.

[2] 刘霞，丁常泽，申湘忠. 五加皮多糖提取工艺的优化及其性能分析 [J]. 安徽农业科学，2011，39（6）：3294-3297.

[3] 孔繁利. 碱提糙皮侧耳水溶性多糖WPOP-N1的结构解析及抗肿瘤机制研究 [D]. 长春：吉林大学，2012.

［ 4 ］　孔凡利. 荔枝果肉多糖的分离纯化与结构表征及抗氧化活性研究［ D ］. 广州：华南理工
　　　　大学，2010.

［ 5 ］　孔凡利，张名位，于淑娟，等. 荔枝粗多糖脱蛋白方法的研究［ J ］. 食品科技，2008，
　　　　10：142-145.

［ 6 ］　李炳辉，陈玲，李晓玺，等. 超声强化响应面法优化知母多糖的提取工艺［ J ］. 现代食
　　　　品科技，2011，27（4）：432-436.

［ 7 ］　Zhang W N, Zhang H L, Lu C Q, et al. A new kinetic model of ultrasound-assisted
　　　　extraction of polysaccharides from *Chinese chive*［ J ］. Food Chemistry，2016，212：
　　　　274-281.

［ 8 ］　Tang W, Lin L H, Xie J H, et al. Effect of ultrasonic treatment on the
　　　　physicochemical properties and antioxidant activities of polysaccharide from
　　　　Cyclocarya paliurus［ J ］. Carbohydrate Polymers，2016，151：305-312.

［ 9 ］　Raza A, Li F, Xu X, et al. Optimization of ultrasonic-assisted extraction of
　　　　antioxidant polysaccharides from the stem of trapa quadrispinosa using response
　　　　surface methodology［ J ］. International Journal of Biological Macromolecules，
　　　　2017，94（1）：335-344.

［ 10 ］　张丽芬. 果胶多糖超声波定向降解途径及机制研究［ D ］. 杭州：浙江大学，2013.

［ 11 ］　杨君，黄芳芳，秦敏朴，等. 裂片石莼多糖微波辅助提取工艺优化及其卷烟保润应用
　　　　［ J ］. 河南农业大学学报，2015，49（5）：688-695.

［ 12 ］　Dong H M, Lin S, Zhang Q, et al. Effect of extraction methods on the properties
　　　　and antioxidant activities of *Chuanminshen violaceum* polysaccharides［ J ］.
　　　　International Journal of Biological Macromolecules，2016，93：179-185.

［ 13 ］　Gallego R, Bueno M, Herrero M. Sub-and supercritical fluid extraction of bioactive
　　　　compounds from plants, food-by-products, seaweeds and microalgae-An update
　　　　［ J ］. Trac-trends In Analytical Chemistry，2019，116：198–213.

［ 14 ］　彭国岗，龚荣岗，白晓莉，等. 超临界CO_2萃取淫羊藿多糖及其在卷烟中的应用［ J ］.
　　　　食品工业，2014，5：65-68.

［ 15 ］　杨杰南. 亚临界水提取大枣多糖的结构表征及枣汁稳定性研究［ D ］. 郑州：郑州大学，
　　　　2017.

［ 16 ］　凡军民，宋刚，张萍，等. 酶法提取茅苍术多糖工艺条件研究［ J ］. 中成药，2014，36
　　　　（5）：1088-1090.

［ 17 ］　黎英，陈雪梅，严月萍，等. 超声波辅助酶法提取红腰豆多糖工艺优化［ J ］. 农业工程
　　　　学报，2015，31（15）：293-301.

［ 18 ］　Liao N, Zhong J, Ye X, et al. Ultrasonic-assisted enzymatic extraction of
　　　　polysaccharide from *Corbicula fluminea*：Characterization and antioxidant activity
　　　　［ J ］. Lwt - Food Science and Technology，2015，60（1）：1113-1121.

［ 19 ］　丁霄霄，李凤伟，商曰玲，等. 灵芝多糖的复合酶法提取工艺优化［ J ］. 食品研究与开
　　　　发，2020，41（5）：34–39，53.

［ 20 ］　陈晓光，韦藤幼，彭梦微，等. 内部沸腾法提取香菇多糖的工艺优化［ J ］. 食品科学，

2011, 32（10）: 31-34.

［21］许英伟, 肖小年, 刘剑青, 等. 响应面法优化内部沸腾法提取生米藠头多糖［J］. 南昌大学学报（理科版）, 2012, 36（5）: 449-452.

［22］徐涵, 刘云, 阚欢. 天然多糖提取纯化及生理功能活性研究进展［J］. 食品安全质量检测学报, 2022, 13（5）: 1382-1390.

［23］Zhang J X, Wen C T, Chen M, et al. Antioxidant activities of *Sagittaria sagittifolia* L. polysaccharides with subcritical water extraction［J］. International Journal of Biological Macromolecules, 2019, 134: 172–179.

［24］Liu C, Sun Y H, Man Q, et al. Characteristics and antitumor activity of *Morchella esculenta* polysaccharide extracted by pulsed electric field［J］. International Journal of Biological Macromolecules, 2016, 17（6）: 986.

［25］Lin Y Y, Zeng H Y, Wang K, et al. Microwave-assisted aqueous two-phase extraction of diverse polysaccharides from *Lentinus edodes*: Process optimization, structure characterization and antioxidant activity［J］. International Journal of Biological Macromolecules, 2019, 136: 305–315.

［26］Meng S, Ge Y F, Kang Z Y, et al. Yield and physicochemical properties of soluble dietary fiber extracted from untreated and steam explosion-treated black soybean hull［J］. Journal Of Chemistry, 2019, 2019: 1-9.

［27］陶陶, 贺凡, 姬小明, 等. 响应面法优化闪式提取葫芦巴多糖及其保润性能研究［J］. 精细化工, 2016, 33（6）: 666–673.

［28］孟嫚, 张延杰, 杨哪, 等. 磁感应电场提取松茸多糖工艺优化［J］. 食品工业科技, 2019, 40（1）: 143–148.

［29］Zhang L J, Wang M S. Optimization of deep eutectic solvent-based ultrasound-assisted extraction of polysaccharides from *Dioscorea opposita* Thunb［J］. International Journal of Biological Macromolecules, 2017, 95: 675–681.

［30］吕磊. 大枣多糖的提取分离与脱色研究［D］. 西安: 西北大学, 2003.

［31］Shi M J, Wei X Y, Xu J, et al. Carboxymethylated degraded polysaccharides from *Enteromorpha prolifera* preparation and *in vitro* antioxidant activity［J］. Food chemistry, 2017, 215: 76-83.

［32］罗玺, 唐庆九, 张劲松, 等. 灵芝多糖树脂法脱色工艺优化［J］. 食品科学, 2011, 32（16）: 5-10.

［33］肖静怡, 黄可龙, 洪涌, 等. 阳离子树脂对香菇多糖中色素的吸附性能研究［J］. 中国生化药物杂志, 2007, 28（6）: 386-390.

［34］陈义勇. 桦褐孔菌多糖纯化、结构及其抗肿瘤机制研究［D］. 无锡: 江南大学, 2010.

［35］韩铨. 茶树花多糖的提取、纯化、结构鉴定及生物活性的研究［D］. 杭州: 浙江大学, 2011.

［36］任嘉兴. 羊肚菌多糖分离纯化、结构分析及体外抗氧化研究［D］. 太原: 山西大学, 2019.

［37］郭慧静. 蒲公英多糖的提取、分离纯化、鉴定及其生物活性的初步研究［D］. 石河子:

石河子大学，2019.

［38］何钊，李娴，陈智勇，等. 大孔吸附树脂对白蜡虫多糖脱色及抗氧化活性的影响［J］. 林业科学研究，2014，27（1）：31-37.

［39］吴玉和. 大孔树脂对中药多糖的分离纯化［D］. 天津：天津大学，2009.

［40］刘延吉，祝寰宇. 沙棘多糖脱蛋白工艺的优化研究［J］. 河南农业科学，2008，3：84-87.

［41］陈玉香，张丽萍，梁忠岩，等. 沙棘果水溶性多糖Hn的分离纯化与抗病毒研究［J］. 东北师大学报（自然科学版），1997，4：79-82.

［42］屠鹏飞. 天然糖化学［M］//北京：化学工业出版社，2013：119-122.

［43］苏浩，余以刚，杨海燕，等. 膜分离技术在水溶性大豆多糖提取中的应用［J］. 食品工业科技，2009，30（8）：216-217，220.

［44］蒋华彬，刘丽莎，张清，等. 膜分离技术同步分离纯化管花肉苁蓉苯乙醇苷及多糖［J］. 食品科技，2019，44（7）：229-234.

［45］Liu A J，Yu J，Ji H Y，et al. Extraction of a novel cold-water-soluble polysaccharide from *Astragalus membranaceus* and its antitumor and immunological activities［J］. Molecules，2017，23（1）：1-13.

［46］Palaniappan seedevi，Meivelu moovendhan，Shanmugam viramani，et al. Bioactive potential and structural chracterization of sulfated polysaccharide from seaweed （*Gracilaria corticata*）［J］. Carbohydrate Polymers，2016，155：516-524.

［47］Yu X Y，Liu Y，Wu X L，et al. Isolation，purification，characterization and immunostimulatory activity of polysaccharides derived from american ginseng［J］. Carbohydrate Polymers，2017，156（11）：9-18.

［48］Wang X T，Zhu Z Y，Zhao L，et al. Structural characterization and inhibition on α-D-glucosidase activity of non-starch polysaccharides from *Fagopyrum tartaricum* ［J］. Carbohydrate Polymers，2016，153（11）：679-685.

第三章

多糖的结构测定

作为天然的生物功能大分子，不同来源的多糖具有不同的化学成分、单糖组成、糖链结构和表观形貌等。这些差异决定了多糖的物理性质、化学性质和生物活性。与蛋白质类似，多糖的结构可以用一级结构、二级结构、三级结构和四级结构4个不同的结构水平来描述。多糖的一级结构通常指多糖的单糖组成（残基组成）、分子质量、异头碳的构型，以及糖残基的糖苷键连接顺序和类型等；二级结构指多糖骨架链间以氢键结合形成的构象，不包括侧链的空间排布；三级结构是以一级和二级结构为基础所形成的有规则且粗大的空间构象；四级结构是指糖链间以非共价键结合而成的聚集体。与蛋白质类似，由于分子质量太大，多糖的空间结构相当复杂，影响因素也较多，例如不同温度和pH下其三、四级结构会发生变化。目前，关于多糖结构领域的研究热点主要是关于多糖一级结构的解析，它是多糖高级结构解析的基础。因此，对多糖进行进一步的化学成分分析、单糖组成检测、糖链结构鉴定、空间构象分析等具有重要意义，可以为进一步研究多糖的活性机制与构效关系、卷烟保润性能提供依据。

多糖的相对分子质量差异极大，从几千到几百万都有分布；单糖组成种类和比例各异，连接位点和连接结构差异较大，支链情况以及是否含有糖醛酸、蛋白质或硫酸基等均会使多糖结构更加复杂。以上因素均会给多糖结构的鉴定带来很大的困难，也是多糖结构解析研究过程中的难点和关键点。现代科学技术的进步，特别是分析化学、大型分析测试仪器的进步，为多糖的化学结构鉴定带来了便利。

第一节　多糖分子质量的测定

由于多糖属于单糖缩合后的聚合物，因此它的纯度不能用常规的小分子化合物的纯度标准来衡量和检测。多糖的纯度是用某一种多糖的平均链长或分子质量分布（平均分子质量）来表示。常用的纯度测定方法有高效凝胶色谱法（High performance gel permeation chromatography，HPGPC）、电泳法、渗透压法和超速离心法等，其中最常见的是高效凝胶色谱法。

高效凝胶色谱法的原理是利用凝胶色谱柱中填料有孔径差异，分子质量大小不同的组分在色谱柱中通过的路径不一进行分离，再经过检测器检测，利用多糖的出峰时间与分子质量对数成正比的性质进行检测。该方法具有快速、准确、样品量小、分辨率高、重现性好等优点。由于多糖无紫外吸收、无荧光性，因此常用的检测器有示差折光检测器（Refractive index detector，RID）、蒸发光散射检测器（Evaporative light scattering detector，ELSD）或 多 角 度 激 光 散 射 仪（Multi-angle Laser Light Scattering，MALLS）。Shi等从浒苔（*Enteromorpha prolifera*）中提取的多糖利用HPGPC配ELSD检测器和Ultrahydrogel™ Linear色谱柱以纯水为流动相进行了分子质量鉴定，检测所得多糖分子质量分别为44.0ku和53.7ku[1]。杨丰榕等采用岛津高效液相色谱仪（HPGPC）配示差折光检测器（RID）以纯水为流动相检测了分离得到的党参多糖，分子质量分别为 1.24×10^6、1.96×10^6 和 1.51×10^6 u[2]。孔令姗等采用高效液相色谱联用多角度激光散射仪（MALLS）对白芨多糖进行分子质量测定，重均分子量 $M_w=9.545 \times 10^4$ g/mol，数均分子量 $M_n=7.297 \times 10^4$ g/mol[3]。

第二节　多糖一级结构的测定

　　多糖的一级结构主要包括分子质量大小及分布、单糖组成及物质的量的、单糖排列顺序、糖苷键类型和连接方式、支链连接位点和连接方式、异头碳构型及糖链有无分支、分支的位置与长短、重复结构单元等，再加上糖残基上可能连接有硫酸基团、甲基化基团、磷酸基团、乙酯基团等，使得多糖结构更加复杂。多糖一级结构的分析方法主要包括化学分析法、仪器分析法等。以下简要介绍化学分析法和仪器分析法在多糖一级结构测定中的应用。

　　测定多糖的一级结构，需要解决以下几个问题[4]。

　　（1）多糖的分子质量；

　　（2）糖链的糖基组成，即其单糖组成；

　　（3）单糖残基的构型，即L-或D-构型，以吡喃环或呋喃环的形式；

　　（4）各单糖残基之间的连接顺序；

　　（5）糖苷键的连接形式，即 α-或 β-构型；

　　（6）每个糖残基上羟基被取代的情况，有2个以上羟基被同时取代则意味着这个糖残基处在叉状链的分子点上；

　　（7）糖链和非糖链（如肽链、脂类等）连接点的情况。

　　测定多糖一级结构的常用方法如表3-1所示。由于没有直接检测多糖一级结构的方法，目前常用的方法主要是多种方法的组合和相互印证。如化学分析法的主要作用是推测糖链连接顺序，为后续分析多糖的单糖组成或糖链结构做准备，常用的化学分析法有酸水解、高碘酸氧化和Smith降解、甲基化分析、糖醛酸还原、衍生化等。光谱分析法主要进行单糖组成、糖苷键类型等的检测，常用的有气相色谱质谱联用（GC-MS）、红外光谱（IR）、紫外光谱（UV）、核磁共振波谱（NMR）等。此外还有生物学法等。

表3-1 测定多糖一级结构的常用方法

项目	常用方法
分子质量	高效液相凝胶色谱、电泳、质谱法
单糖组成	部分酸水解、全部酸水解-气相色谱、液相色谱
吡喃环或呋喃环的形式	红外光谱、核磁共振
连接次序	选择性酸水解、糖苷酶顺序水解、核磁共振
α-或β-构型	糖苷酶水解、核磁共振、红外光谱
羟基被取代情况	甲基化反应-气相色谱、高碘酸氧化、核磁共振、质谱
糖链-肽链连接方式	单糖与氨基酸组成、稀碱水解、肼解反应

一、化学分析法

1.酸水解法

由于多糖无法直接进行结构鉴定和分析，因此需要先将大分子多糖水解成小分子单糖。多糖是通过单糖的脱水缩合而成，因此可以加入某种酸迫使糖苷键水解生成相应的单糖。多糖糖苷键类型不同，对酸水解条件要求不一样，还需考虑所用酸是否会与多糖发生副反应以及引入的酸是否容易去除等，因此需要选择合适的酸进行水解。常用的酸水解法有三氟乙酸法、盐酸法和硫酸法等。而由于浓硫酸具有强氧化性，会使糖的羟基脱水碳化，因此误差较大，不宜采用；稀硫酸在水解反应结束后难以脱除，因此也不常用。盐酸具有挥发性，反应结束后易于脱除，但是反应体系需要在高温、密闭环境下进行，而盐酸酸性太强易破坏多糖结构，因此也不常采用。文献中采用较多的是三氟乙酸水解，该酸具有挥发性，后续容易脱除，几乎无氧化性，且酸性较强，水解时不会对多糖结构产生影响，因此在多糖结构解析中采用最多。

2.高碘酸氧化法和Smith降解法

由于高碘酸（Periodic acid，PDA，HIO_4）具有强氧化性，并且能够有选择性地作用于多糖的邻二羟基或连三羟基的C—C键，使其C—C键断裂并氧化成相应的醛，每裂开1个C—C键消耗1分子的高碘酸。因此可以利用反应前后PDA的消耗量和甲酸的生成量来推断多糖中糖苷键的类型和比例，因此本方法常用于多糖初级结构的鉴定[5-8]。

Smith降解法（图3-1）是将高碘酸氧化产物用硼氢化钠（或硼氢化钾）还原成稳定的多羟基化合物（多聚糖醇），然后用稀酸（如三氟乙酸）在常温下将还原产物水解成特征性的糖连接单元，再通过高效液相色谱（HPLC）、气相色谱（GC）或气相色谱-质谱联用（GC-MS）分析鉴定水解产物，从水解产物推断各单糖组分的连接方式及顺序，是常用的多糖初级结构鉴定方法[5,7,8]。

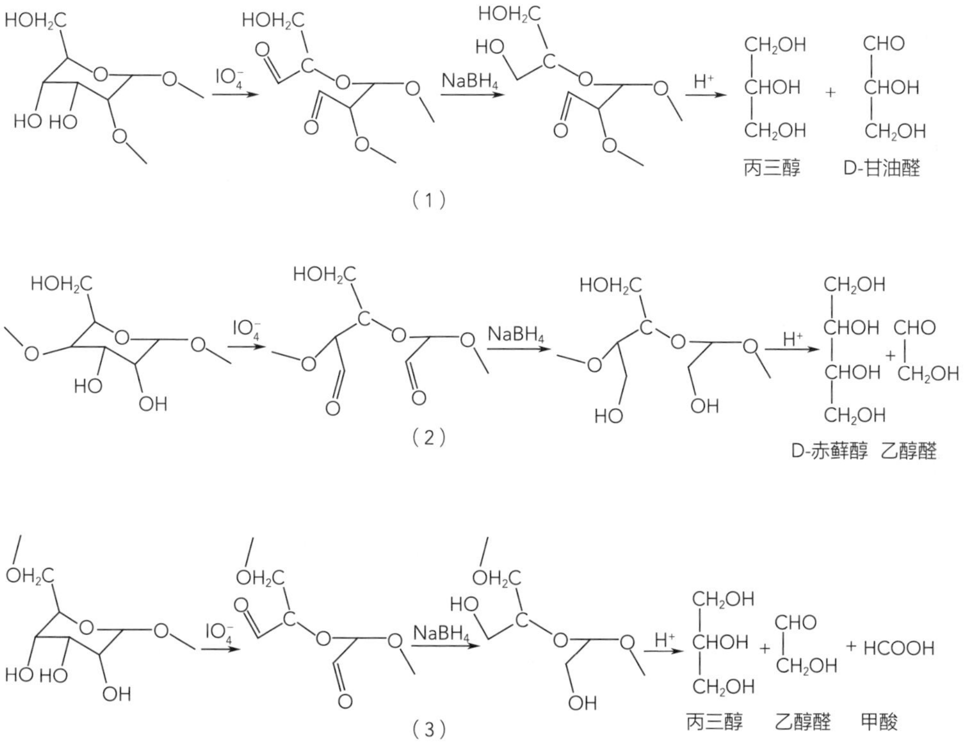

（1）1, 2糖苷键　（2）1, 4糖苷键　（3）1, 6糖苷键

图3-1　Smith降解反应过程

3.甲基化法

甲基化法是解析多糖或寡糖中各单糖间糖苷键位置的重要手段，广泛应用于多糖、寡糖中单糖残基之间连接位置的确定。其原理是先将多糖中各单糖残基上的游离羟基全

部甲基化反应生成甲醚（如果是酸性多糖，则需要对糖醛酸中的羧基还原），然后对反应产物进行水解，再利用硼氢化钠（NaBH₄）或硼氢化钾（KBH₄）还原生成相应的糖醇（图3-2），利用GC-MS、HPLC等仪器进行检测，从而确定各单糖的种类、比例及糖苷键的位置。甲基化法的关键点是单糖残基上的羟自由基必须全部甲基化，否则会对甲基化结果产生干扰（特别是样品中残留的痕量水分）[9,10]。

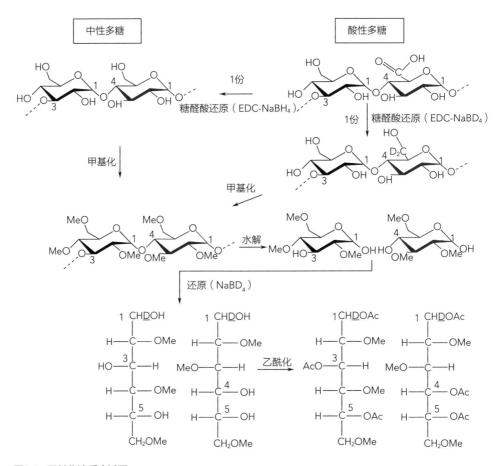

图3-2　甲基化法反应过程

二、仪器分析法

随着对多糖生理功能的逐步认识和重视，相关分析手段和方法也逐渐建立起来。要阐明多糖的初级结构和高级结构需要借助多种先进的分析仪器和技术，如紫外-可见光谱分析（UV-vis）、傅里叶变换红外光谱（FT-IR）、高效液相色谱（HPLC）、气相色谱质谱联用（GC-MS）、核磁共振波谱（NMR）以及电子扫描显微镜（SEM）等。

1.紫外-可见光谱分析法

紫外-可见光谱分析法主要有两方面的用途，一是利用硫酸-苯酚法测定多糖含量，二是利用分光光度计对多糖样品溶液，包括粗提液等进行扫描，以初步判断样品中是否含有蛋白质、肽及核酸等。由于多糖无紫外吸收峰，而在提取多糖时会混有蛋白质（280nm），肽（214~220nm）及核酸（260nm）等杂质，因此通过紫外扫描可以初步判断多糖中是否含有这些杂质[11,12]。

2.红外光谱法

每种物质都有其特定的红外光谱，多糖也不例外。红外光谱法利用多糖在红外光谱中的特征吸收峰来对多糖进行结构解析，是分析多糖类物质结构最常用的方法，可以测定吡喃糖和呋喃糖、糖苷键的类型、糖的构型以及多糖链上羟基的取代等信息。如760~740cm^{-1}是α-D-木糖的伸缩振动峰；839~810cm^{-1}是α-D-半乳糖的伸缩振动峰；843~818cm^{-1}是α-D-甘露糖的特征振动范围；855~833cm^{-1}是α-D-葡萄糖的伸缩振动峰；855~830cm^{-1}是β-D-或β-L-阿拉伯糖的特征振动峰；898~888cm^{-1}是β-D-甘露糖的特征振动峰；905~876cm^{-1}是β-D-葡萄糖的特征振动峰；914~866cm^{-1}是β-D-半乳糖的特征振动峰；1730cm^{-1}与1260cm^{-1}是酯基或O-乙酰基的特征振动峰；1650cm^{-1}与1550cm^{-1}是酰胺的特征吸收振动峰；1100~1010cm^{-1}是吡喃糖的特征振动峰[13-17]。

3.色谱-质谱联用法

多糖的单糖组成和连接方式无法直接检测和鉴定。多糖水解成单糖再经过甲基化、乙酰化、Smith降解后采用高效液相色谱、高效液相色谱-质谱或气相色谱-质谱联用检测分析，是多糖结构解析中最为高效、准确的检测分析方法。该方法具有灵敏度高、识别能力强等优点。HPLC（配UV检测器和C$_{18}$烷基键合柱）法分析多糖组成的基本原理是：将不具有紫外吸收的多糖样品水解后进行1-苯基-3-甲基-5-吡唑啉酮（PMP）衍生化处理，使其生成在250nm处具有紫外吸收的衍生物，然后再进行检测。PMP衍生化处理具有不产生立体异构峰的优点，常用于测定单糖组成[18-20]。GC-MS分析多糖的单糖组成的原理是：将不具有挥发性的多糖样品酸水解后再利用衍生化处理（如甲基化、乙酰化等）使其生成具有挥发性的物质，再进行检测[21-23]。例如，付海宁等曾用GC-MS、HPLC、薄层色谱（TLC）和离子排阻液相色谱（IEC）4种方法检测盐藻多糖组成，发现薄层色谱法分离度不好且分辨率不高；GC-MS法分辨率高，可以定性和定量检测，但是该方法不适合含有糖醛酸和酮糖的多糖的分析；IEC法具有无需衍生化处理、操作简单、分析速度快的优点，但有单糖分离度较差且检测灵敏度不高的缺点；HPLC法不仅可以分析中性多糖，还可以分析酸性多糖（含有糖醛酸）、碱性多糖（含有氨基）和酮糖，分离度也好，因此被越来越多地应用，但有研究发现经PMP衍生化后的产物稳定性不好，放置时间过长会造成检测误差较大[19,24]。HPLC（配备分子凝胶色谱柱和示差折光检测器）还被用来测多糖分子质量，其原理是通过分子凝胶色谱根据被测物分子直径的大小进行分离检测，即分子质量小的分子容易进入填料内部且洗脱路径较长因此出峰时间较晚，分子质量大的分子则较容易被洗脱[25-27]。

4.核磁共振波谱法

自从20世纪40年代核磁共振现象被发现以来，核磁共振波谱技术在分析化学、植物化学、生物医药、生物化学等自然科学领域得到越来越广泛的应用，成为研究有机化合物结构组成最为精确、有效的方法之一。NMR在20世纪70年代起开始被应用到多糖的结构解析领域。在多糖的结构鉴定分析中，常用的有一维NMR有氢谱（^{1}H-NMR）和碳谱（^{13}C-NMR）等[28]。NMR主要用于测定多糖结构中糖苷键构型以及重复结构中单糖的数目等。NMR能够在完全没有任何结构信息的情况下得到如异头氢构型、异头碳、糖环构象、糖链中各单糖的连接方式和顺序、比例、取代点、糖链的空间取向等信息。并且，NMR具有分辨率高、化学位移较宽等优点，在多糖结构分析中被研究者普遍采用[29-31]。近年来，二维核磁共振（2D-NMR），包括碳氢相关谱和同核位移相关谱等技术也常被应用于多糖结构鉴定中。同时，2D-NMR具有分辨率高、提供的信息量大等优点，在多糖结构分析中起着不可替代的作用[16,32,33]。

参考文献

［1］ Shi M J, Wei X Y, Xu J, et al. Carboxymethylated degraded polysaccharides from *Enteromorpha prolifera* Preparation and in vitro antioxidant activity [J] . Food Chemistry, 2017, 215: 76-83.

［2］ 杨丰榕，李卓敏，高建平.党参多糖分离鉴定及体外抗肿瘤活性的研究 [J] . 时珍国医国药，2011, 22（12）: 2876-2878.

［3］ 孔令姗，俞苓，胡国胜，等.白芨多糖的分子质量测定及其吸湿保湿性评价 [J] . 日用化

学工业，2015，45（2）：94-98.

［4］ 金征宇，顾正彪，童群义，等.碳水化合物-原理与应用［M］.北京：化学工业出版社.

［5］ 王小梅. 超声对麦冬多糖结构溶液行为及生物活性影响的研究［D］.西安：陕西师范大学，2013.

［6］ 冯睿，谭勇，沈敏，等.油菜子多糖的结构分析［J］.湖北农业科学，2007，46（3）：149-151.

［7］ Wang X T，Zhu Z Y，Zhao L，et al. Structural characterization and inhibition on α-D-glucosidase activity of non-starch polysaccharides from *Fagopyrum tartaricum*［J］. Carbohydrate polymers，2016，153：679-685.

［8］ 陈亮.天然富硒和人工富硒绿茶中硒多糖活性和结构的研究［D］.上海：上海师范大学，2016.

［9］ Ikue taguchi，Hiroaki kiyohara，Tsukasa matsumoto，et al. Structure of oligosaccharide side chains of an intestinal immune system modulating arabinogalactan isolated from rhizomes of *Atractylodes lancea* Dc［J］. Carbohydrate Research，2004，339（4）：763-770.

［10］ Li Q，Wang W，Zhu Y，et al. Structural elucidation and antioxidant activity a novel Se-polysaccharide from Se-enriched *Grifola frondosa*［J］. Carbohydrate Polymers，2017，161：42-52.

［11］ Wang X，Zhang Y，Liu Z，et al. Purification，Characterization，and antioxidant activity of polysaccharides isolated from *Cortex periplocae*［J］. Molecules，2017，22（2）：1866-1880.

［12］ Lu J，You L，Lin Z，et al. The antioxidant capacity of polysaccharide from *laminaria japonicaby* citric acid extraction［J］. International Journal of Food Science & Technology，2013，48（7）：1352-1358.

［13］ Cui H L，Chen Y，Wang S，et al. Isolation，Partial characterisation and immunomodulatory activities of polysaccharide from *Morchella esculenta*［J］. Journal of the Science of Food and Agriculture，2011，91（12）：2180-2185.

［14］ Elnahas M O，Amin M A，Hussein M M D，et al. Isolation，Characterization and bioactivities of an extracellular polysaccharide produced from *Streptomyces* sp. Moe6［J］.Molecules，2017，22（9）：1396-1413.

［15］ Fleita D，El-sayed M，Rifaat D. Evaluation of the antioxidant activity of enzymatically-hydrolyzed sulfated polysaccharides extracted from red algae；*Pterocladia capillacea*［J］. Lwt - Food Science and Technology，2015，63（2）：1236-1244.

［16］ Li X，Wang L，Wang Z. Structural characterization and antioxidant activity of polysaccharide from *Hohenbuehelia serotina*［J］. International Journal of Biological Macromolecules，2017，98（1）：59-66.

［17］ Khaoula M H，Majdi H，Christophe R，et al. Optimization extraction of polysaccharide from *Tunisian zizyphus* lotus fruit by response surface methodology composition and antioxidant activity［J］.Food Chemistry，2016，212（6）：476-484.

［18］杨兴斌，赵燕，周四元，等. 柱前衍生化高效液相色谱法分析当归多糖的单糖组成［J］. 分析化学，2005，33（9）：1287-1290.

［19］付海宁，赵峡，于广利，等. 盐藻多糖单糖组成分析的四种色谱方法比较［J］. 中国海洋药物，2008，27（4）：30-34.

［20］Jia X，Zhang C，Hu J，et al. Ultrasound-assisted extraction，antioxidant and anticancer activities of the polysaccharides from *Rhynchosia minima root*［J］. Molecules，2015，20（11）：20901-20911.

［21］Li J E，Ni S P，Xie M Y，et al. Isolation and partial characterization of a neutral polysaccharide from *Mosla chinensis* Maxim. cv. Jiangxiangru and its antioxidant and immunomodulatory activities［J］. Journal of Functional foods，2014，6：410-418.

［22］Cheong K L，Wu D T，Deng Y，et al. Qualitation and quantification of specific polysaccharides from *Panax* species using GC–MS，saccharide mapping and hpsec-rid-malls［J］. Carbohydrate Polymers，2016，153（11）：47-54.

［23］Sun H，Zhu Z，Yang X，et al. Preliminary characterization and immunostimulatory activity of a novel functional polysaccharide from *Astragalus residue* fermented by paecilomyces sinensis［J］. RSC Advances，2017，35（7）：23875-23881.

［24］Honda S，Suzuki S，Taga A. Analysis of carbohydrates as 1-phenyl-3-methyl-5-pyrazolone derivatives by capillary/microchip electrophoresis and capillary electrochromatography［J］. Journal of Pharmaceutical and Biomedical Analysis，2003，30（2）：1689-1714.

［25］Kim H J，Song Y，Lee S Y，et al. Wheat dough syruping in cold storage is related to structural changes of starch and non-starch polysaccharides［J］. Elsevier Ltd，2017，99（9）：596-602.

［26］Hou C，Wu S，Xia Y，et al. A novel emulsifier prepared from *Acacia seyal* polysaccharide through maillard reaction with casein peptides［J］. Food Hydrocolloids，2017，69（1）：236-241.

［27］Wang M，Zhao S，Zhu P，et al. Purification，characterization and immunomodulatory activity of water extractable polysaccharides from the swollen culms of *Zizania latifolia*［J］. International Journal of Biological Macromolecules，2017，72（9）：1-9.

［28］廖文镇. 竹荪多糖的化学结构、生物活性及其功能化纳米抗肿瘤药物研究［D］. 广州：华南理工大学，2012.

［29］Ren Y L，Zheng G Q，You L J，et al. Structural characterization and macrophage immunomodulatory［J］. Journal of Functional Foods，2017，33（6）：286-296.

［30］Shen C，Jiang J，Li M，et al. Structural characterization and immunomodulatory activity of novel polysaccharides from *Citrus aurantium* Linn. variant *amara* Engl［J］. Journal of Functional Foods，2017，35（8）：352-362.

［31］Wang J，Wang Y，Xu L，et al. Synthesis and structural features of phosphorylated *Artemisia sphaerocephala* polysaccharide［J］. Carbohydrate Polymers，2018，181（1）：19-26.

［32］He P F，Zhang A Q，Zhang F M，et al. Structure and bioactivity of a polysaccharide containing uronic acid from *Polyporus umbellatus* sclerotia ［J］. Carbohydrate Polymers，2016，152：222-230.

［33］ Liu J，Shang F，Yang Z，et al. Structural analysis of a homogeneous polysaccharide from *Achatina fulica* ［J］. International Journal of Biological Macromolecules，2017，98 （2）：786-792.

第四章

多糖的结构修饰

多糖的结构修饰是近年来多糖的研究热点方向。一方面天然多糖是构成生命的四大基本物质之一，同时具备很多生物活性如抗肿瘤、抗氧化、促进免疫调节、抗病毒、抗炎等，但由于多糖的活性直接受其结构的影响，例如水溶性差或因活性较弱而难以达到应用要求，因此需要对天然多糖进行结构修饰，增强其生物活性。另一方面，多糖糖苷键的类型、主链的构型、支链的性质等均能影响多糖的活性。例如，香菇多糖和淀粉均是以葡聚糖为主链的多糖，但是香菇多糖具有活性而淀粉没有，是因为香菇多糖糖苷键构型为1,3糖苷键，而淀粉为1,4糖苷键。多糖的结构修饰可以靶向性地改变或者增加其活性。

多糖结构修饰可以通过化学、物理及生物学方法，目前应用范围最广的为化学方法。多糖结构修饰的化学方法主要有羧甲基化、硒化、乙酰化、硫酸化、磷酸化、烷基化、磺酰化和苯甲酰化等。

第一节 ▶ 羧甲基化

多糖的羧甲基化修饰（图4-1）是指将多糖链上的某些羟基替换成羧甲基[1]。羧甲基化修饰后多糖的理化性质和组成结构发生了改变，修饰后的多糖生物活性、水溶性增强。羧甲基多糖的制备方法主要有水媒法和溶媒法。水媒法是先把多糖用稀碱溶液溶解（一般用多为NaOH），然后加入一定量的氯乙酸，在适当温度下进行醚化反应；溶媒法是将多糖悬于有机溶剂（一般为异丙醇、乙醇、丙酮等）中，用碱溶液碱化后再加入氯乙酸，在适当温度下进行醚化反应，得到羧甲基化多糖。溶媒法以有机溶剂为反应介质，反应体系在碱化、醚化过程中传热、传质迅速，反应均匀稳定，主反应快，副反应少，醚化剂利用率高；而水媒法副反应多，导致醚化剂利用率低，且后期处理困难。因此，一般采用溶媒法[2]。

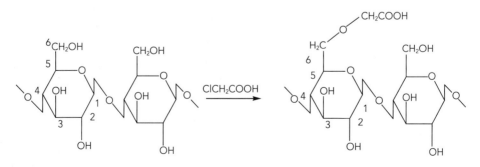

图4-1 多糖羧甲基化过程

研究表明，羧甲基化修饰后的多糖在抗氧化性、免疫活性调节、抗肿瘤等方面具有较好的效果。多糖的抗氧化活性主要是指多糖对自由基的清除作用。周际松等通过对茯苓多糖进行羧甲基化修饰，结果表示修饰后的茯苓多糖相比未修饰的对3个自由基的最大清除率分别提高了33.91%、52.86%和72.62%，并且经过羧甲基化修饰的茯苓多糖抗氧化性明显增强[3]。研究表明，羧甲基修饰对多糖的免疫活性存在正反两方面的作用。童微等对羧甲基化铁皮石斛多糖进行体外细胞试验，试验表明，羧甲基化铁皮石斛多糖极显著抑制了巨噬细胞的增殖作用，导致免疫活性的降低[4]。然而韦毅铭等对龙眼多糖进行羧甲基化修饰后进行了动物体内试验，试验表明羧甲基化修饰的多糖和未修饰的多糖对免疫抑制小鼠均具有免疫调节作用，同等剂量下，羧甲基化龙眼多糖的免疫调节能力优于未经修饰的龙眼多糖[5]。王建国通过体内体外的一系列试验，证明羧甲基化的灵芝多糖无论是对S180肿瘤细胞的毒性上，还是在细胞凋亡的诱导效果上均有较好的作用，已接近传统抗癌药物（5-Fluorouracil），且羧甲基化的灵芝多糖还具有毒副作用低的优势[6]。吴广枫等将胞外多糖与氯乙酸在碱溶液中反应得到羧甲基双歧杆菌胞外多糖，并证明该多糖可以显著提高小鼠脾细胞中白细胞介素2（IL-2）、干扰素（IFNy）细胞因子水平，免疫调节力显著高于未改性的双歧杆菌胞外多糖[7]。傅莉等发现羧甲基化多糖的溶解性得到显著改善，并且保持良好的流变性能和抗肿瘤活性[8]。王雁等研究发现，羧甲基化修饰后的虎奶多糖能够对Fe^{2+}-Vit C引起的大鼠肝线粒体脂质过氧化、膜流动性的降低和线粒体的肿胀进行有效抑制，且能清除O_2^-[9]。羧甲基化与多糖的抗肿瘤与抗氧化作用密切相关，但其作用机制目前尚不完全清楚。

溶媒法的操作步骤参考孙志涛的方法：称取0.1g多糖于200mL烧瓶中，加入20mL的80%（体积分数）乙醇，室温下搅拌30min，然后加入70mL浓度为2mol/L的NaOH溶液，搅拌碱化1h；加入8mL浓度为1.6mol/L的氯乙酸，50℃下醚化3.8h。在反应结束后，冷却至室温，用0.5mol/L的HCl将反应液pH调至中性。将溶液置于透析袋中透析2d，然后用无水乙醇放于冰箱上层（5℃）醇沉24h，经8000r/min离心10min，取沉淀，冷冻干燥，得到羧甲基化多糖[10]。

第二节　硒化

硒元素是机体必需的微量元素。自然界中的硒多以无机硒状态存在，人体难以吸收和利用。并且无机硒摄入机体后具有蓄积性毒性和致突变作用，修饰后的硒多糖相对更容易被机体吸收利用，毒性降低，可以与多糖更好地协同发挥相应的活性[11]。多糖的硒化修饰（图4-2）是指将硒引入多糖，与多糖的羟基形成特殊的硒氧键而制备成硒化多糖衍生物（硒多糖）。硒多糖具有多种生理活性，可通过提高相关酶的活性来拮抗重金属中毒，一些硒多糖具有抗活性氧损伤等能力。

　　大量研究表明，硒化多糖在抗氧化性、抗肿瘤、免疫活性调节等方面具有较好的生理活性。高珍珍等选取7种硒化多糖，筛选出了3种抗氧化效果较好的硒化多糖，给试验小鼠使用不同剂量的3种硒化多糖，测定小鼠血清中的总抗氧化能力，结果3种硒化多糖3个剂量均有较强的体内抗氧化活性，表明硒化修饰可以显著提高多糖抗氧化性[12]。任峰等通过体外试验测定，发现硒化修饰后的当归多糖比未修饰的当归多糖对人肝癌细胞HepG2表达具有更好的抑制作用[13]。对硒化修饰多糖提高其抗病毒方面，朱黎霞等发现黑木耳硒多糖可抑制肿瘤生长，提高机体免疫力[14]。邱树磊等比较了经硒化修饰和未经硒化修饰的大蒜多糖和枸杞多糖对淋巴细胞增殖的影响，发现硒化大蒜多糖和硒化枸杞多糖能显著提高机体体外增强免疫活性[15]。

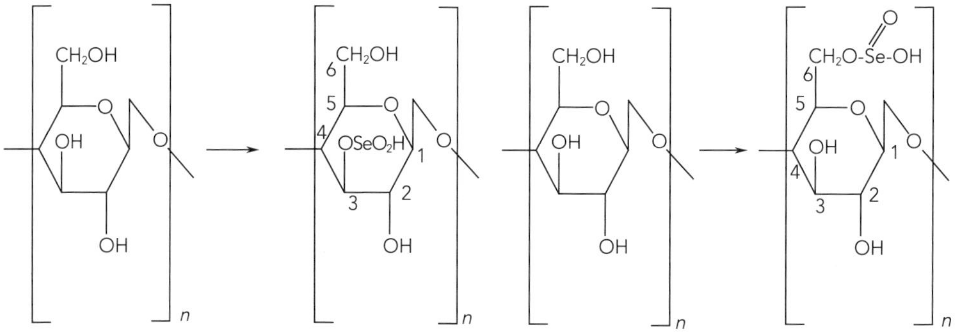

图4-2　多糖硒化过程

　　硒化多糖合成的方法主要包括植物转化法、化学合成法和微生物转化法[16]。其中较为常用的是化学合成法。化学合成法是利用多糖链上的—OH、—NH_4、—CHO等活性基团与硒化试剂发生反应，从而将无机硒以共价键形式结合到多糖链上。由于使用硒化试剂的不同，化学合成法有许多种，例如使用H_2SeO_3/HNO_3和$BaCl_2$的反应体系来进行硒化，原理是$BaCl_2$中的Ba^{2+}与羟基能发生强配位作用。硒化修饰的操作步骤参考孙浩然等的方法[17]：首先在三角瓶中称取100mg纯多糖，缓慢加入浓度为0.5%（质量分数）的$HNO_3$10mL，滴加过程中持续缓慢搅拌，待多糖溶解后加入0.2g的修饰剂Na_2SeO_3和0.2g的催化剂$BaCl_2$，在60℃下反应4h。反应结束后冷却至室温，用1mol/L的NaOH调整反应液pH达到中性，再加入Na_2SO_4除去未反应的Ba^{2+}，使用6000r/min离心10min取上清液，将上清液在纯水中透析3d。最后加乙醇至80%（体积分数），放入冰箱（5℃）静置24h，再使用8000r/min离心10min取沉淀，将沉淀冷冻干燥后，得到硒化多糖，放入冰箱备用。

第三节　乙酰化

多糖的乙酰化修饰（图4-3）是指将多糖支链上的羟基酯化成乙酰基，从而导致多糖链的空间排列改变，致使更多的羟基暴露，因此，乙酰化可以显著改善多糖的水溶性和疏水性[18,19]。乙酰化修饰对多糖活性的影响主要表现在抗氧化性、抗肿瘤、抗病毒、抗凝血、免疫活性调节等方面[20]。王之珺等通过乙酸酐法对青钱柳多糖进行乙酰化修饰，并在体外进行DPPH自由基清除。试验表明，乙酰化青钱柳多糖对DPPH自由基的清除能力显著提高，乙酰化修饰可以提高多糖的抗氧化性[21]。南征通过MTT比色法研究也表明，乙酰化杏鲍菇多糖对K562细胞的体外增殖抑制作用高于天然多糖，说明乙酰化修饰能使杏鲍菇多糖的抗肿瘤活性增强[22]。Deng等从石斛中提取石斛多糖，对其进行乙酰化修饰后显示乙酰化石斛多糖对RAW264.7巨噬细胞的免疫调节功能高于未修饰石斛多糖[23]。

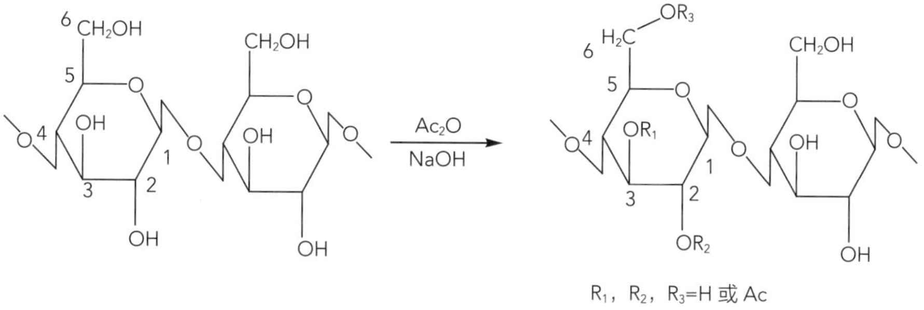

R_1，R_2，R_3=H 或 Ac

图4-3　多糖乙酰化过程

乙酰化修饰多糖常用的方法是乙酸酐-吡啶法，即将多糖充分溶解于一定的有机溶剂（甲酰胺、甲醇、二甲基亚砜等）中，然后加入乙酸酐和乙酸为乙酰化试剂进行修饰反应[24]。乙酰化参考李银莉等对马齿苋多糖乙酰化的方法：称取纯多糖0.5g，加入15mL蒸馏水充分溶解，用40g/L的NaOH调节水解溶液pH至9.0。向溶液中加入一定体积的乙酸酐，边搅拌边滴加，滴加完毕后恒温反应一段时间。待反应结束用浓盐酸调节pH至7.0。上清液离心后装入截留分子质量为15000u的透析袋中，用蒸馏水透析48h。透析液经浓缩后经冷冻干燥得到乙酰化马齿苋多糖[25]。

第四节　硫酸化

多糖的硫酸化修饰（图4-4）是指将硫酸基团引入到多糖链的某些羟基上，增强其生物活性。大量研究事实证明，硫酸化修饰多糖可增强其生物活性。硫酸化多糖在抗氧化性、抗肿瘤、抗凝血活性、抗病毒活性等方面具有较好的活性。申进文等比较了硫酸化香菇多糖6种不同组分的抗氧化活性，结果显示，硫酸化香菇多糖具有抗氧化活性，并且多糖的分子质量不同，硫酸化香菇多糖的抗氧化活性存在差异，在烤烟多糖的硫酸化修饰和抗氧化活性的研究中也得到了类似结论[26]。Miao等使用氯磺酸-吡啶法获得硫酸化马尾藻多糖，与修饰前相比，硫酸化马尾藻多糖对HepG$_2$细胞的增长呈现出一定的抑制作用，证实马尾藻多糖的硫酸化能有效增强其抗肿瘤活性[27]。Zhao等对银耳多糖进行硫酸化修饰，得到2种硫酸化银耳多糖，并用未硫酸化的3个多糖作为对照，进行感染细胞试验，结果表明，5种多糖均可以显著抑制病毒的感染能力，且硫酸化银耳多糖对病毒的抑制率最高[28]。宗爱珍研究发现硫酸化乌贼墨多糖SIP-S具有显著的抗肿瘤生长和转移的活性；SIP-S能够诱导肿瘤细胞凋亡，增强荷瘤小鼠免疫功能，缓解化疗药物环磷酰胺（CTX）所致的免疫损伤，抑制肿瘤细胞黏附过程，抑制新生血管生成[29]。

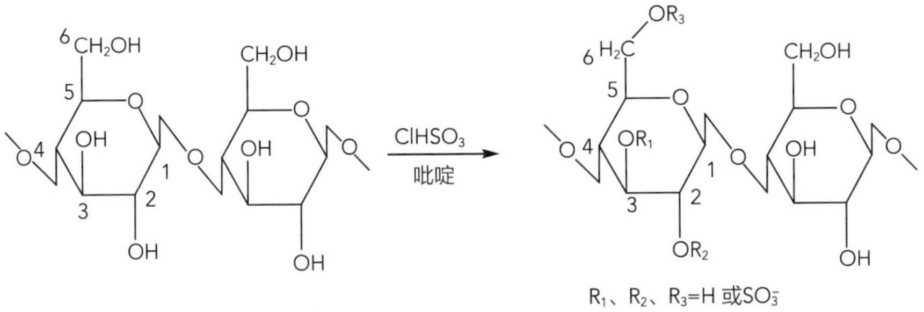

图4-4　多糖硫酸化过程

硫酸化的修饰方法主要有氯磺酸-吡啶法、浓硫酸法、三氧化硫-吡啶法等[30,31]。其中，氯磺酸-吡啶法具有取代度高、产率高、产物回收率较高等优点，是制备硫酸化多糖最常见的方法；而缺点是氯磺酸有剧毒，需要提前准备试剂，反应过程剧烈。三氧化硫法的优点是操作简单方便，可以得到较高硫酸化基团取代度的多糖衍生物；缺点是所用试剂昂贵，不适用于大批量制备硫酸化多糖。浓硫酸法的优点是反应条件稳定、试剂毒性相对较低；缺点是反应过程中伴随硫酸多糖的碳化和降解。参考田庚元等的方法分别采用三氧化硫-吡啶法、浓硫酸法以及氯磺酸-吡啶法来进行牛膝多糖的硫酸化，其中氯磺酸-吡啶法提取效果比较理想[32]。具体操作如下：将附有冷凝管和搅拌装置的三颈烧瓶置盐水-冰浴中，加入吡啶搅拌，使之充分冷却，缓慢滴加氯磺酸2~4mL，30~40min滴加完毕，烧瓶中出现大量淡黄色固体，然后加入多糖0.9g，迅速将三颈瓶移入沸水浴中，恒温搅拌1h左右，冷至室温，将反应液倾入冰水中，中和后加入乙醇进行醇沉，离心收集沉淀，将沉淀溶于水，透析72h，滤液经冷冻干燥后得牛膝多糖硫酸化产物。

第五节 磷酸化

由于从自然界分离得到的磷酸酯类多糖有限，磷酸酯类是有生物活性的，因此多糖磷酸化合成磷酸酯类多糖对深入研究磷酸酯类多糖具有重要的价值。多糖的磷酸化修饰是一种共价修饰，是支链上的羟基被磷酸根取代，从而增强多糖抗肿瘤和抗凝血生物活性。多糖磷酸酯衍生物具有抗病毒、抗菌、免疫调节、抗肿瘤等活性，并且糖链的长短及磷酸根的数目与抗肿瘤活性有着密切的关系。磷酸化修饰是指多糖与磷酸化试剂相互反应，多糖中的羟基被磷酸基团取代，由于带电磷酸基团的引入，多糖的某些活性发生改变，水溶性增强[33]。

Suárez等发现从蛋白核小球藻中分离得到的半乳聚糖磷酸酯具有较强的巨噬细胞激活作用[34]。乳酸菌具有免疫激活、抗肿瘤等多种生物活性，这些生物活性主要来自乳酸菌的胞外磷酸化多糖。Chen等将（1→3）-β-D-葡聚糖进行磷酸化修饰后出现较强的抗S-180活性，将其与硫酸化及羧甲基化衍生物对比，结果显示磷酸化衍生物抗肿瘤活性最好[35]。Liu等发现果聚糖经磷酸化修饰后抗疱疹病毒的活性明显提高，但具体作用机制仍需进一步探讨[36]。Yuan等对κ-卡拉胶进行过硫酸化、磷酸化、乙酰化修饰，发现相比于过硫酸化及乙酰化卡拉胶，磷酸化卡拉胶具有较好的清除羟自由基和DPPH自由基活性[37]。

目前，由于多糖磷酸化产物结构可控性较差，多糖磷酸化难度较大。目前用于多糖磷酸化的常见试剂有磷酸及其酸酐、三氯氧磷和磷酸盐等[38]。磷酸及其酸酐法是以磷酸作为磷酸化试剂，在硫酸的催化条件下进行磷酸化反应。由于糖苷键在强酸性条件下极易水解，因此该法极少被采用。三氯氧磷是一种反应活性较高的磷酸化试剂，可获得高含磷量的产物。磷酸盐廉价易得，不仅是应用广泛的食品添加剂，同时也广泛用于磷酸化多糖的工业生产。用这些试剂进行磷酰化后，需进行氢化催化等一些后处理步骤，以得到磷酸化产物，由于其副产物过多而使其没有广泛应用于糖的磷酸化中。总之，目前为止尚未找到一种简便、高效的磷酸化方法，需要进行更深入的研究。

参考孙雪等对浒苔多糖的磷酸化，首先用水溶解0.10g/mL的磷酸化试剂（三聚磷酸钠与三偏磷酸钠质量比为6∶1），然后再加入0.01g/mL纯多糖，调节pH为9.0，在80℃下反应5h，反应液用4倍体积的95%（体积分数）乙醇沉淀24h，将醇沉得到的多糖冷冻干燥，再于60℃水浴中复溶，复溶后的溶液选用10000u的透析袋以蒸馏水为透析液透析2d，将透析袋内液体浓缩到适当体积后进行冷冻干燥得到磷酸化衍生物[39]。

第六节　烷基化

多糖的烷基化修饰（图4-5）是指将不同长度和种类的烷基引入多糖主链。对多糖主链进行适当的烷基化修饰，可以对多糖黏度高、溶解度低等问题进行改善，烷基化修饰可以提高多糖的溶解度，有利于进一步发挥其生物活性[40]。林秀珠等对普鲁兰多糖进行烷基化修饰并探究其水溶性和热稳定性，结果显示烷基化普鲁兰多糖热稳定性更高。烷基化改变了普鲁兰多糖表面形貌，普鲁兰多糖由水溶性变成了水不溶性，烷基化修饰对普鲁兰多糖改变较大且独特[41]。黄玉芬等研究发现，在壳聚糖的C2位上引入一定数量的十八烷基苯基团进行疏水改性后，可显著提高壳聚糖的凝血性能，但并非烷基程度越高，凝血能力越强，凝血能力受烷基化程度的影响[42]。

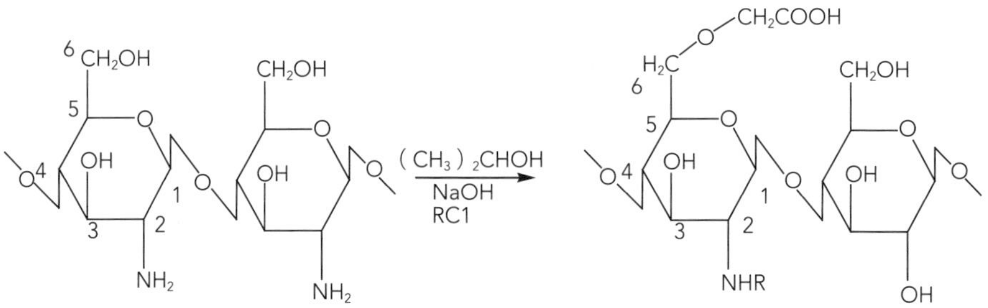

图4-5　多糖烷基化过程

参考林秀珠等的方法对普鲁兰多糖进行烷基化修饰：在100mL的锥形瓶中将1.0g纯多糖溶解于50mL二甲基亚砜（DMSO）中，加入微量的水（多糖所含的羟基物质的量的2倍），然后加入一定量的NaOH，室温下持续搅拌直至NaOH不再溶解，然后用滴定漏斗按6滴/min的滴加速率加入一定量的溴代正丁烷，在室温下持续搅拌反应24h[41]。在形成的澄清微黄色溶液中加入过量蒸馏水，形成的沉淀经过水洗抽滤后真空干燥得到粗品。最后将其粗品完全溶解于乙酸乙酯中，加入过量的水再次沉淀，抽滤真空干燥得到纯烷基化多糖。

第七节　磺酰化

多糖的磺酰化修饰（图4-6）是指使多糖上的某些羟基被磺酰基取代。多糖经磺酰化修饰后，一般溶解性和生物活性均有所提高。张强用三乙胺-苯磺酰氯法对茯苓多糖进行磺酰化修饰并探究其抗氧化性，选用二甲基亚砜（DMSO）、四氢呋喃（THF）、N,N-二甲基甲酰胺（DMF）三种溶剂，结果发现使用二甲基亚砜作为溶剂提取率最高，且磺酰化修饰后的茯苓多糖的抗氧化性相对未修饰茯苓多糖好[43]。赵吉福等对茯苓多糖进行磺酰化修饰，经过精制后得到磺酰化新茯苓多糖，经磺酰化修饰的多糖可溶于水，动物试验表明，磺酰化后的新茯苓多糖具有显著抗肿瘤作用[44]。

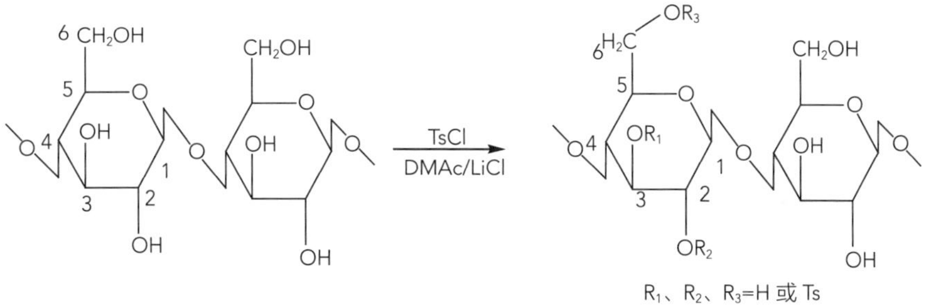

图4-6　多糖磺酰化过程

磺酰化参考张强对茯苓多糖进行磺酰化修饰的方法[43]：首先进行磺酰化试剂的制备，在冰盐浴条件下，将苯磺酰氯以一定的速度滴加入三乙胺中。反应在0℃以下进行，反应容器要密封性良好。然后精确称取一定量的纯多糖，加20mL DMSO溶液溶解后，冰水浴下加入磺酰化试剂，搅拌混匀后，在30~60℃反应4~6h，反应结束后冰水浴冷却至0℃以下，再加入200g/L的NaOH溶液将反应液调节pH至7.0~8.0，加水至总体积为120mL，减压浓缩，乙醇沉、丙酮洗后在透析袋中透析72h，冷冻干燥后放冰箱备用。

第八节　苯甲酰化

多糖的苯甲酰化修饰是指通过引入酰基改变其空间延伸方向，使活性基团和作用位点暴露，同时，引入的苯基可以使水溶性多糖更易穿过膜结构进入细胞中发挥作用[45]。多糖苯甲酰化修饰常使用邻苯二甲酸酐，在催化剂的作用下与多糖的游离羟基发生酯化反应，生成多糖的苯甲酰化衍生物。张忠山对坛紫菜多糖进行了多种化学修饰，结果显示苯甲酰化修饰后的坛紫菜多糖对能有效提高清除羟自由基的活性[46]。Qi等研究了苯甲酰化孔石莼多糖的体外抗氧化活性，结果发现其还原能力与未修饰多糖比有明显增强，但其清除羟自由基的活性和螯合亚铁离子的能力与未修饰多糖差别不大[47]。

苯甲酰化参考张忠山对坛紫菜多糖的苯甲酰化修饰[46]：将2.0g纯多糖加入80mL甲酰胺中搅拌至溶解，然后将0.1g 4-二甲氨基吡啶、7.0g对甲苯磺酰氯和36.0g邻苯二甲酸酐依次加入，并在60℃搅拌反应6h。将反应液倒入50mL蒸馏水中，然后加入至85%（体积分数）乙醇中进行醇沉。将醇沉析出的沉淀重新溶于水中，使用透析袋进行透析后，浓缩冷冻干燥得到苯甲酰化多糖。

参考文献

[1] 李文婧，张晨，李大鹏. 化学修饰对多糖结构与生物活性影响的研究进展[J].食品研究与开发，2021，42（2）：205-213.

[2] 刘晓菲.羧甲基茯苓多糖的纯化及生物活性研究[D].广州：华南理工大学，2018.

[3] 周际松，汪芷玥，汤凯，等.羧甲基化茯苓多糖的抗氧化性分析，中国食品添加剂，2020，7：120-125.

[4] 童微，余强，李虎，等.铁皮石斛多糖化学修饰及其对免疫活性的影响，食品科学，2017，38（7）：155-160.

[5] 韦毅铭，何舟，田海芬，等.羧甲基化龙眼肉多糖制备工艺优化及其抗氧化、免疫活

性，食品科学，2017，38（22）：275-283.

[6] 王建国. 灵芝多糖的结构及生物活性研究 [D]. 武汉：武汉大学，2010.

[7] 吴广枫，王姣斐，李平兰. 改性双歧杆菌胞外多糖体外免疫活性研究 [J]. 食品科技，2011，36（2）：2-4.

[8] 傅莉，周林，申洪，等. 羧甲基化裂褶多糖抗肝癌作用的实验研究 [J]. 实用医学杂志，2008（11）：1888-1890.

[9] 王雁，杨祥良，邓成华，等. 甲基化虎奶多糖的制备及抗氧化性研究 [J]. 生物化学与生物物理进展，2000（4）：411-414.

[10] 孙志涛，陈芝飞，郝辉，等. 羧甲基化黄芪多糖的制备及其保润性能 [J]. 天然产物研究与开发，2016，28（9）：1427-1433.

[11] 谭西，周欣，陈华国. 多糖结构修饰研究进展 [J]. 食品工业科技，2019，40（4）:341-349，356.

[12] 高珍珍，张超，景丽荣，等. 7种硒化多糖抗氧化活性的比较 [J]. 畜牧与兽医，2020，52（3）：112-119.

[13] 任峰，李健，贺国洋，等. 当归多糖对肝细胞Hepcidin表达的影响 [J]. 中国老年学杂志，2018，38（19）：4749-4751.

[14] 朱黎霞，周竹音，潘丽媛. 黑木耳硒多糖抗肿瘤作用的研究 [J]. 中国中医药科技，2011，18（5）：454.

[15] 邱树磊. 硒化大蒜多糖和硒化枸杞多糖的增强免疫和抗氧化活性研究 [D]. 南京：南京农业大学，2014.

[16] 景永帅，张钰炜，李佳瑛，等. 硒多糖的合成方法、结构特征和生物活性研究进展 [J]. 食品工业科技，2021，42（7）：374-381.

[17] 孙浩然，孟庆彬，郭兴. 香菇、灵芝多糖硒配合工艺的研究 [J]. 林业科技，2016，41（1）：35-38.

[18] Li S J，Xiong Q P，Lai X P，et al. Molecular modification of polysaccharides and resulting bioactivities [J]. Comprehensive Reviews in Food Science and Food Safety，2016，15（2）：237-250.

[19] Xie J H，Zhang F，Wang Z J，et al. Preparation，characterization and antioxidant activities of acetylated polysaccharides from Cyclocarya paliurus leaves [J]. Carbohydrate Polymers，2015，133：596-604.

[20] 房芳，柳春燕，陈靠山，等. 多糖乙酰化修饰的最新研究进展 [J]. 黑龙江八一农垦大学学报，2017，29（2）：42-47.

[21] 王之珺，张柳婧，钟莹霞，等. 青钱柳多糖的乙酰化修饰及抗氧化活性 [J]. 食品科学，2015，36（21）：6-9.

[22] 南征. 杏鲍菇多糖的化学修饰及体外生物活性研究 [D]. 西安：陕西师范大学，2014.

[23] Deng Y，Li M，Chen L X，et al. Chemical characterization and immunomodulatory activity of acetylated polysaccharides from Dendrobium devonianum [J]. Carbohydrate Polymers，2018，180：238-245.

[24] Yuan H，Li N，Gao X，et al. Preparation and in vitro antioxidant activity of kappa - carrageenan oligosaccharides and their oversulfated，acetylated，and

phosphorylated derivatives［J］. Carbohydrate Research，2005，340（4）：685.

［25］李银莉，张安勇，牛庆川，等. 马齿苋多糖的乙酰化修饰及其抗氧化活性［J］. 现代食品科技，2020，36（12）：84-91，110.

［26］申进文，冯雅岚，余海尤，等. 硫酸化分级香菇多糖抗氧化活性研究［J］. 菌物学报，2010，29（3）：449-453.

［27］Miao Y，Ji Y，Zheng Q，et al. Antitumor activity of sulfated polysaccharides from *Sargassum fusiforme*［J］. Saudi Pharmaceutical Journal，2017，25（4）：464.

［28］Zhao X，Hu Y，Wang D，et al. Optimization of sulfated modification conditions of tremella polysaccharide and effects of modifiers on cellular infectivity of NDV［J］. International Journal of Biological Macromolecules，2011，49（1）：44-49.

［29］宗爱珍. 硫酸化乌贼墨多糖抗肿瘤生长和转移的活性及机制研究［D］. 济南：山东大学 2013.

［30］滕浩，李雪影，孙卉，等. 天然多糖的硫酸化修饰对其生物活性影响研究进展［J］. 食品工业科技，2019，40（6）：298-302.

［31］孟思彤，徐艳芝，王振月. 多糖的化学修饰对其生物活性影响研究进展［J］. 天然产物研究与开发，2014，26（11）：1901-1905.

［32］田庚元. 牛膝多糖硫酸酯的合成及其抗病毒活性［J］. 药学学报，1995，30（2）:107-111.

［33］Deng C，Fu H T，Xu J J，et al. Physiochemical and biological properties of phosphorylated polysaccharides from *Dictyophora indusiata*［J］. International Journal of Biological Macromolecules，2015，72：894-899.

［34］Suárez E R，Kralovec J A，Bruce G T. Isolation of phosphorylated polysaccharides from algae：the immunostimulatory principle of *Chlorella pyrenoidosa*［J］. Carbohydr Research，2010，345（9）：1190-1204.

［35］Chen X Y，Xu X J，Zhang L N，et al. Chain conformation and antitumor activities of phosphorylated（1-3）-β-D-glucan from Poria cocos［J］. Carbohydrate Polymers，2009，78（3）：581-587.

［36］Liu X X，Wan Z J，Shi L，et al. Preparation and antiherpetic activities of chemically modified polysaccharides from *Polygonatum cyrtonema* Hua［J］. Carbohydrate Polymers，2011，83（2）：737-742.

［37］Yuan H M，Zhang W W，Li X G，et al. Preparation and *in vitro* antioxidant activity of κ-carrageenan oligosaccharides and their oversulfated，acetylated，and phosphorylated derivatives［J］. Carbohydr Research，2005，340（4）：685-692.

［38］李全才，李春霞，勾东霞，等. 磷酸化多糖的研究进展［J］. 生命科学，2013，25（3）：262-268.

［39］孙雪，潘道东，曾小群，等. 浒苔多糖的磷酸化修饰工艺［J］. 食品科学，2011，32（24）：73-77.

［40］张难，吴远根，莫莉萍，等. 多糖的分子修饰研究进展［J］. 贵州科学，2008（3）：66-71.

[41] 林秀珠，罗志敏，马秀玲，等. 烷基化普鲁兰多糖的制备及性质［J］. 福建师范大学学报（自然科学版），2007（2）：62-66.

[42] 黄玉芬，邹励宏，高洁，等. 烷基化壳聚糖的制备及止血效果［J］. 中国组织工程研究，2016，20（52）：7878-7884.

[43] 张强. 茯苓多糖的乙酰化磺酰化改性研究［D］. 天津：天津科技大学，2011.

[44] 赵吉福，么雅娟，陈英杰，等. 磺酰化新茯苓多糖的制备及抗肿瘤作用［J］. 沈阳药科大学学报，1996，13（2）：125-128，138.

[45] 张占军，张艳艳. 多糖分子修饰研究进展［J］. 食品工业，2017，38（5）：253-257.

[46] 张忠山. 坛紫菜多糖的化学结构修饰及其构效关系研究［D］. 青岛：中国科学院研究生院（海洋研究所），2010.

[47] Qi H M，Zhang Q B，Zhao T T，et al. *In vitro* antioxidant activity of acetylated and benzoylated derivatives of polysaccharide extracted from *Ulva pertusa*（Chlorophyta）［J］. Bioorganic & Medicinal Chemistry Letters，2006，16（9）：2441-2445.

第五章

香加皮多糖的提取纯化

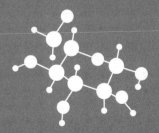

香加皮又称北五加皮，是传统的中药材，性温，有辛味、苦味和特殊香味，归肝、肾、心经，常用于祛风湿、心悸气短、腰膝酸软、强筋骨等。香加皮在我国分布广泛，主要种植于我国的华北、东北等地区，以山西、河南产量最高。文献表明，香加皮含有多种挥发性和非挥发性化学成分，具有丰富的生物活性和药用活性。王丽芳等研究表明，香加皮中的宝霍苷 I 对食管癌细胞Eca109的增殖具有明显的抑制作用。香加皮还含有丰富的香味物质如萜烯类、醇类、醛酮类和酯类等，因此具有在卷烟香料方面的应用前景[1]。本章以香加皮为原料，开展其提取、脱色、纯化及化学成分检测等方面的研究。

第一节　香加皮多糖提取效率和提取能效比

香加皮多糖提取工艺流程如下。

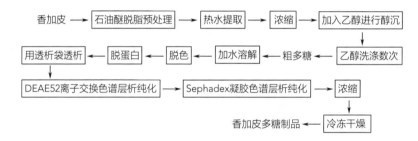

多糖提取是一个液固传质过程，其传质速率主要取决于传质动力大小，即细胞壁内外溶质的浓度差、传质时间长短、溶质运动速率、溶质溶解度大小等。在参考文献基础上设置四因素三水平的正交试验（表5-1），考察不同因素对提取效率的影响。提取条件分别设置为提取温度（A，50℃、60℃、70℃）、提取时间（B，1h、2h、3h）、提取液料比（C，10mL/g、15mL/g、20mL/g）和提取次数（D，1、2、3），如表5-1所示。

$$提取效率（即香加皮多糖提取率）= \frac{多糖质量（g）}{原料质量（g）} \times 100\% \tag{5-1}$$

由于在提取多糖的同时色素等杂质也会被提取出来，无法准确检测这些杂质的含量，因此一些文献采用在某一波长下的吸光度（如320nm处的吸光度）判断色素的多少[2,3]，为此设置提取能效比指标。即苯酚-硫酸法测得的多糖提取液吸光度（A）与多糖提取液在320nm处吸光度（A_{320}）的比值。

表5-1 多糖提取正交试验设计表

试验水平	A 温度	B 时间	C 液料比	D 次数
1	2	1	3	3
2	3	1	2	2
3	1	1	1	1
4	1	2	2	3
5	1	3	3	2
6	3	2	3	1
7	3	3	1	3
8	2	3	2	1
9	2	2	1	2

以硫酸-苯酚法测多糖含量绘制标准曲线，该标准曲线线性方程为：

$$M=0.0571A+0.0004 \qquad (5\text{-}2)$$

式中　M ——多糖含量，mg;

　　　A ——吸光度。

该标准曲线拟合度良好，$R^2=0.9959$。

将多糖样品的吸光度代入公式（6-2）中即得到所测样品多糖含量。

由于植物原料中含有大量色素，因此在多糖提取过程中色素类杂质也会被提取出来，而这些色素会对后续处理（如DEAE-52纤维素纯化）带来干扰并影响多糖的纯度，因此需要进行脱色处理。色素的种类多样且结构复杂，无法定量检测，文献中一般选择提取溶液在240~500nm处进行扫描，由于多糖在此范围内无吸收，因此在该范围内吸光度较大的波长处进行检测，以强吸收波长处吸光度大小表示色素含量多少[2, 3]。对香加皮多糖粗提液（Crude *Cortex Periplocae* polysaccharides，CCPPs）进行扫描后选择以320nm作为色素检测波长，从扫描图（图5-1）中可以看出香加皮多糖粗提液在280nm处也有较大吸收，而之所以不选择280nm作为色素的检测波长，是因为核酸、蛋白质等在280nm处有较大吸收[4~6]。

$$提取能效比=硫酸苯酚法测多糖提取液吸光度/色素吸光度 \qquad (5\text{-}3)$$

提取能效比越高意味着多糖越多而色素越少。从正交试验结果（表5-2）中可以看出，提取能效比的极差分析R_j顺序为C>B>D>A。这说明影响提取能效比的主要因素为液料比，其次为提取时间，再次为提取次数，最后为提取温度。其最佳提取工艺参数组合为A1B1C1D3，对应的提取条件为提取温度50℃，提取时间1h，提取液料比10（mL/g），提取次数3次。经验证，以此最佳工艺参数进行提取后发现能效比为15.2，多糖提取率为0.325%。

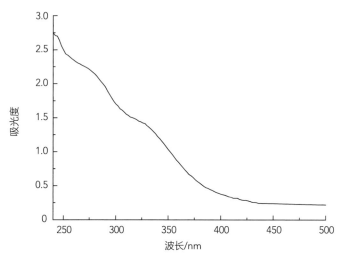

图5-1 多糖提取液紫外-可见分光光度计扫描图

表5-2 多糖提取正交试验结果

编号	温度	时间	液料比	次数	多糖提取率/%	提取能效比
1	2	1	3	3	0.316	14.692
2	3	1	2	2	0.120	5.748
3	1	1	1	1	0.191	5.734
4	1	2	2	3	0.359	9.760
5	1	3	3	2	0.223	3.718
6	3	2	3	1	0.146	5.741
7	3	3	1	3	0.117	5.749
8	2	3	2	1	0.388	11.226
9	2	2	1	2	0.096	5.758
K_1	0.208	0.264	0.293	0.212	—	—
K_2	0.243	0.242	0.191	0.127	—	—
K_3	0.2	0.144	0.177	0.312	—	—
R_1	0.043	0.12	0.106	0.185	—	—

续表

编号	温度	时间	液料比	次数	多糖提取率/%	提取能效比
K_4	8.727	10.067	10.553	8.057	—	—
K_5	6.407	6.9	7.09	5.747	—	—
K_6	7.58	5.747	5.07	8.91	—	—
R_2	2.32	4.32	5.483	3.163	—	—

注：K_1、K_2、K_3为多糖提取效率均值；R_1为提取效率各因素的极差；K_4、K_5、K_6为多糖提取能效比均值；R_2为提取能效比各因素的极差。

以提取溶液的多糖含量和色素吸光度进行相关性分析（表5-3），发现它们之间的相关系数为0.402，显著性系数为0.283，也就是多糖与色素之间相关性不显著。如果存在显著相关性，说明提取时间、温度、液料比、次数等对多糖和色素的影响一致；如果不存在显著相关性，则说明提取因素对它们的影响不一样，因此纳入新的指标即提取能效比。

表5-3 多糖含量与色素吸光度相关性分析

香加皮多糖含量	色素吸光度
皮尔逊（Pearson）相关性	0.402
显著性（双侧）	0.283
N	27

通过对比正交试验的2个指标的最佳工艺参数组合可以发现，多糖提取率和提取能效比的最佳工艺参数基本一致，提取温度高时提取率更高，但是提取能效比略低，这意味着相对于多糖，提取色素对温度更为敏感。最终的提取工艺按照最佳能效比工艺参数进行。

第二节　香加皮粗多糖溶液树脂法脱色

采用树脂法脱除色素，选用四种不同类型的树脂（表5-4）对香加皮粗多糖溶液进行脱色研究。分别考察pH、时间和料液比3个因素对不同树脂法脱色效率的影响。多糖溶液采用树脂法脱色的条件如表5-5所示。

表5-4 香加皮粗多糖溶液脱色用树脂类型

树脂名称	树脂类型	粒径/mm
AB-8	弱极性大孔吸附树脂	0.2~0.4
D113	弱酸性离子交换树脂	0.4~0.7
D301	弱碱性离子交换树脂	0.5~0.7
S-8	强极性大孔吸附树脂	0.25~0.4

表5-5 香加皮粗多糖溶液采用树脂法脱色的条件

试验水平	pH	时间/h	料液比/（g/mL）
1	3	0.5	0.1
2	4	1.0	0.2
3	5	1.5	0.25
4	6	2.0	0.3
5	7	2.5	0.4

脱色效率由脱色率、多糖损失率和脱色能效比3个指标来体现。

$$脱色率 = \frac{多糖溶液脱色前在320nm处吸光度 - 多糖溶液脱色后在320nm处吸光度}{多糖溶液脱色前在320nm处吸光度} \times 100\%$$

$$(5\text{-}4)$$

$$多糖损失率 = \frac{脱色前多糖含量 - 脱色后多糖含量}{脱色前多糖含量} \times 100\% \qquad (5\text{-}5)$$

对不同条件处理后的香加皮多糖样品溶液进行紫外-可见分光光度计扫描（图5-2），结果显示，蛋白质在280nm处吸光度并不大，说明香加皮多糖提取液经过醇沉后蛋白质含量不高，并且经考马斯亮蓝法检测蛋白后发现提取液中蛋白质含量低于0.05g/L，含量较低。分别对香加皮粗多糖溶液用Sevag法+木瓜蛋白酶法两次脱蛋白质处理（Deproteinization solution）、用D301树脂脱色处理（Decolorization solution）后的溶液进行扫描，发现320nm处的蛋白质吸收峰有显著降低，特别是经D301树脂脱色后蛋白质吸收峰显著下降。说明树脂在脱色的同时可以吸附蛋白质，并且经过DEAE-52纤维素纯化后香加皮多糖中不含蛋白质，因此后面不再单独考察蛋白质脱除方法对蛋白质含量的影响。

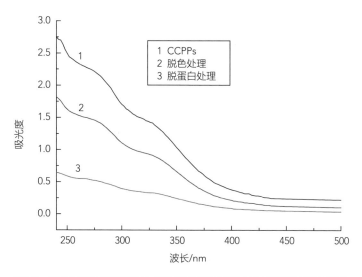

图5-2 香加皮粗多糖溶液脱色或脱蛋白处理后紫外-可见分光光度计扫描图

粗多糖的脱色一般选用活性炭、双氧水或树脂进行。由于活性炭吸附选择性较差，多糖损失较多，而双氧水容易氧化多糖造成其活性下降，因此研究和使用较多的是树脂脱色。文献表明，树脂脱色效果一般与树脂的种类、脱色时间、树脂用量以及pH的关系较大[7-12]。不同来源的多糖性质差别较大，笔者团队试验考察了4种不同类型的树脂在不同料液比、时间和pH三因素五水平条件下的脱色率（图5-3）。

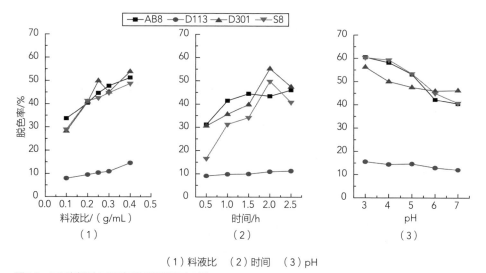

（1）料液比 （2）时间 （3）pH

图5-3 不同树脂在不同条件下的脱色率对比

数据表明，AB8树脂随着料液比的增加其脱色率和多糖损失率（图5-4）均增加，脱色时间达到1h后其脱色率和多糖损失率均趋于稳定，随着pH的增加其脱色率呈下降趋势，而多糖损失率变化不大，脱色率最高为51.3%时多糖损失率为58.7%，说明该树脂对多糖和色素的选择性无大的差别。对于D301树脂，其脱色率和多糖损失率随着料液比的增加而提高，随着脱色时间的延长脱色率和多糖损失率均呈增加趋势，随着pH的增加脱色率下降而多糖损失率为先下降后升高，脱色率最高为53.9%时多糖损失率为33.5%，说明该树脂对色素的选择性优于AB8树脂。对于S8树脂，其脱色率和多糖损失率均随着料液比的增加而提高，随着脱色时间的延长其脱色率和多糖损失率均增加，随着pH的增加，脱色率下降而多糖损失率整体趋势平稳，最高脱色率为60.3%时多糖损失率为30.4%，该树脂对于色素的选择性也优于AB8树脂。然而，最特别的是D113树脂，在各参数条件下脱色率均较低，为8%~15%，达不到脱色效果；并且多糖损失率也较低，说明该树脂对多糖和色素均无吸附性，因此在后面的脱色能效比指标中不再对其进行对比研究。

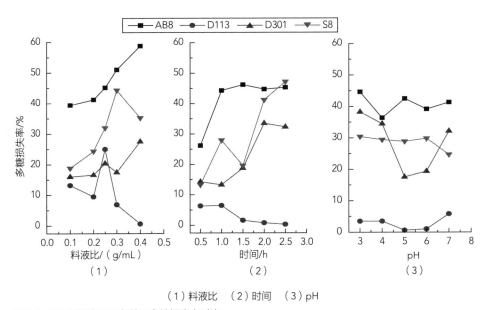

（1）料液比　（2）时间　（3）pH

图5-4　不同树脂在不同条件下多糖损失率对比

由于树脂在吸附色素的同时会吸附多糖，造成多糖损失，因此有必要考察树脂的脱色能效比（脱色率/多糖损失率）。脱色能效比越高，说明树脂吸附色素越多而多糖损失越少，相反则说明对多糖吸附性更强。即脱色能效比大于1，说明树脂对色素的吸附效果强于对多糖的吸附效果；脱色能效比小于1，说明树脂对多糖的吸附效果强于对色素的吸附效果。

如图5-5所示，3种树脂在不同条件下的脱色能效比差别较大。

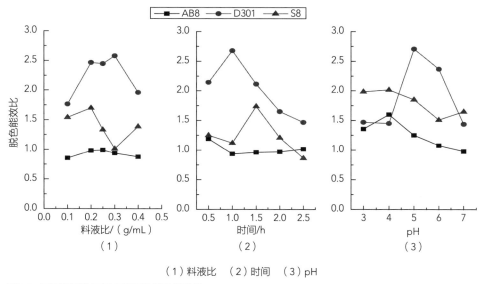

（1）料液比　（2）时间　（3）pH

图5-5　不同树脂在不同条件下的脱色能效比

不同料液比条件下，AB8树脂脱色能效比差异不明显，均在0.8~1，说明选择性无差别；S8树脂在料液比较低时能效比较高，而当料液比大于0.25后能效比下降明显；D301树脂高于前两种树脂的能效比，料液比在0.2~0.3时较为稳定，达到2.5。此条件下说明D301更容易吸附色素而非多糖。

不同脱色时间条件下，AB8树脂脱色能效比在0.5h时最高，1~2.5h时脱色能效比差异较小，整体在1左右；对于S8树脂，脱色能效比整体呈现先升高再降低的趋势，在1.5h时脱色能效比最高，达到1.75；D301树脂的脱色能效比也是呈现先升高再降低的趋势，在1h时最高，达到2.7。这可能是因为色素分子分子质量较小，容易被树脂吸附，随着时间的延长大分子的多糖也慢慢被吸附，所以脱色时间不能太久，应控制在1h左右。此条件下说明D301树脂更容易吸附色素而非多糖。

不同pH条件下，AB8树脂脱色能效比随着pH的升高而整体降低，在pH 4时能效比最高，但也仅有1.6；S8树脂脱色能效比也是随着pH的升高而整体降低，在pH 3~4时最高，达到2.0，在pH 6时降低到1.5；D301树脂脱色能效比整体随着pH的升高先升高后降低，在pH 5时达到最高2.7。由于纯水pH一般在5~6，因此不用酸碱调节的多糖溶液pH也在5~6，这与不同料液比和时间下，最高脱色能效比可以达到2.5以上是吻合的。此条件下也表明D301树脂更容易吸附色素而非多糖。

这几种树脂脱色效果差别较大，与树脂的类型有很大关系。AB8树脂是一种球形、弱极性大孔吸附树脂，有较大的比表面积，总体脱色能效比不高，均在1附近，说明对色素和多糖的选择性不高；S8树脂是一种球形、强极性大孔吸附树脂，总体脱色能效比也不高，对色素和多糖选择性较差；D113树脂属于酸性大孔吸附树脂，而多糖和色素多显中性至酸性，色素主要是酚类、醌类等弱酸性物质，因此酸性树脂对色素和多糖吸附效果均较差，脱色率较低；而D301树脂属于弱碱性大孔吸附树脂，因此对色素和多糖吸附效果较好，具有较高的脱色率和脱色能效比。通过对比3种树脂在3个参数下的脱色能效比，最终选择D301树脂作为香加皮多糖的脱色树脂。脱色条件为料液比0.25、脱色1h和溶液pH 5。对使用D301树脂脱色后的多糖溶液用紫外-可见分光光度计进行扫描，结果显示在280nm和320nm处吸光度有明显下降，整个扫描曲线较为平滑，说明树脂脱色的同时对蛋白质的吸附也达到了较好的效果。

第三节 香加皮多糖离子交换色谱法纯化

多糖是不同种类单糖的脱水聚合物，各单糖之间以糖苷键相连，具有一定的极性，有的还含有糖醛酸即酸性多糖。利用多糖极性差异与DEAE-52纤维素之间存在不同的吸附性，通过由低到高浓度的NaCl溶液将极性差别较大的多糖分别洗脱下来可以达到分离的目的。一般地，纯水洗脱组分的极性较小，随着盐浓度的增大，洗脱组分的极性也增大。含有糖醛酸的组分极性较大，因而会被高浓度盐溶液洗脱[13,14]。

纤维素DEAE-52常用于多糖的纯化，使用前须先进行预处理和装柱：DEAE-52树脂用纯水浸泡24h，静置后除去上层漂浮物，如此多次直到无漂浮物为止。将浸泡溶胀好的树脂用湿法装柱，柱子填料须致密均匀，无气泡。笔者团队试验所用层析柱规格为2.6cm×60cm，柱上端保留3~5cm的空间，水冲4BV（BV为柱体积），备用。

DEAE-52纤维素柱层析程序：上样多糖溶液10mL，流速为2.0mL/min，依次用2BV浓度为0、0.15、0.3、0.5、0.7、1.0mol/L的NaCl溶液进行洗脱，每管收集10mL。用硫酸-苯酚法跟踪检测多糖。以溶液检测的吸光度为纵坐标，以收集管数为横坐标作图，得到不同洗脱剂下多糖的洗脱曲线。合并同一个峰的洗脱溶液，用截留分子质量为3500u的透析袋纯水透析72h，旋转蒸发浓缩，冷冻干燥得到多糖样品，放于冰箱中备用。

DEAE-52纤维素柱再生程序：多次使用后DEAE-52树脂会吸附一些色素和蛋白质，因此必须对树脂进行再生处理，方式是将配好的2mol/L NaCl和0.15mol/L NaOH溶液冲洗柱子3~4BV。然后再以纯水冲至pH 7左右。

通过"水提醇沉"法得到产地为四川（多糖组分前简称SC）、河北（多糖组分前简称HB）、河南（多糖组分前简称HN）香加皮粗多糖的提取率分别为5.12%、3.19%和4.26%。图5-6所示为不同产地的香加皮粗多糖通过DEAE-52纤维素柱分离得到的梯度洗脱曲线图，用0、0.1、0.2、0.3、0.4和0.5mol/L的NaCl溶液进行梯度洗脱，每个产地均得到4种多糖组分，分别为蒸馏水洗脱的SC-CPP0、HB-CPP0、HN-CPP0，0.1mol/L NaCl溶液洗脱的SC-CPP1、HB-CPP1、HN-CPP1，0.2mol/L NaCl溶液洗脱的SC-CPP2、HB-CPP2、HN-CPP2，0.3mol/L NaCl溶液洗脱的SC-CPP3、HB-CPP3、HN-CPP3。四川产地各多糖组分的得率分别为6.36%、6.72%、5.48%和5.21%；河北产地各多糖组分的得率分别为4.32%、5.26%、3.13%和4.28%；河南产地各多糖组分的得率分别为4.35%、4.27%、5.36%和4.83%。将各多糖组分分别进行收集，透析后经冷冻干燥得到

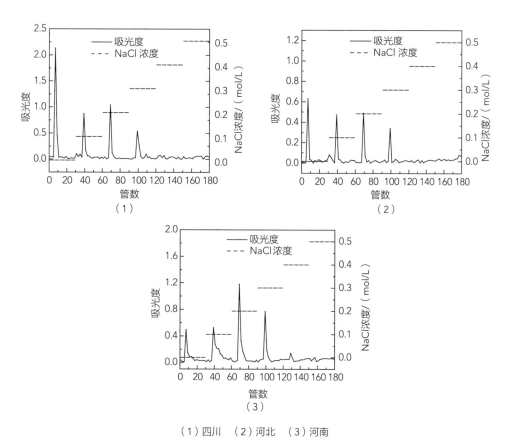

（1）四川 （2）河北 （3）河南

图5-6 香加皮多糖DEAE-52纤维素柱梯度洗脱曲线

粉末状多糖制品。其中各产地的CPP1制品为白色粉末，其余制品均为浅棕色粉末，SC-CPP1、HB-CPP1、HN-CPP1、SC-CPP0、HB-CPP0和HN-CPP0实物如图5-7所示，说明除CPP1制品外，其余制品仍含有少量色素。

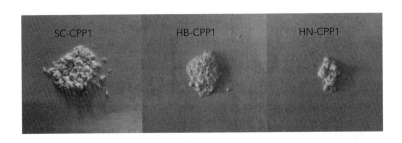

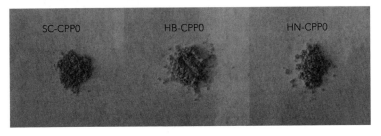

图5-7　SC-CPP1、HB-CPP1、HN-CPP1、SC-CPP0、HB-CPP0和HN-CPP0实物图

第四节　香加皮多糖制品中化学成分的测定

一、测定方法

（一）多糖含量的测定

标准曲线绘制：准确称取葡萄糖标准品10mg，溶于100mL容量瓶中，加水溶解，定容，得到葡萄糖标准品溶液。分别取0.2、0.4、0.6、0.8、1.0、1.2mL葡萄糖标准溶液加入具塞比色管中，用水补至2.0mL，再分别向6个比色管中加入1.0mL浓度5%（质量分数）的苯酚溶液，再加98%（质量分数）浓硫酸5.0mL，摇匀，反应20min后在490nm处测其吸光度。以葡萄糖含量和吸光度绘制标准曲线。

多糖的检测：取2.0mL样品溶液，按照上述方法检测，代入标准曲线公式中即可计算出所测样品中多糖含量。

（二）蛋白质含量的测定

采用考马斯亮蓝染色法测定蛋白质含量。本方法的原理是利用考马斯亮蓝-G250与蛋白质结合后生成蓝色物质，该蓝色物质在595nm处具有强吸收，采用分光光度法检测。

称取一定量考马斯亮蓝G-250，溶于50mL 95%（体积分数）乙醇中，加入85%（质量分数）磷酸100mL，用水定容至1L。

标准曲线绘制：准确称取牛血清白蛋白10mg，用水溶解至100mL容量瓶中，得到0.1g/L蛋白质标准溶液。向5支具塞试管中分别加入0.2、0.4、0.6、0.8、1.0mL蛋白质标准溶液，再用水补至1.0mL，加入考马斯亮蓝G-250试剂5.0mL，摇匀，静置反应2min，在595nm处测吸光度，该反应体系在1h内稳定。以牛血清白蛋白含量和吸光度绘制标准曲线。

（三）糖醛酸含量的测定

糖醛酸含量采用咔唑-硫酸法，原理是半乳糖醛酸在浓硫酸作用下与咔唑试剂发生缩合反应，生成紫红色化合物，该紫红色物质在530nm处有强吸收，采用紫外-可见分光光度法进行检测。具体操作步骤如下。

半乳糖醛酸标准品溶液的配制：准确称取半乳糖醛酸20.0mg，用适量水溶解于100mL容量瓶中，定容，得到200mg/L的对照品溶液，使用时稀释至100mg/L。

四硼酸钠-硫酸溶液的配制：精确称取1g四硼酸钠于200mL浓硫酸中，超声溶解，备用。

咔唑溶液的配制：精确称取咔唑100mg，溶解于100mL无水乙醇中，配制成1g/L的咔唑溶液备用。

半乳糖醛酸标准曲线绘制：分别精确吸取对照品溶液0.1、0.2、0.3、0.4、0.5mL于10mL具塞试管中，每个试管加水至0.5mL，分别在冰水浴中加入3.0mL的四硼酸钠-硫酸溶液，混匀，置于沸水中水浴5min，取出后立即冷却至室温，然后加1g/L咔唑溶液0.1mL，摇匀，煮沸5min，冷却至室温后在530nm处测定其吸光度。以吸光度为横坐标，以浓度为纵坐标绘制标准曲线。

二、测定结果

通过以上方法测得各产地香加皮多糖中的化学成分如表5-6所示。其中由四川产地香加皮提取纯化得到的多糖制品的多糖含量顺序为：SC-CPP0>SC-CPP2>SC-CPP1>SC-CPP3，各组分之间的糖含量差异显著。其中SC-CPP0和SC-CPP1不含蛋白质，SC-CPP2和SC-CPP3含有少量蛋白质。糖醛酸含量顺序为：SC-CPP0>SC-CPP3>SC-CPP2>SC-CPP1，其中SC-CPP1和SC-CPP2糖醛酸含量差异不明显，但与其他多糖组分差异显著。

表5-6 各产地香加皮多糖中的化学成分

产地	编号	多糖含量/%	蛋白质含量/%	糖醛酸含量/%
四川	SC-CPP0	89.73 ± 0.83^a	—	28.54 ± 0.61^a
	SC-CPP1	81.89 ± 1.13^c	—	23.74 ± 0.28^c
	SC-CPP2	84.34 ± 0.60^b	2.78 ± 0.51	23.82 ± 0.24^c
	SC-CPP3	75.23 ± 0.90^d	1.56 ± 0.32	25.85 ± 0.37^b
河北	HB-CPP0	82.20 ± 0.48^a	—	31.06 ± 0.70^a
	HB-CPP1	77.13 ± 0.71^b	—	28.29 ± 0.37^b
	HB-CPP2	75.23 ± 0.63^c	—	23.82 ± 0.24^c
	HB-CPP3	72.85 ± 1.06^d	2.5 ± 0.80	29.11 ± 0.37^b
河南	HN-CPP0	76.26 ± 0.48^d	—	32.28 ± 0.37^a
	HN-CPP1	77.13 ± 0.71^c	—	25.80 ± 1.86^c
	HN-CPP2	85.10 ± 0.48^a	—	23.90 ± 0.37^d
	HN-CPP3	83.08 ± 0.63^b	1.74 ± 0.38	27.24 ± 0.24^b

注：表示方法为平均值±标准差；小写字母表示不同处理间$P<0.05$，差异显著；"—"表示未检测出。

由河北产地香加皮提取纯化得到的多糖制品的多糖含量顺序为：HB-CPP0>HB-CPP1>HB-CPP2>HB-CPP3，各组分之间的糖含量差异显著。除HB-CPP3组分含有少量蛋白质外，其余各组分均不含蛋白质或蛋白质含量低于检出限。香加皮多糖各组分均含有糖醛酸，其中HB-CPP2组分的糖醛酸含量显著低于其他组分，HB-CPP0组分的糖醛酸含量最高。

由河南产地香加皮提取纯化得到的多糖制品的多糖含量顺序为：HN-CPP2>HN-

CPP3>HN-CPP1>HN-CPP0，各组分之间的糖含量差异显著。HN-CPP3组分含有少量的蛋白质，其余各组均不含蛋白质或蛋白质含量低于检出限。各多糖组分中均含有糖醛酸，其中HN-CPP0糖醛酸含量最高，HN-CPP2糖醛酸含量最低，各组分之间糖醛酸含量差异显著。3个产地的香加皮多糖均为酸性多糖，这与王小莉等提取得到的香加皮多糖为中性多糖结果不一致[15]，可能与香加皮的提取方式有关。

小结

香加皮多糖的提取工艺采取最常见的"水提醇沉"法。对正交试验的均值和极差分析结果显示，多糖提取率影响因素按重要性排序首先是提取次数，其次是提取时间，再次为液料比，最后是提取温度；提取率最高的提取工艺组合是提取温度为60℃，提取时间为1h，提取料液比为10（mL/g），提取次数为3。多糖含量与色素含量之间无相关性，说明两者对提取参数的敏感度不同，因此增加了提取能效比指标。根据正交试验的均值和极差分析，影响提取能效比的主要因素为液料比，其次为提取时间，再次为提取次数，最后为提取温度。最优提取组合是提取温度为50℃，提取时间为1h，提取液料比为10（mL/g），提取次数为3。由于色素对后续处理带来很多干扰，因此最终的提取条件按照最佳能效比组合进行。

选用4种不同类型的树脂进行脱色研究，发现酸性大孔吸附树脂D113对色素和多糖的吸附性在不同料液比、时间和pH条件下均较差；弱极性大孔吸附树脂AB8、强极性大孔吸附树脂S8和碱性大孔吸附树脂D301在较高料液比、1h和pH为3~4时对色素的吸附性较好，但是AB8和S8树脂对色素和多糖的选择性均不高。碱性大孔吸附树脂D301对色素和多糖有一定的选择性，在料液比为0.2~0.25（mg/L）时，提取时间为1h，pH为5~6时能效比较高，脱色能效比达到2.5以上，最终选择D301树脂进行脱色处理。

通过对四川、河北和河南产地的香加皮提取纯化共得到12种多糖制品，分别为SC-CPP0、SC-CPP1、SC-CPP2、SC-CPP3，HB-CPP0、HB-CPP1、HB-CPP2、HB-CPP3，HN-CPP0、HN-CPP1、HN-CPP2和HN-CPP3。对其进行化学分析可得，由四川产地的香加皮提取纯化得到的多糖制品中多糖含量分别为89.73%、81.89%、84.34%和75.23%；河北产地的香加皮提取纯化得到的多糖制品中多糖含量分别为82.20%、77.13%、75.23%和72.85%；由河南产地的香加皮提取纯化得到的多糖制品中多糖含量分别为76.26%、77.13%、85.10%和83.08%；除SC-CPP2、SC-CPP3、HB-CPP3和HN-CPP3中含有少量的蛋白质外，其他多糖制品中均不含蛋白质或蛋白质含量低于检出限。3个产地的12种香加皮多糖制品中均含有糖醛酸，说明其均为酸性多糖。其中各产地的CPP1制品为白色粉末，其余制品均为浅棕色粉末。

参考文献

[1]   王丽芳，单保恩，刘丽华，等. 香加皮单体成分宝藿苷 I 对食管癌细胞增殖及凋亡的影响 [J]. 肿瘤，2009，29（2）：123-126.

[2]   袁红波，张劲松，贾薇，等. 利用大孔树脂对低分子质量灵芝多糖脱色的研究 [J]. 食品工业科技，2009，30（3）：204-206.

[3]   肖建中，刘青娥，陈海燕，等. 香菇废菌棒多糖树脂脱色工艺研究 [J]. 安徽农业科学，2013，41（8）：3647-3649.

[4]   Shang X, Chao Y, Zhang Y, et al. Immunomodulatory and antioxidant effects of polysaccharides from *Gynostemma pentaphyllum* Makino in immunosuppressed mice [J]. Molecules，2016，21（8）：1-14.

[5]   Zou Y, Zhao T, Mao G, et al. Isolation, purification and characterisation of selenium-containing polysaccharides and proteins in selenium-enriched radix puerariae [J]. Journal of Science Food and Agriculture，2014，94（2）：349-358.

[6]   Hu T, Huang Q, Wong K, et al. Structure, molecular conformation, and immunomodulatory activity of four polysaccharide fractions from *Lignosus rhinocerotis* sclerotia [J]. International Journal of Biological Macromolecules，2017，94（1）：423-430.

[7]   邹义芳，任爱农，姚苗苗，等. 大孔吸附树脂对红花多糖脱色工艺的影响研究 [J]. 中国药房，2011，22（15）：1380-1382.

[8]   曹鹏伟. 灵芝多糖脱色研究 [D]. 无锡：江南大学，2009.

[9]   何余堂，潘孝明，宫照杰. 利用大孔树脂对玉米花丝多糖脱色的研究 [J]. 食品工业科技，2011，32（5）：299-301.

[10]   吴天秀，李龙基，吴科锋，等. 熟地多糖树脂法脱色工艺的研究 [J]. 食品研究与开发，2014（1）：13-16.

[11]   赵鹏. 款冬花多糖提取纯化工艺研究及结构鉴定 [D]. 西安：西北大学，2010.

[12]   王松柏，秦雪梅，郭小青，等. 树脂对防风粗多糖脱色效果 [J]. 应用化学，2005，22（12）：1308-1311.

[13]   Chen R, Tan L, Jin C, et al. Extraction, isolation, characterization and antioxidant activity of polysaccharides from *Astragalus membranaceus* [J]. Industrial Crops and

Products，2015，77（1）：434-443.

[14] Yang J，Li Y，Zhao J，et al. Isolation，structural characterization，and lymphopoiesis stimulant activity of a polysaccharide from the abalone gonad [J] . Food Science and Biotechnology，2015，24（1）：23-30.

[15] 王小莉. 香加皮多糖提取纯化及其在烟草中的保润增香效应研究 [D] . 郑州：河南农业大学，2018.

内部沸腾法提取香加皮多糖动力学研究

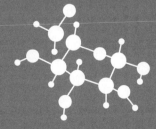

提取是萃取溶剂进入原料内部，将活性物质溶解，再从原料中溶出的过程。为了提高提取效率，通常从增加溶剂扩散动力、提高溶剂溶解度和速率、增大原料比表面积等方面进行改进，从而有了热水提取法、超声波辅助提取法、微波辅助提取法、酶解提取法等。每个方法都有其优缺点，例如热水提取法在提高溶剂扩散动力和增加活性物质溶解度的同时提取液中杂质也较多，并且不适用于热敏性物质；超声波和微波辅助提取法在提高溶剂扩散动力的同时容易造成某些活性物质的降解，例如多糖的降解；酶解提取法在增加溶剂扩散能力的同时引入了酶——这种特殊的蛋白质等。

内部沸腾法是一种新型的提取技术。该方法首先用少量低沸点溶剂（浸润剂）浸润原料，使原料得到充分浸润和溶胀，然后加入另一种温度高于浸润剂沸点的提取剂，迫使渗入原料内部的溶剂来不及扩散就沸腾，从而将被提组分大量挟带至提取溶剂中[1]。与其他强化提取方法如微波和超声波辅助提取法相比，内部沸腾法能以实现渗入物料内部溶剂产生汽化的方式，来改变传统提取过程的普通分子扩散方式，使之成为对流扩散，从而大幅缩短提取时间，强化提取过程。有研究者用内部沸腾法提取多酚、多糖、黄酮、生物碱等成分[1-4]。

本章介绍一种快速有效的多糖提取方法——内部沸腾法，并与热水提取法、超声辅助提取法进行比较（表6-1）。由于萃取过程数学模型的结果可以直接反映每种方法的优点，因此很多研究者采用不同的数学模型如伪一级模型、扩散模型、韦布尔（Weibull）模型和双位点动力学模型研究萃取动力学相关提取参数的影响[5-8]。本章采用经典的菲克（Fick）第二定律对3种提取方法进行比较，菲克第二定律是一种经典的扩散模型，广泛应用于多糖提取、油提取和多酚提取等[9,10]。

表6-1 热水提取法、超声辅助提取法和内部沸腾法提取香加皮多糖条件

编号	热水提取法		超声辅助提取法		内部沸腾提取法	
	时间/min	温度/K（℃）	时间/min	功率/W	时间/min	温度/K（℃）
1	5	318.15（45）	5	180	2	318.15（45）
2	10	328.15（55）	10	210	4	328.15（55）
3	15	338.15（65）	15	240	6	338.15（65）
4	25	348.15（75）	25	270	10	348.15（75）
5	40	358.15（85）	30	300	15	358.15（85）
6	70	—	40	—	20	—

续表

编号	热水提取法		超声辅助提取法		内部沸腾提取法	
---	时间/ min	温度/ K（℃）	时间/ min	功率/ W	时间/ min	温度/ K（℃）
7	120	—	50	—	30	—
8	180	—	60	—	40	—
9	240	—	80	—	60	—

第一节　试验方法

　　利用内部沸腾法与热水提取、超声辅助提取在不同温度（功率）下提取液中多糖的浓度，将试验结果用推导的动力学模型方程拟合，对提取过程的速率常数k、表面扩散系数D_s、相对萃余率Y、0.8倍提取率用时$t_{0.8}$等相应动力学参数进行求解和推导，建立香加皮多糖提取过程动力学方程，并将3种提取方法进行对比。

一、热水提取法

　　香加皮原料经粉碎后过40目和60目筛，取介于二者之间的粉末用于动力学试验。取原料3g放入三颈瓶中，加入60mL纯水，500r/min磁力搅拌下进行提取。提取过程中取提取溶液0.6mL，补水0.6mL，溶液经6000r/min离心3min。取上清液0.3mL到离心管中，加入乙醇1.2mL进行醇沉，然后再经6000r/min离心3min，沉淀用1.0mL 80%（体积分数）乙醇洗涤3次，沉淀加水1.5mL溶解，然后测多糖含量。提取温度、取样时间见表6-1。由于每次取提取液后，三颈瓶中的溶液浓度会受到影响，因此通过式（6-1）进行修正。

$$C_n = \frac{1}{60}\left\{[60-0.6n-1]C_i + 0.6\sum_{n=1}^{9}C_i\right\} \qquad (6-1)$$

式中　C_n——第n次取样浓度，mg/L；

　　　C_i——第i次取样浓度，mg/L；

　　　n——第n次取样，n=1，2，3，…9。

二、超声辅助提取法

取原料3g放入三颈瓶中，加入60mL纯水，在不同超声功率下进行提取。后续步骤同上述热水提取法，取样时间、超声功率见表6-1，样品浓度计算按式（6-1）进行。

三、内部沸腾提取法

取原料3g放入三颈瓶中，加入5.0mL石油醚浸润5min，加入55mL纯水在500r/min磁力搅拌下进行提取。后续步骤同上述热水提取法，取样时间、提取温度见表6-1，样品浓度计算按式（6-1）进行。

四、三种提取方法的提取动力学计算方法

多糖提取是一种典型的固液传质过程，为便于研究，将粉碎后的香加皮粉末视为球体，并做以下假设[11,12]：①粉碎后的样品为均匀的球形颗粒；②多糖的扩散是从颗粒内部沿径向进行；③提取开始和任意取样间隔内，颗粒内各成分是均匀分布的，多糖的质量浓度和扩散系数不变；④样品颗粒表面的传质阻力忽略不计；⑤样品颗粒与水的温度相同，且分布均匀。

提取过程是多糖从原料颗粒内部向主体溶液扩散的过程，大部分都是不稳定扩散，因此本试验运用菲克第二定律对香加皮多糖的提取动力学进行探讨。假定原料颗粒为刚性球体，半径为R（0.1575mm），颗粒表面积S为（mm^2），颗粒内的溶剂体积为V（mm^3），提取过程中t（min）时刻颗粒内距球表面为r（mm）处的多糖浓度为c（μg/mL），液相主体有效成分浓度为C（μg/mL），多糖在颗粒内部的平均浓度均匀为C_i（μg/mL），C_0（μg/mL）为提取开始时颗粒内部多糖浓度，提取溶液的平衡浓度为C_∞（μg/mL），内扩散系数为D_s。按照扩散第二定律有：

$$\frac{\partial c}{\partial t} = D_s \left(\frac{\partial^2 c}{\partial r^2} + \frac{2}{r} \frac{\partial c}{\partial r} \right) \tag{6-2}$$

令$f = rc$，则式6-2可以写作式（6-3）：

$$\frac{\partial f}{\partial t} = D_s \frac{\partial^2 f}{\partial r^2} \tag{6-3}$$

边界条件为$r = 0$，$f = 0$，则：

$$r = R\left(\frac{\partial C}{\partial t}\right) \cdot V = -D_s S\left(\frac{\partial c}{\partial r}\right)_{r=R} \tag{6-4}$$

式（6-4）根据傅里叶变换求得式（6-5）：

$$\frac{C_\infty - C}{C_\infty - C_0} = \frac{6}{\pi^2}\sum_{n=1}^{\infty}\left\{\exp\left[-(n\pi/R)^2 D_s t\right]\right\} \tag{6-5}$$

由于多糖浓度的分布为无穷级数，其高次项趋势近于0，可忽略不计，因上式取 $n=1$，则有：

$$\frac{C_\infty - C}{C_\infty - C_0} = \frac{6}{\pi^2}\exp\left(-\frac{\pi^2 D_s t}{R^2}\right) \tag{6-6}$$

式（6-6）取对数变为式（6-7）：

$$\ln\left[\frac{C_\infty}{C_\infty - C}\right] = kt + \ln\frac{\pi^2 C_\infty}{6(C_\infty - C_0)} \tag{6-7}$$

式中 k 为传质系数，表示为 $k = \pi^2 D_s/R^2$；起始浓度 C_0 为0。

式（6-7）即菲克第二定律的多糖提取动力学方程，该式反映了样品颗粒半径、提取时间、温度与多糖浓度之间的关系。

多糖提取率 y 可表示为式（6-8）：

$$y = \frac{C_\infty - C}{C_\infty} \tag{6-8}$$

五、热水提取法和内部沸腾提取法的图像对比

热水提取法：取样品0.2g放入试管中，加入9.0mL的65℃水，放入65℃水浴中。

内部沸腾提取法：取样品0.2g放入试管中，加入0.25mL石油醚，浸润5min，然后加入65℃水，放入65℃水浴中。

分别在提取过程中的0、1、3、5、15min拍照。

第二节　香加皮多糖提取结果分析及动力学拟合

提取过程主要可分为3个步骤，即溶剂穿透原料，溶剂溶解溶质，溶液穿透原料扩

散到溶液主体。对于多糖的提取过程，提取快慢的决定因素是多糖分子溶解到溶剂中并扩散至原料表面，而这个过程中温度和超声波振动起了很大作用。3种提取方法不同温度（功率）各时间点多糖浓度数据如表6-2、表6-3和表6-4所示。可以看出，多糖浓度在相同时间下随温度（功率）升高而增加，温度（功率）越高达到提取平衡的时间也就越短。

用表6-2、表6-3和表6-4中数据作图（图6-1）并进行浓度与时间拟合，拟合公式符合提取规律，热水提取、超声辅助提取和内部沸腾提取拟合方程的R^2分别在0.96~0.98、0.94~0.97以及0.90~0.97，说明拟合度较高。拟合度高说明该数学模型是合适的，很多关于多糖、多酚、酯类等的提取也符合这个模型[9,10,13]。

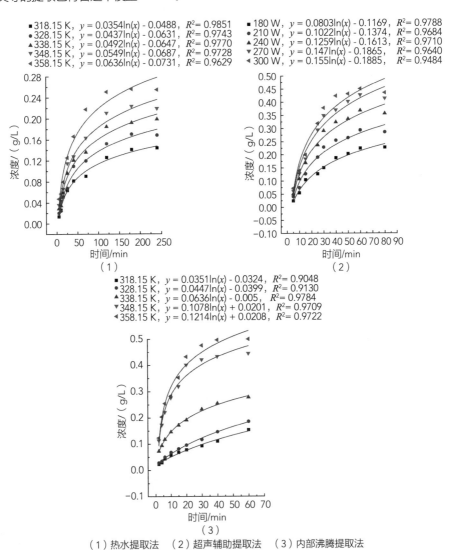

（1）热水提取法　（2）超声辅助提取法　（3）内部沸腾提取法

图6-1　3种不同提取方法的香加皮多糖提取动力学拟合曲线

表6-2　热水提取法各时间点的溶液浓度

温度/K（℃）	5min 浓度/(mg/mL)	RSD/%	10min 浓度/(mg/mL)	RSD/%	15min 浓度/(mg/mL)	RSD/%	25min 浓度/(mg/mL)	RSD/%	40min 浓度/(mg/mL)	RSD/%	70min 浓度/(mg/mL)	RSD/%	120min 浓度/(mg/mL)	RSD/%	180min 浓度/(mg/mL)	RSD/%	240min 浓度/(mg/mL)	RSD/%
318.15（45）	0.013	6.45	0.027	4.26	0.051	1.67	0.064	3.18	0.082	3.18	0.091	3.77	0.126	2.36	0.141	4.84	0.144	2.88
328.15（55）	0.020	6.38	0.024	6.17	0.052	3.83	0.068	3.20	0.109	1.96	0.120	2.92	0.147	2.20	0.173	3.36	0.168	4.57
338.15（65）	0.029	6.00	0.035	2.11	0.059	5.23	0.096	3.93	0.121	2.63	0.136	2.47	0.181	1.53	0.192	2.25	0.199	1.94
348.15（75）	0.036	5.95	0.044	6.39	0.066	4.25	0.113	4.54	0.128	4.47	0.164	3.15	0.209	2.78	0.228	2.70	0.219	2.96
358.15（85）	0.047	3.17	0.057	4.53	0.080	3.89	0.126	3.12	0.166	1.47	0.218	3.26	0.251	3.42	0.256	3.65	0.255	2.40

注：RSD，相对标准偏差。

表6-3　超声辅助提取法各时间点的溶液浓度

功率/W	5min 浓度/(mg/mL)	RSD/%	10min 浓度/(mg/mL)	RSD/%	15min 浓度/(mg/mL)	RSD/%	25min 浓度/(mg/mL)	RSD/%	30min 浓度/(mg/mL)	RSD/%	40min 浓度/(mg/mL)	RSD/%	50min 浓度/(mg/mL)	RSD/%	60min 浓度/(mg/mL)	RSD/%	80min 浓度/(mg/mL)	RSD/%
180	0.026	7.35	0.055	5.58	0.105	2.07	0.127	4.05	0.150	2.19	0.188	3.44	0.203	2.51	0.223	1.68	0.231	2.96
210	0.041	6.82	0.074	4.92	0.127	3.62	0.190	2.24	0.228	2.39	0.255	2.52	0.264	1.27	0.293	1.26	0.286	1.04
240	0.051	5.04	0.107	4.16	0.169	0.70	0.237	1.45	0.291	2.83	0.324	2.14	0.331	2.88	0.368	0.88	0.357	2.03
270	0.062	3.82	0.128	1.88	0.184	3.13	0.295	2.63	0.349	2.32	0.370	1.63	0.396	1.96	0.427	2.86	0.414	1.73
300	0.072	3.13	0.139	2.95	0.199	1.42	0.319	0.95	0.378	3.37	0.424	2.46	0.431	2.44	0.451	2.21	0.435	2.74

注：RSD，相对标准偏差。

表6-4　内部沸腾提取法各时间点的溶液浓度

温度/K(℃)	2min 浓度/(mg/mL)	2min RSD/%	4min 浓度/(mg/mL)	4min RSD/%	6min 浓度/(mg/mL)	6min RSD/%	10min 浓度/(mg/mL)	10min RSD/%	15min 浓度/(mg/mL)	15min RSD/%	20min 浓度/(mg/mL)	20min RSD/%	30min 浓度/(mg/mL)	30min RSD/%	40min 浓度/(mg/mL)	40min RSD/%	60min 浓度/(mg/mL)	60min RSD/%
318.15(45)	0.008	8.17	0.014	5.98	0.028	5.44	0.042	4.06	0.053	1.66	0.063	4.26	0.078	3.05	0.095	4.43	0.138	3.22
328.15(55)	0.013	8.20	0.019	6.60	0.035	3.66	0.053	3.68	0.067	2.30	0.080	5.96	0.101	4.65	0.131	2.33	0.170	2.80
338.15(65)	0.058	5.59	0.079	5.24	0.102	3.06	0.131	2.52	0.156	2.21	0.176	2.77	0.217	2.05	0.239	3.03	0.263	1.08
348.15(75)	0.084	3.05	0.158	3.39	0.206	2.47	0.261	3.70	0.304	3.50	0.386	2.25	0.406	1.84	0.418	1.81	0.430	2.70
358.15(85)	0.085	3.81	0.189	2.84	0.240	2.49	0.268	2.53	0.338	2.16	0.417	2.56	0.461	2.03	0.481	3.58	0.484	1.61

注：RSD，相对标准偏差。

在提取过程中，提取液浓度从某个时间开始趋于稳定，可认为此时已基本达到溶出饱和状态，该最大浓度可作为平衡浓度（C_∞），并且，随着温度（功率）的提高，溶液达到的平衡浓度也越高（表6-3）。从表6-4中可以看出，对于热水提取法，在358.15K时达到提取平衡约需120min；对于超声辅助提取法，在180W时约需60min，在300W时约需30min；而对于内部沸腾提取法，在358.15K时约需30min，与300W的超声辅助提取法相当，并且其平衡浓度最高。超声波常用来提高提取效率，用于多酚、多糖等多种天然活性产物提取。但是超高的振动频率容易导致化学键断裂，从而破坏多糖分子，造成多糖分子质量降低。例如，Zhang等用超声波辅助法从韭菜中提取多糖，发现当提取时间超过40min时多糖分子质量就会下降[14]。Dou等做了更详细的试验，考察了300W不同时间时黑莓多糖的变化，多糖分子的分子质量经过8h从591.39ku降低到363.93ku，16h降低到249.51ku，24h后降低到177.42ku。

第三节　速率常数求解

利用表6-2、表6-3和表6-4试验数据作$\ln[C_\infty/(C_\infty-C)]$对提取时间$t$的线性关系图（图6-2）和拟合方程。3种提取方法在不同温度下的平衡浓度如表6-5所示。由该拟合方程求得相应的速率常数κ，结果见表6-6。

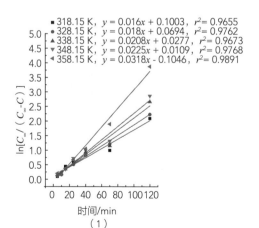
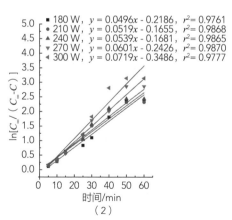

图6-2

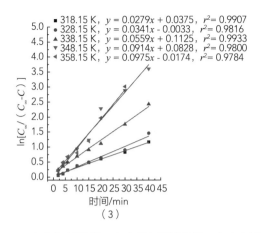

（1）热水提取法   （2）超声辅助提取法   （3）内部沸腾提取法

图6-2   3种提取方法的ln［$C_\infty/（C_\infty-C）$］与提取时间t的关系（续）

表6-5   3种提取方法在不同温度下对应的平衡浓度

温度/ （K或℃）	热水提取 C_∞/ （g/L）	内部沸腾提取 C_∞/（g/L）	功率/W	超声辅助提取 C_∞/（g/L）
318.15（45）	0.144	0.138	180	0.228
328.15（55）	0.17	0.17	210	0.293
338.15（65）	0.199	0.263	240	0.368
348.15（75）	0.223	0.43	270	0.427
358.15（85）	0.256	0.484	300	0.451

注：RSD，相对标准偏差。

从拟合方程可以看出，ln［$C_\infty/（C_\infty-C）$］与t之间有较好的线性关系，相关系数R^2为0.966~0.990。由表6-6可以看出，随着温度（功率）升高，提取速率常数κ逐渐增大，意味着升高温度（功率）有利于香加皮多糖的溶出。热水提取κ在85℃时较45℃时提高98.50%，提高将近一倍，这是因为温度的升高不仅可以提高多糖在水中的溶解速率和溶解度，而且可以降低溶剂黏度、有利于溶剂穿透原料。超声波辅助提取的κ在300W较在180W提高44.78%，幅度不大，这是因为超声波可以提高溶剂溶解多糖的速率而不能提高溶解度，还可以提高溶剂穿透原料的速率；但是，由于超声波在180W时其振动频率已非常高，再增加功率对溶质的溶解和溶剂的穿透效率提升已不大。此外，超声波功率的提高会造成多糖的降解[14,15]。内部沸腾提取法κ在85℃较45℃提高245.59%，提高幅度最大。超声波辅助提取的κ整体高于热水提取，75℃和85℃时内部沸腾提取的κ高于超声辅助提取。

在相同温度下，内部沸腾提取法的提取速率大于热水提取法，这是因为：①内部沸腾提取法中的原料经过浸润剂5min的浸泡使得原料表面空隙更大，有利于溶剂的穿透；②浸润剂石油醚特别容易挥发，石油醚的挥发会提升溶剂在原料内外的交换速率，特别是当温度高于其沸点后，交换速率更快。

表6-6 3种不同提取方法的提取速率常数 κ

温度/ K（℃）	热水提取法		内部沸腾提取法			超声辅助提取法	
	κ /s^{-1}	提高幅度 /%	κ /s^{-1}	提高幅度 /%	功率/W	κ /s^{-1}	提高幅度 /%
318.15 （45）	2.67×10^4	—	4.65×10^4	—	180	8.27×10^4	—
328.15 （55）	3.00×10^4	12.36	5.68×10^4	22.15	210	8.65×10^4	4.51
338.15 （65）	3.47×10^4	29.96	9.32×10^4	100.48	240	8.98×10^4	8.50
348.15 （75）	3.75×10^4	40.45	15.17×10^4	226.24	270	10.02×10^4	21.08
358.15 （85）	5.3×10^4	98.50	16.07×10^4	245.59	300	11.98×10^4	44.78

第四节 表面扩散系数求解

依据公式 $\kappa = \pi^2 D_s / R^2$ 可知，表面扩散系数 $D_s = \kappa r^2 / \pi$ 是速率常数 κ 与香加皮颗粒半径 r 的函数，可以通过速率常数求得多糖提取过程汇总的表面扩散系数[16]，结果如表6-7所示。将 D_s 与温度（功率）作指数关系图，如图6-3所示。

表6-7 3种不同提取方法的表面扩散系数 D_s 单位：mm²/s

温度/K（℃）	热水提取法	内部沸腾提取法	超声辅助提取法	
			功率/W	D_s
318.15（45）	0.67	1.17	180	2.08

续表

温度/K（℃）	热水提取法	内部沸腾提取法	超声辅助提取法	
			功率/W	D_s
328.15（55）	0.75	1.43	210	2.18
338.15（65）	0.87	2.34	240	2.26
348.15（75）	0.94	3.82	270	2.52
358.15（85）	1.33	4.04	300	3.01

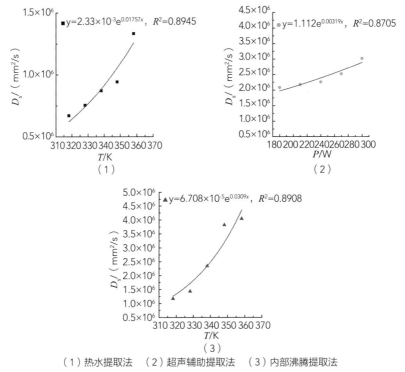

（1）热水提取法　（2）超声辅助提取法　（3）内部沸腾提取法

图6-3　3种提取方法的D_s与温度（功率）的指数关系

由表6-7和图6-3可知，多糖分子的扩散系数随温度（功率）增加而增加。提取时，表面扩散系数D_s包括分子扩散系数D_o和涡流扩散系数D_e[17]。热水提取时，以D_o为主，D_o是温度的函数。超声辅助提取时，以D_e为主，超声波的高频率振动使得D_e远高于D_o。内部沸腾提取时，较高的温度可以提高D_o，而浸润剂的快速挥发特别是高于沸点后的汽化会极大加强D_e，从而提高D_s。超声波由于其超高振动频率会增加液体、原料颗粒等的高频振动，从而提高其扩散系数以提高传质速率[18,19]，这确实提高了提取效率，多篇文献显示，尽管原料不同，但是其提取时间集中在20~40min[10,16,20-23]，远低于常见的热水提取法的120~180min。内部沸腾提取法的D_s大于超声波辅助提取的D_s可能是因为超声波对原料和溶液的振动频率高但是振幅小，振幅小就难以把从原料里溶解溶质的高浓度溶出液尽快带入溶液整体环境，即难以降低原料表面溶液的浓度差。内部沸腾提取法的优点是浸润在原料内部的浸润剂会剧烈沸腾，可以尽快把高浓度溶液带入溶液整体环境，从而增加原料内外浓度差，提高传质动力[1,2]。

由图6-3中的扩散方程可以看出，其拟合精度稍差，R^2为0.871~0.895，这是因为此方程是假设香加皮颗粒为刚性球体，在提取过程中半径不改变而计算得到的数据拟合出的，但是在实际提取中，香加皮颗粒会发生一定的破损和溶胀。

第五节 相对萃余率求解

相对萃余率$Y=100\%(C_\infty-C)/C_\infty$，根据式（6-7）和式（6-8）变为$Y=(6/\pi^2)\exp(-kt)$，分别利用表6-1、表6-2、表6-3的数据，以$Y$为纵坐标，提取时间$t$为横坐标作图，结果如图6-4所示。可以看出，同一时间点，随着温度（功率）的升高，相对萃余率下降，随着时间的延长而逐渐趋缓。其拟合方程相关系数R^2为0.966~0.993，曲线的拟合精度较高，证明香加皮多糖的提取比较符合模型。

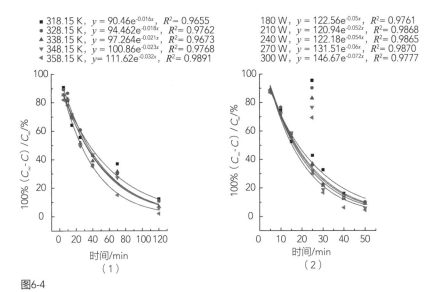

图6-4

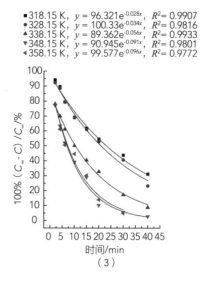

（1）热水提取法　（2）超声辅助提取法　（3）内部沸腾提取法

图6-4　3种提取方法的相对萃余率与时间的关系

第六节　$t_{0.8}$的计算

　　从前面的拟合数据可以看出，如果要将原料内的多糖提取完全，即达到C_∞，就需要较长的时间和能耗，因此有的文献为了表达提取效率高低引入提取半衰期$t_{0.5}$，即在相应条件下提取出一半多糖所用的时间[10,17]。根据前面的数据和图表可以发现，提取速率呈前快后慢的规律，并且在实际提取过程中既难以提取完全又不会只提取一半。因此本书引入$t_{0.8}$的概念，即提取80%多糖需要的时间，此时对应的浓度C_e表示有效提取浓度。然后以$t_{0.8}$和C_e对3种提取方式进行对比。以$t_{0.8}$和温度（功率）作图，取对数进行拟合，如图6-5所示。从图和拟合方程可以看出R^2为0.927~0.955，说明拟合度较高。随着温度（功率）的升高，其$t_{0.8}$不断变小，$t_{0.8}$越小说明提取效率越高。

　　以试验范围内最高温度（功率）的$t_{0.8}$和C_e进行对比（表6-8），热水提取法、超声辅助提取法和内部沸腾提取法的$t_{0.8}$依次为55.1、27.7和16.7min。由于内部沸腾提取时提前进行了5min的浸润，因此其实际用时为21.7min，依然最省时。3种方法的C_e分别为0.204、0.361和0.387mg/mL。所以，内部沸腾提取法的总体提取用时最少，且有效提取浓度最高。

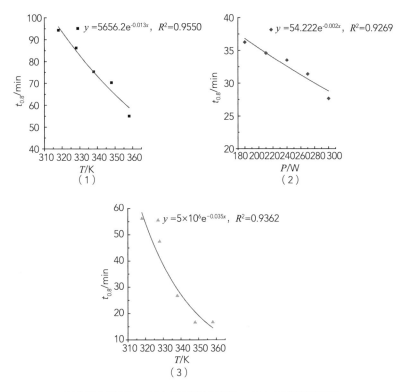

（1）热水提取法　　（2）超声辅助提取法　　（3）内部沸腾提取法

图6-5　3种提取方法的$t_{0.8}$与提取温度（功率）的关系

表6-8　3种提取方法提取效率对比

项目	热水提取	超声辅助提取	内部沸腾提取
准备时间/min	0	0	5
$t_{0.8}$/min	55.1	27.7	16.7
总时间/min	55.3	30.4	21.7
C_e/（mg/mL）	0.204	0.361	0.387

注：热水提取温度，358.15 K；超声辅助提取功率，300 W；内部沸腾提取温度，358.15 K。

第七节 内部沸腾提取法传质机制探讨

以不同温度为横坐标，各时间点下多糖浓度为纵坐标对3种提取方式进行作图（图6-6）。可以看出，随着温度（功率）的提高，热水提取和超声辅助提取的多糖浓度在稳步增加。而对于内部沸腾法则表现不一样，328.15K（55℃）相较于318.15K（45℃）时，多糖浓度缓慢增加。而328.15K（55℃）到338.15K（65℃）时多糖浓度有明显的跃升，说提取效率明显提高，这从前面图、图中也可以看出。这是因为浸润剂石油醚的沸点为63℃，当温度达到65℃时，香加皮颗粒内的石油醚开始剧烈气化逸出，极大地推动了颗粒内外溶剂的交互作用，从而大幅度提高了传质速率[1,2,24]。

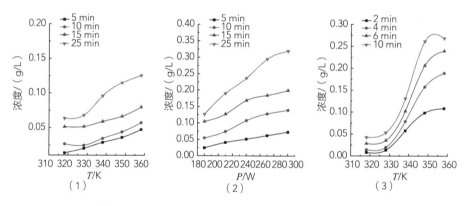

（1）热水提取法　（2）超声辅助提取法　（3）内部沸腾提取法

图6-6　3种提取方法的不同温度（功率）与溶液浓度关系

图6-7所示为热水提取法和内部沸腾法提取不同时间点的照片。可以看出，热水提取时香加皮颗粒沉在水底。随着时间的延长，香加皮颗粒由于吸收水分其所占体积缓慢变大。由于没有搅拌，整个过程中溶液颜色几乎无变化，尽管多糖是无色的，有颜色的是色素等杂质，但是多糖和色素常被同时提取出来，溶液整体无色说明单纯的分子扩散导致提取效率较低。内部沸腾提取法提取时，先用石油醚浸润5min，所以一部分颗粒黏在试管底部，而大部分颗粒由石油醚气化带动漂浮至液面顶部。从图6-7还可以明显看出，由于石油醚的气化使得颗粒表面形成大量气泡，产生内部沸腾现象，气泡的大量产生极大加强了颗粒内外的溶剂交换，从而提高了提取效率。随着时间的延长，颗粒表面的气泡缓慢减小，颗粒缓慢沉入底部，直到15min时还有一些微小气泡缓慢产生。

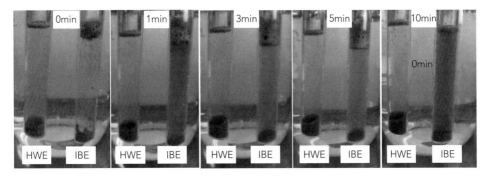

图6-7 不同时间点热水提取（HWE）与内部沸腾提取（IBE）香加皮多糖的状态

小结

　　本章研究了热水提取法、超声辅助提取法和内部沸腾提取法提取香加皮多糖的动力学，在此基础上，建立了基于菲克第二定律的香加皮多糖提取动力学模型，发现当温度高于石油醚的沸点时，内部沸腾法的提取扩散系数（D_s）和速率常数（κ）迅速增加。这是由于浸润剂在颗粒内部的剧烈沸腾可以极大提高涡流扩散系数。当温度升高到348.15K以上时，3种提取方法的D_s和κ顺序依次为内部沸腾法>超声辅助提取法>热水提取法。此外，内部沸腾提取法的萃取时间$t_{0.8}$比超声辅助提取法和热水提取法更短，平衡浓度比超声辅助提取法和热水提取法更高。基于以上结果，内部沸腾提取法是一种省时、高效、简单的多糖提取方法。

参考文献

［1］　陈晓光. 内部沸腾法强化提取若干中药有效成分的研究及评价［D］. 南宁：广西大学，2012.

［2］　刘晓辉. 半连续内部沸腾提取—乙酸乙酯萃取生产绿原酸新工艺研究［D］. 南宁：广西大学，2007.

［3］　王玉，王佳，李远辉，等. 减压内部沸腾提取川佛手多糖工艺的优化［J］. 中成药，2017，39（4）：723-727.

［4］ 汪建红. Box-Behnken试验设计优化内部沸腾法提取荸荠皮多糖工艺［J］. 食品研究与开发, 2019, 40（10）: 115-119.

［5］ Porto D D, Natolino A. Extraction kinetic modelling of total polyphenols and total anthocyanins from saffron floral bio-residues: Comparison of extraction methods［J］. Food Chemistry, 2018, 258: 137-143.

［6］ Natolino A, Porto D D. Kinetic models for conventional and ultrasound assistant extraction of polyphenols from defatted fresh and distilled grape marc and its main components skins and seeds［J］. Chemical Engineering Research and Design, 2020, 156: 1-12.

［7］ Murugesh C S, Rastogi N K, Subramanian R. Athermal extraction of green tea: Optimisation and kinetics of extraction of polyphenolic compounds［J］. Innovative Food Science & Emerging Technologies, 2018, 50: 207-216.

［8］ Meziane I A A, Bali N, Belblidia N B, et al. The first-order model in the simulation of essential oil extraction kinetics［J］. Journal of Applied Research on Medicinal and Aromatic Plants, 2019, 15: 100226.

［9］ González N, Elissetche J, Pereira M, et al. Extraction of polyphenols from *Eucalyptus nitens* and *Eucalyptus globulus*: experimental kinetics, modeling and evaluation of their antioxidant and antifungical activities［J］. Industrial Crops and Products, 2017, 109: 737-745.

［10］ Wang Y G, Liu J C, Liu X F, et al. Kinetic modeling of the ultrasonic-assisted extraction of polysaccharide from *Nostoc commune* and physicochemical properties analysis［J］. International Journal of Biological Macromolecules, 2019, 128: 421-428.

［11］ Crank J. The Mathematics of Diffusion［M］. 2nd. Oxford: Clarendon Press, 1975.

［12］ 刘敏. 玉竹水溶性多糖的提取动力学模型及一级结构鉴定研究［D］. 广州: 广东药学院, 2015.

［13］ Zaid R M, Mishra P, Tabassum S, et al. High methoxyl pectin extracts from *Hylocereus polyrhizus*'s peels: Extraction kinetics and thermodynamic studies［J］. International Journal of Biological Macromolecules, 2019, 141: 1147-1157.

［14］ Zhang W N, Zhang H L, Lu C Q, et al. A new kinetic model of ultrasound-assisted extraction of polysaccharides from *Chinese chive*［J］. Food Chemistry, 2016, 212: 274-281.

［15］ Dou Z M, Chen C, Fu X. The effect of ultrasound irradiation on the physicochemical properties and α-glucosidase inhibitory effect of blackberry fruit polysaccharide［J］. Food Hydrocolloids, 2019, 96: 568-576.

［16］ Vauchel P, Colli C, Pradal D, et al. Comparative LCA of ultrasound-assisted extraction of polyphenols from chicory grounds under different operational conditions［J］. Journal of Cleaner Production, 2018, 196: 1116-1123.

［17］ 赵鹏. 款冬花多糖提取纯化工艺研究及结构鉴定［D］. 西安: 西北大学, 2010.

［18］ Duan S Y, Zhao M M, Wu B Y, et al. Preparation, characteristics, and antioxidant activities of carboxymethylated polysaccharides from blackcurrant fruits［J］. International Journal of Biological Macromolecules，2020，155：1114-1122.

［19］Mudliyar D S，Wallenius J H，Bedade D K，et al. Ultrasound assisted extraction of the polysaccharide from *Tuber aestivum* and its *in vitro* antihyperglycemic activity［J］. Bioact Carbohyd Dietary Fibre，2019，20：100198.

［20］Zhang R，Zhang X X，Tang Y X，et al. Composition，isolation，purification and biological activities of *Sargassum fusiforme* polysaccharides：A review［J］. Carbohydrate Polymers，2020，228：115381.

［21］Cui F J，Qian L S，Sun W J，et al. Ultrasound-assisted extraction of polysaccharides from *Volvariella volvacea* process optimization and structural characterization［J］. Molecules，2018，23（7）：1706.

［22］Wang L B，Cheng L，Liu F C，et al. Optimization of ultrasound-assisted extraction and structural characterization of the polysaccharide from pumpkin（*Cucurbita moschata*）Seeds［J］. Molecules，2018，23：1207.

［23］Zhao L J，Xia B H，Lin L M，et al. Optimization of ultrasound-assisted enzymatic polysaccharide extraction from *Turpiniae folium* based on response surface methodology［J］. Digital Chinese Medicine，2018，3：239-246.

［24］冯瑛，李洁，王旭捷，等. 内部沸腾法提取茶多酚工艺优化及其与水提法的比较［J］. 食品工业科技，2019，40（18）：160-165.

第七章

香加皮多糖的结构鉴定与表征

本章利用UV-vis、HPLC、GC-MS、FT-IR、NMR和SEM等对香加皮多糖的分子质量、单糖组成、化学成分、糖苷键类型、表观形貌等进行研究，以期为香加皮多糖的后续应用研究提供依据和参考。多糖的准确结构测定非常困难，但剖析多糖的初级结构、糖单元组成和表观形貌对于研究多糖的生物学功能同样具有重要意义。

第一节 香加皮多糖的紫外扫描

配制浓度为0.5mg/mL的香加皮多糖水溶液，在200~500nm处进行紫外波长扫描。

图7-1所示为各产地（SC为四川，HB为河北，HN为河南）香加皮多糖制品（对应编号见表5-6）在200~500nm处的紫外扫描图，其中SC-CPP2、SC-CPP3、HB-CPP3和HN-CPP3在280nm处有小的吸收峰，说明这些制品中含有少量的蛋白质，而其他制品在260nm和280nm处无明显吸收峰，说明样品中不含或含极少量的核酸和蛋白质，纯度较高。

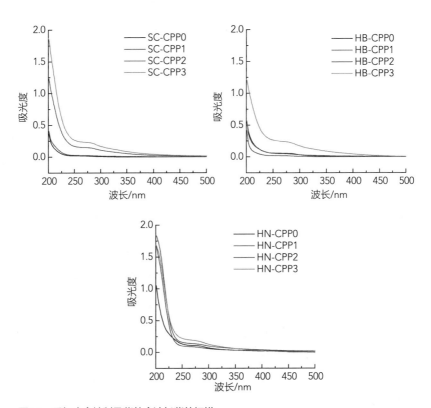

图7-1 香加皮多糖制品紫外全波长紫外扫描

第二节　香加皮多糖的均一性和分子质量检测

称取一定量纯化后的香加皮多糖样品，用流动相溶解。色谱条件：采用Shimadzu HPLC系统（配用LC-20AR泵和RID-2410示差折光检测器），示差折光检测器温度40℃，色谱柱为Shodex Sugar KS-804（8mm×300mm），柱温为50℃，流动相为超纯水，流速1.0mL/min。标品为不同分子质量葡聚糖（4.32、12.6、73.8、126、289、496ku）。

以标准葡聚糖分子质量的对数值（lg M_w）和保留时间（T）建立的标准曲线为：lgM_w=-0.5067 T+9.1478，R^2=0.9909。SC-CPP0、SC-CPP1、SC-CPP2和SC-CPP3 的保留时间分别是6.885、6.608、6.625和6.451min，代入标准曲线可得各多糖分子质量分别为456、630、618和757ku。

HB-CPP0、HB-CPP1、HB-CPP2和HB-CPP3的保留时间分别是6.537、6.846、6.975和6.691min，代入标准曲线可得各组分分子质量分别为685、477、411和572ku。

HN-CPP0、HN-CPP1、HN-CPP2和HN-CPP3的保留时间分别是6.704、6.183、5.855和6.480min，代入标准曲线可得各多糖分子质量分别为563、1035、1517和731ku。笔者团队本试验得到的香加皮多糖与课题组前期提取得到的香加皮多糖相对分子质量差异较大，可能是因为分离纯化方法不同导致，具体原因需要进一步验证。

如图7-2所示，四川和河北产地的样品经DEAE-52纯化后均为单一主峰，峰形对称且陡峭，说明样品均一性较好。河南产地的4种香加皮多糖组分经DEAE-52纯化后的峰较宽，对称性和均一性不如四川和河北产地的多糖组分。

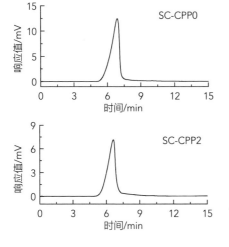
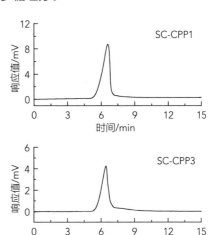

图7-2

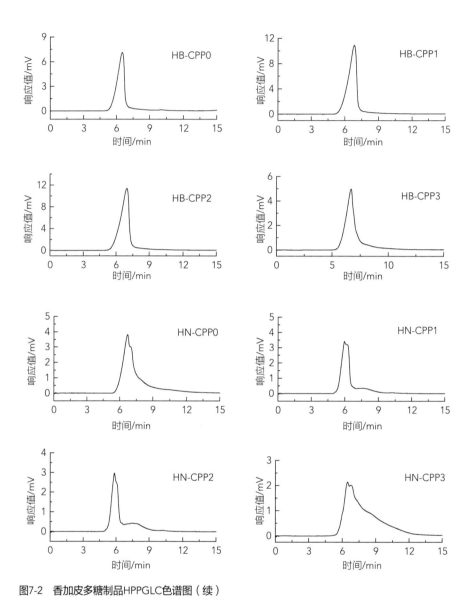

图7-2　香加皮多糖制品HPPGLC色谱图（续）

第三节　香加皮多糖的单糖组成

参考余亦婷等的1-苯基-3-甲基-5-吡唑啉酮（PMP）柱前衍生化-HPLC法并略作修改[1]测定香加皮多糖的单糖组成。

1.香加皮多糖的酸水解

称取10mg香加皮多糖加入8mL 2mol/L的三氟乙酸（TFA）置于试管中，密封后于烘箱中110℃水解4h，反应结束后用旋转蒸发仪蒸干，加甲醇溶液2mL后蒸干，重复3次以除去TFA，然后用1mL超纯水复溶得到香加皮多糖水解液。

2.多糖水解液的PMP衍生化

配制6种单糖浓度为2g/L的标准溶液，各取1mL置于10mL容量瓶中，加水定容后混匀。取100μL混合单糖标准液和100μL香加皮多糖水解液加入100μL 0.3mol/L的NaOH溶液和100μL 0.5mol/L的PMP甲醇溶液混匀，70℃水浴加热反应100min，冷却至室温后加入100μL 0.3mol/L的HCl中和；加水至1mL，再加入1mL氯仿，振摇离心后弃去氯仿相，共萃取3次。水相经0.45μm滤膜过滤后供HPLC进样分析。

3.色谱条件

Shim-pack GIST C18柱（4.6mm×250mm，5μm，Shimadzu）柱温35℃，检测波长250nm，流速1.0mL/min，进样量20μL。流动相A为0.05mmol/L磷酸二氢钾溶液（pH=6.8），流动相B为乙腈溶液（等度洗脱，体积比A∶B=81∶19），检测时间为50min。

通过HPLC测定香加皮多糖的单糖组成，图7-3、图7-4所示为测定的单糖标准品及香加皮多糖的HPLC分析图谱。结果表明，除HN-CPP0、HN-CPP2和HN-CPP3不含阿拉伯糖外，其余的香加皮多糖组分中均含有甘露糖、鼠李糖、半乳糖醛酸、葡萄糖、半乳糖和阿拉伯糖，但其物质的量的比有明显差异。

各组分单糖的物质的量占比如表7-1所示，四川产地的SC-CPP0组分以甘露糖、半乳糖醛酸、葡萄糖和半乳糖为主；SC-CPP1组分以半乳糖醛酸为主；SC-CPP2组分以半乳糖醛酸和葡萄糖为主，鼠李糖和阿拉伯糖含量偏低；SC-CPP3组分以甘露糖、半乳糖醛酸、半乳糖和阿拉伯糖为主。4种多糖中SC-CPP0和SC-CPP3甘露糖含量显著高于SC-CPP1和SC-CPP2，这与图7-5中红外光谱显示结果相一致。4种香加皮多糖中葡萄糖分别占其总物质的量的23.13%、18.16%、28.32%和7.89%；糖醛酸分别占其总物质的量的21.04%、43.42%、25.11%和16.49%；鼠李糖含量最低。在王小莉的研究中，香加皮多糖分离出的3种组分均不含糖醛酸，且阿拉伯糖含量较低，与本试验结果不同，这可能是产地不同而导致的单糖组成不同[2]。

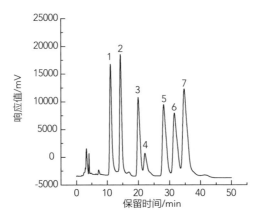

图7-3　单糖标准品HPLC分析图谱

1—PMP；2—甘露糖；3—鼠李糖；4—半乳糖醛酸；5—葡萄糖；6—半乳糖；7—阿拉伯糖。

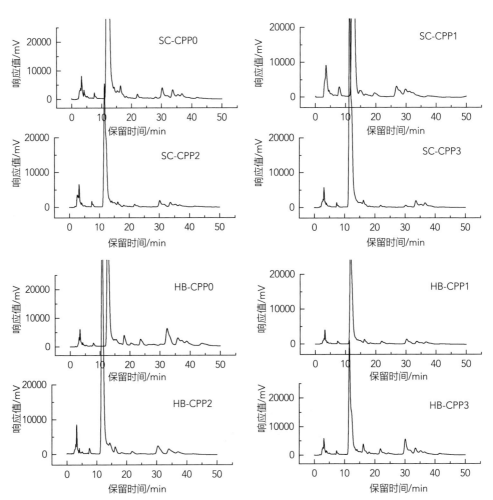

图7-4

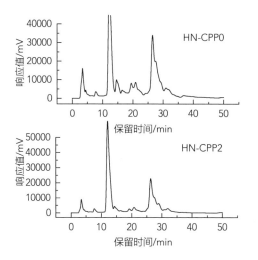
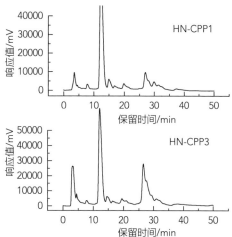

图7-4 香加皮多糖的HPLC分析图谱（续）

表7-1 香加皮多糖样品各组分单糖物质的量占比

单位：%

编号	甘露糖	鼠李糖	半乳糖醛酸	葡萄糖	半乳糖	阿拉伯糖
SC-CPP0	10.86	1.00	10.07	11.07	10.43	4.43
SC-CPP1	2.43	1.00	11.62	4.86	3.90	2.95
SC-CPP2	4.22	1.22	6.11	6.89	4.89	1.00
SC-CPP3	11.00	1.00	9.20	4.40	21.20	9.00
HB-CPP0	1.67	1.63	1.26	4.76	1.76	1.00
HB-CPP1	1.77	1.23	1.00	4.42	3.30	1.07
HB-CPP2	3.20	3.80	1.00	7.40	2.07	1.13
HB-CPP3	2.94	2.75	1.21	4.79	2.13	1.00
HN-CPP0	6.17	1.00	15.56	125.83	22.44	—
HN-CPP1	4.12	1.00	8.95	11.69	4.15	3.26
HN-CPP2	4.76	1.00	8.45	18.45	14.41	—
HN-CPP3	3.27	1.00	8.24	23.82	4.82	—

　　河北产地的HB-CPP0组分以葡萄糖为主；HB-CPP1以葡萄糖和半乳糖为主；HB-CPP2和HB-CPP3均以甘露糖、鼠李糖、葡萄糖和半乳糖为主。4种多糖中葡萄糖含量均为最高，分别占其总物质的量的39.40%、34.56%、39.78%和32.32%；阿拉伯糖含量较低，分别占其总物质的量的8.28%、8.37%、6.08%和6.75%。4种多糖中糖醛酸占比分别

为10.43%、7.82%、5.38%和8.16%，HB-CPP0糖醛酸含量最高，HB-CPP2糖醛酸含量最低，与表7-1中测得的糖醛酸含量趋势一致。

河南产地的HN-CPP0以葡萄糖、半乳糖和半乳糖醛酸为主；HN-CPP1和HN-CPP3以葡萄糖和半乳糖醛酸为主；HN-CPP2则以葡萄糖、半乳糖为主。4种多糖中葡萄糖含量均为最高，分别占其总物质的量的73.58%、35.24%、39.20%和57.89%，其中HN-CPP0的葡萄糖含量远高于其他组分；鼠李糖含量最低，分别占其总物质的量的0.58%、3.01%、2.12%和2.43%。4种多糖中糖醛酸物质的量占比分别为9.10%、26.98%、17.95%和20.02%，HN-CPP0糖醛酸含量最高，显著高于其他组分，与表7-1中测得的糖醛酸含量趋势一致，且除HN-CPP1含有少量阿拉伯糖外，其他组分均不含阿拉伯糖，这与王小莉研究的香加皮多糖均不含糖醛酸且阿拉伯糖含量较低的结果差异较大，可能是提取方式不同而导致的单糖组成不同[2]。

第四节　香加皮多糖红外光谱鉴定

取少量香加皮多糖样品分别与适量的溴化钾粉末混合，烘干，压片，用傅里叶变换红外光谱仪（FT-IR）进行扫描检测，扫描区间为500~4000cm⁻¹，用Nexus系统软件对采集到的红外吸收图谱进行分析。

红外光谱是鉴定多糖初级结构中最为常用的手段之一，主要用于鉴定多糖的糖苷键类型和糖环构象。不同产地香加皮多糖的红外光谱图如图7-5所示，3个产地的CPP0组分与其他多糖组分之间红外光谱图差异较大。12种多糖组分在3400cm⁻¹处的强吸收峰为O—H伸缩振动峰，符合糖类的一般结构特征，其中CPP0组分在3400cm⁻¹处强度最大，说明羟基含量最多。1640cm⁻¹处的吸收峰为C＝O的非对称伸缩振动，说明12种多糖组分含有糖醛酸，均为酸性多糖[3]；其中3个产地的CPP0组分在1640cm⁻¹处的强度最大，可判断其糖醛酸含量较多，这与化学成分检测和单糖组成结果相一致。CPP0组分在1432cm⁻¹附近的吸收峰与其他组分在1380cm⁻¹处的吸收峰均为饱和—CH的对称变角振动[4]；在1000~1200cm⁻¹附近的吸收峰为吡喃糖环的C—O—C伸缩振动和C—O—H的变角振动所引起的吸收峰[5]。870cm⁻¹附近的吸收峰为β-糖苷键的特征峰，同时也是甘露糖的特征吸收峰[6]；620cm⁻¹附近的吸收峰为呋喃环的特征吸收峰[7]。说明3个产地香加皮的12种多糖为非淀粉、均含有β-糖苷键且具有呋喃环的多糖。

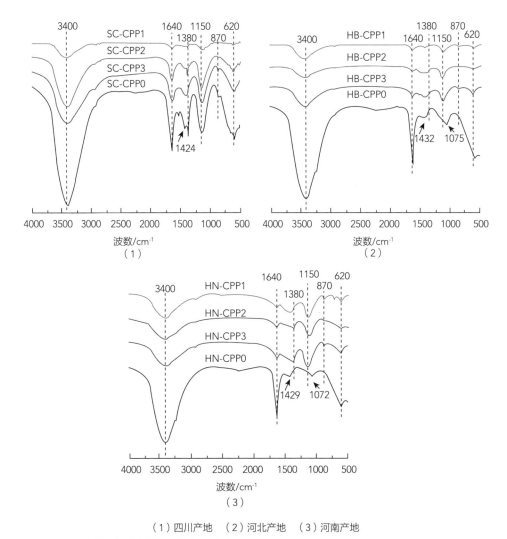

（1）四川产地 （2）河北产地 （3）河南产地

图7-5 不同产地香加皮多糖的红外光谱图

第五节 香加皮多糖的三螺旋结构测定

参考李哲明等的方法初步分析各多糖组分中的三螺旋结构，分别配制2mg/mL的多糖溶液，0.2mmol/L的刚果红溶液，0、0.1、0.2、0.3、0.4和0.5mo1/L的NaOH溶液，分别取1.0mL多糖溶液、1.0mL刚果红溶液、2.0mL NaOH溶液于试管中，静置10min后，以蒸馏水作为空白对照，在400～700nm波长处进行紫外波长扫描，并测定在不同

NaOH浓度下各多糖溶液的最大吸收波长[8]。

刚果红试验是研究多糖分子构象特征的有效方法。刚果红溶液与含有三螺旋结构的多糖反应生成的络合物，其最大吸收波长与纯刚果红溶液相比会产生红移。图7-6所示为在不同NaOH浓度下，香加皮多糖与刚果红溶液在波长400~700nm处光谱扫描最大波长变化，低浓度的NaOH可以使刚果红试剂与多糖中的三螺旋结构形成络合物而导致最大吸收波长增加；当NaOH浓度达到一定值后，络合物的水解使最大吸收波长降低。

四川产地的SC-CPP0和SC-CPP2在NaOH浓度为0~0.1mol/L时，与刚果红混合液的波长发生了明显红移；SC-CPP3在NaOH浓度为0~0.2mol/L时，与刚果红混合液的最大波长增加，说明这3种多糖组分均含有三螺旋结构。随着NaOH浓度的升高，多糖螺旋结构开始解体。SC-CPP1与刚果红混合液的吸光度峰值呈现持续下降的趋势，无明显特征性峰值，说明该组分不含有三螺旋结构。当NaOH浓度达到0.3mol/L时，位移值变化趋于平稳，说明解旋过程基本结束。

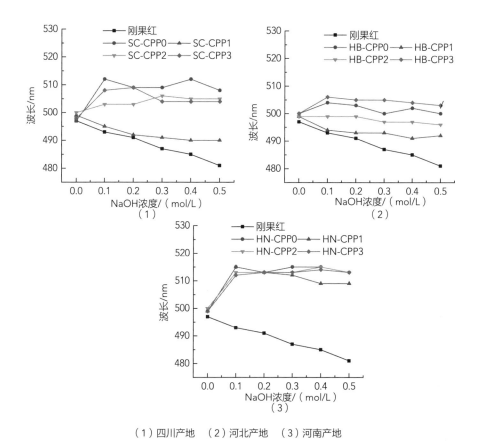

（1）四川产地　（2）河北产地　（3）河南产地

图7-6　不同NaOH浓度下香加皮多糖与刚果红溶液在波长400~700nm处光谱扫描最大波长变化

河北产地的HB-CPP0和HB-CPP3与刚果红溶液在NaOH浓度为0~0.1mol/L时的最大吸收波长逐渐增加，说明含有三螺旋结构；当NaOH浓度大于0.1mol/L时，与刚果红混合液的最大吸收波长开始降低，多糖螺旋结构开始解体。而HB-CPP1和HB-CPP2组分随NaOH浓度的增加，与刚果红混合溶液的波长虽然发生了红移，但无特征性峰值，说明不含有三螺旋结构。这与董成国研究的辣木籽水溶性多糖MOP-D-a-1具有三螺旋结构，而MOP-D-a-2不具有三螺旋结构的结论相似[9]。

随着NaOH浓度的增加，纯刚果红溶液的最大吸收波长逐渐降低，河南产地的4种多糖组分在NaOH浓度为0~0.1mol/L时与刚果红混合液的波长发生了明显红移；随着NaOH浓度的增加，最大波长开始下降，多糖螺旋结构开始解体。说明河南产地的4种多糖组分均含有三螺旋结构。由此可见，多糖样品在弱碱性条件下，可与刚果红溶液形成三螺旋结构，使最大吸收波长增加；随着碱性逐渐增大，分子间氢键被破坏，三螺旋结构解体。

第六节　香加皮多糖核磁共振鉴定

取少量河南产地的HN-CPP1、HN-CPP2和HN-CPP3样品分别溶于氘代水中得到过饱和溶液，进行氢谱和碳谱测试。

HN-CPP1、HN-CPP2和HN-CPP3的核磁氢谱分别如图7-7、图7-8和图7-9所示。图谱中4.9~5.6ppm以及4.3~4.9ppm信号分别显示3个样品具有α和β型异头碳，说明多糖具有α和β糖苷键[10,11]。4.9~5.6ppm的多个吸收峰表明含有多种单糖结构，说明3个样品均为杂多糖而非淀粉或者纤维素，这与化学检测和红外扫描结果一致。4.7ppm是氘代水信号，4.4ppm信号显示样品中含有β型糖苷键。1.2ppm信号显示为终端甲基信号，并且HN-CPP1最弱，HN-CPP2和HN-CPP3较强，这可能是因为色素的干扰。

图7-10、图7-11和图7-12分别是HN-CPP1、HN-CPP2和HN-CPP3的核磁碳谱。90~110ppm的信号是异头碳区，多个信号说明样品含有多种单糖结构。其中98.57ppm是α-葡萄糖吡喃糖的信号，102.9~101.2ppm是半乳糖吡喃糖和葡萄糖吡喃糖的信号，107.3~109.3ppm是阿拉伯糖呋喃糖的信号[12]。100.7ppm处的信号表明存在（1→3）-α-半乳糖残基C-1，105ppm的信号属于（1→2/6）-α-葡萄糖C-1残基的信号，67~70ppm是（1→6）-β-半乳糖残基C-6信号，80~83ppm是（1→3/4）糖苷键信号。15~17ppm信号显示为终端甲基信号，并且HN-CPP1没有，HN-CPP2较弱，HN-CPP3最强，这可能是HN-CPP3含有较多的色素造成的，与氢谱结果一致[13-15]。

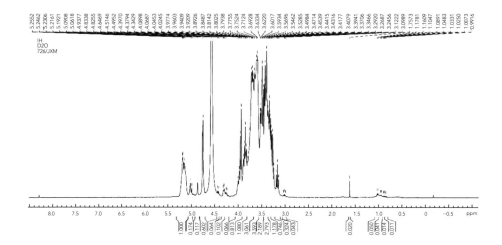

图7-7　HN-CPP1核磁氢谱

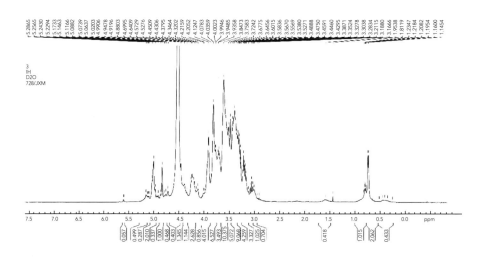

图7-8　HN-CPP2核磁氢谱

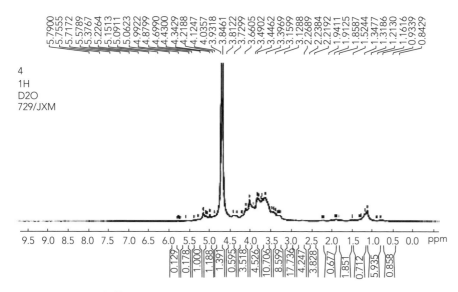

4
1H
D2O
729/JXM

图7-9　HN-CPP3核磁氢谱

1
13C
D2O
802/JXM

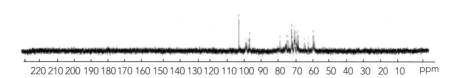

图7-10　HN-CPP1核磁碳谱

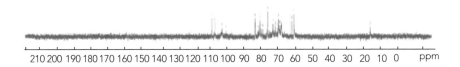

图7-11　HN-CPP2核磁碳谱

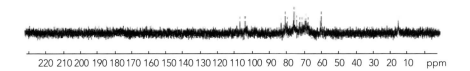

图7-12　HN-CPP3核磁碳谱

第七节 香加皮多糖热重分析

参考文献方法测试香加皮多糖热重[16]：称取一定量河南产地的HN-CPP1、HN-CPP2和HN-CPP3香加皮多糖样品上样，样品在氮气氛围中由室温升高到900℃，升温速率为10℃/min。

热稳定性是多糖重要的理化性质之一，在多糖热稳定性研究中常用热重分析仪在室温~600℃或者室温~900℃下，在空气或保护气（如氮气或氩气气氛）中进行分析。相关研究表明，大部分多糖在300℃以下稳定性较好，无明显失重行为；在300~400℃无论是在空气还是保护气氛围中均有明显的失重；高于400℃后失重变缓。由于烟支燃烧时燃烧区的中心温度可达900~1000℃，因此，常对香加皮多糖在室温~900℃下的热稳定性进行研究。

如图7-13所示，由香加皮多糖HN-CPP1的热重曲线（TG曲线）可以看出，HN-CPP1的整体热重曲线可分为5个阶段。第一阶段为室温~120℃，这一阶段失重率为7.67%，本阶段失去的是样品中的自由水（即游离水）。多糖与自由水之间的吸附属于分子间作用力，即范德华力，因此吸附力较弱，在120℃以下容易散失。第二阶段为120~300℃，且在120~150℃无明显的失重发生，这说明HN-CPP1中不含结晶水，样品属于无定型、非晶体结构。多糖是单糖的大分子聚合物，符合这一特征。无明显失重说明HN-CPP1在温度低于300℃时稳定性较好。第三阶段为300~340℃，本阶段样品发生急剧失重现象，表明多糖在本阶段受热大量快速分解。第四阶段为340~520℃，也有明显失重台阶，但下降速率慢于第三阶段，说明样品分解速率减慢，第三和第四阶段失重率总和为88.34%。第五阶段为520~900℃，本阶段几乎无失重显现，此前4个阶段总失重率超过95%，说明样品在此之前已大部分分解。整体来看，香加皮多糖的热失重区间主要集中在300~520℃，特别是300~340℃。

多糖样品HN-CPP2的热重曲线与HN-CPP1整体趋势较为一致，但各阶段的温度节点和剧烈程度有明显差异。HN-CPP2热重曲线同样可分为5个阶段。第一阶段为室温~120℃，水分的散失主要集中在120℃以前，在此之后失重率变化很小，同样说明HN-CPP2中主要含自由水，而几乎不含结合水。第二阶段为120~250℃，这一阶段样品失重率几乎无变化。第三阶段在250~350℃，本阶段有明显的失重发生，表明样品在本阶段大量快速分解，与HN-CPP1相比温度跨度大。第四阶段为350~540℃，本阶段样品失重率平缓下降，显示样品分解速率慢于第三阶段，第三和第四阶段的失重率之和为78.31%，小于HN-CPP1的88.34%。第五阶段为540~900℃，几乎无失重现象。可以看出

HN-CPP2在前4阶段多糖已基本分解完全，总失重率约为88%。

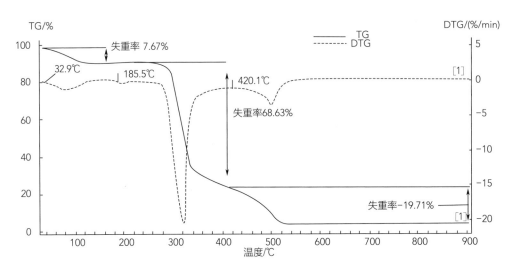

图7-13   HN-CPP1的热重曲线

DTG，微商热重。

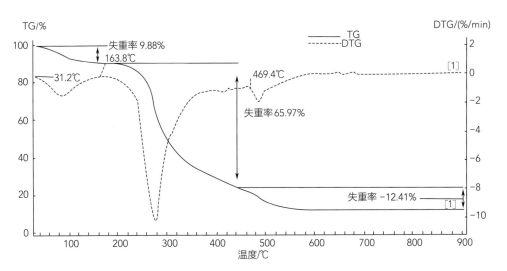

图7-14   HN-CPP2的热重曲线

DTG，微商热重。

多糖样品HN-CPP3的热重曲线与HN-CPP1和HN-CPP2在560℃以前整体趋势基本一致，但各阶段的温度节点和剧烈程度有明显差异。CPP2热重曲线可分为6个阶段。第一阶段为室温~120℃，水分的散失主要集中在120℃以下，在此之后失重率变化很小，同样说明HN-CPP3中主要含自由水，而几乎不含结合水。第二阶段为120~250℃，这一阶段样品失重率几乎无变化。第三阶段为250~350℃，本阶段有明显的失重台阶，表明样品在本阶段受热分解。第四阶段为350~560℃，本阶段样品失重率平缓下降，说明样品分解速率减慢，第三和第四两个阶段的失重率之和为70.52%。第五阶段为560~580℃，本阶段有个小的失重台阶，失重率为4.85%，这是HN-CPP1和HN-CPP2没有出现过的。第六阶段为580~900℃，这一阶段比较平稳，无明显失重现象。可以看出HN-CPP3在前5个阶段多糖已基本分解完全，总失重率约为86%。

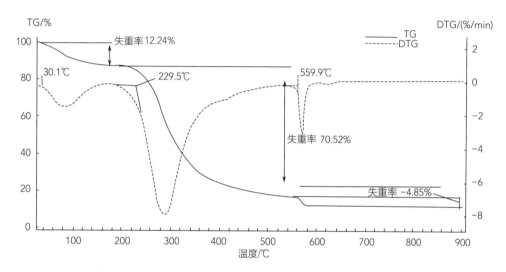

图7-15　HN-CPP3的热重曲线

　　DTG，微商热重。

　　尽管多糖样品在测试热失重之前已经过干燥处理，但是仍然含有少量游离水，表明香加皮多糖对水有一定的吸附能力，这些与文献中多糖的热重曲线类似。HN-CPP1和HN-CPP2热重曲线的总体规律一致，均有5个阶段，HN-CPP3多出560~580℃的小失重台阶。但3个样品在不同温度节点的热重差异明显，HN-CPP2和HN-CPP3的快速热解温度区间为250~350℃，而HN-CPP1为300~340℃，说明HN-CPP2和HN-CPP3比HN-CPP1起始分解温度低。从最终保留率看，HN-CPP1约为5%，HN-CPP2约为12%，HN-CPP3约为14%，说明HN-CPP1分解更彻底，而HN-CPP2和HN-CPP3较难分解完全。3个多糖具有相同的单糖种类，热稳定性的差异可能与多糖的连接结构有关。3个多糖的分解温度低于烟支燃烧的热解区温度（400~700℃），处于卷烟蒸馏区温度范围内。

小结

　　紫外全波长扫描发现，除SC-CPP2、SC-CPP3、HB-CPP3和HN-CPP3在280nm处含有少量的蛋白质外，其他多糖组分在260nm和280nm处无明显的吸收峰，表明样品中均不含或含极少量的蛋白质和核酸，纯度较高。

　　通过对12种多糖的相对分子质量进行检测，发现四川和河北产地的样品经过DEAE-52纤维素柱纯化后峰形对称且陡峭，说明样品均一性较好。河南产地的4种多糖组分经过DEAE-52纯化后的峰较宽，对称性和均一性差于四川和河北产地的多糖组分。SC-CPP0、SC-CPP1、SC-CPP2和SC-CPP3的分子质量分别为456、630、618和757ku。HB-CPP0、HB-CPP1、HB-CPP2和HB-CPP3的分子质量分别为685、477、411和572ku。HN-CPP0、HN-CPP1、HN-CPP2和HN-CPP3的分子质量分别为563、1035、1517和731ku。

　　单糖组成测定结果表明：除HN-CPP0、HN-CPP2和HN-CPP3不含阿拉伯糖外，其余香加皮多糖均为甘露糖、鼠李糖、半乳糖醛酸、葡萄糖、半乳糖和阿拉伯糖按不同物质的量之比组成的杂多糖。

　　红外测定结果表明：从3个产地分离得到的12种多糖均具有典型的多糖吸收峰，在1640cm^{-1}处有C＝O的非对称伸缩运动的吸收峰，说明12种多糖均为酸性多糖。其中3个产地的CPP0组分在1640cm^{-1}处的强度最大，可判断其糖醛酸含量较多。12种多糖在870cm^{-1}附近和620cm^{-1}附近具有β糖苷键的吸收峰和呋喃环的特征吸收峰，说明12种多糖为非淀粉，均为含有β糖苷键且具有呋喃环的多糖。

　　三螺旋结构测定表明：刚果红试验表明，四川产地的SC-CPP0、SC-CPP2和SC-CPP3，河北产地的HB-CPP0和HB-CPP3以及河南产地的HN-CPP0、HN-CPP1、HN-CPP2和HN-CPP3均可与刚果红溶液在弱碱性条件下形成有序的三螺旋结构。而SC-CPP1、HB-CPP1和HB-CPP2没有与刚果红发生络合反应，表明这3种多糖组分不具有三螺旋结构。

　　对核磁图谱分析发现，氢谱中4.9~5.6ppm和4.3~4.9ppm信号分别显示HN-CPP1、HN-CPP2和HN-CPP3具有α和β糖苷键。4.9~5.6ppm的多个峰显示含有多种单糖结构，说明3个样品均为杂多糖即非淀粉糖或纤维素。碳谱中出现多个单糖残基的信号，如有98.57ppm的α-葡萄糖吡喃糖信号、有102.9~101.2ppm的半乳糖吡喃糖和葡萄糖吡喃糖信号、有107.3~109.3ppm的阿拉伯糖呋喃糖信号、有100.7ppm的（1→3）-α-半乳糖残基信号、有105ppm的（1→2/6）-α-葡萄糖残基信号、有67~70ppm的（1→6）-β-半乳糖残基信号。3个多糖均未发现羰基的信号（170~180ppm处），说明不含有糖醛酸，与红外和化学检测结果一致。碳谱和氢谱中均发现了终端甲基信号，HN-CPP1最弱，HN-CPP2较弱，HN-CPP3最强，这可能是色素的干扰造成的，与多糖外观和总糖含量结果基本一致。

对HN-CPP1、HN-CPP2和HN-CPP3进行热重分析，研究发现，HN-CPP1和HN-CPP2均呈5个阶段。第一阶段为失水阶段，这一阶段多糖中吸附的水分散失；第二阶段为平稳阶段，多糖样品质量几乎无变化；第三阶段为快速分解阶段，这一阶段多糖经高温快速裂解生成小分子物质散失，其中HN-CPP1在300~400℃，HN-CPP2和HN-CPP3在250~350℃；第四阶段为缓慢下降阶段，这一阶段多糖没有明显的快速失重台阶；第五阶段为平稳阶段，这一阶段几乎无失重显现。与NH-CPP1和NH-CPP2不一样，HN-CPP3在560~580℃有一个小的失重台阶。3个单糖具有相同的单糖组成，热稳定性的差异可能与多糖的连接结构有关。3个多糖的分解温度低于烟支燃烧的热解区温度，处于蒸馏区温度范围内。在温度高于600℃特别是燃烧区的900℃时，有机物更容易生成苯系物质，而HN-CPP1、HN-CPP2和HN-CPP3在400℃以下即可大量分解。

参考文献

[1] 余亦婷，皮文霞，谢辉，等. PMP柱前衍生化-HPLC法分析不同生长年限黄芪中6种单糖的含量 [J]. 中国药房，2021，32（12）：1448-1452.

[2] 王小莉. 香加皮多糖提取纯化及其在烟草中的保润增香效应研究 [D]. 郑州：河南农业大学，2018.

[3] 何坤明，王国锭，白新鹏，等. 山茱萸籽多糖分离纯化、结构表征及抗氧化活性 [J]. 食品科学，2021，42（19）：81-88.

[4] 焦中高，刘杰超，王思新，等. 羧甲基化红枣多糖制备及其活性 [J]. 食品科学，2011，32（17）：176-180.

[5] 毛绍春，李竹英，李聪. 人工裂褶菌多糖结构及含量变化研究 [J]. 资源开发与市场，2007，117（5）：385，386.

[6] 朱昌玲，雷鹏，张峰伦，等. 皂荚多糖的普鲁兰酶脱分支改性研究 [J]. 生物质化学工程，2021，55（3）：42-46.

[7] 林泽周. 怀牛膝、桑椹和玉竹中多糖的分离纯化、结构鉴定及降糖活性研究 [D]. 广州：广东药科大学，2020.

[8] 李哲明，谢集照，罗迪，等. 青天葵多糖的分离纯化、结构表征及其抗氧化活性分析 [J]. 食品工业科技，2022，43（22）：61-67.

[9]   董成国. 辣木籽水溶性多糖的分离纯化、结构表征及其抗氧化活性研究 [D] . 哈尔滨：哈尔滨工业大学，2016.

[10]   He S D, Wang X, Zhang Y, et al. Isolation and prebiotic activity of water-soluble polysaccharides fractions from the bamboo shoots (*Phyllostachys praecox*) [J] . Carbohydrate Polymers, 2016, 151 (10): 295-304.

[11]   Wang X T, Zhu Z Y, Zhao L, et al. Structural characterization and inhibition on α -D-glucosidase activity of non-starch polysaccharides from *Fagopyrum tartaricum* [J] . Carbohydrate Polymers, 2016, 153 (11): 679-685.

[12]   Popov Sergey V, Ovodova Raisa G, Golovchenko Victoria V, et al. Chemical composition and anti-inflammatory activity of a pectic polysaccharide isolated from sweet pepper using a simulated gastric medium [J] . Food Chemistry, 2011, 124 (1): 309-315.

[13]   Yu X H, Liu Y, Wu X L, et al. Isolation, Purification, characterization and immunostimulatory activity of polysaccharides derived from American Ginseng [J] . Carbohydrate Polymers, 2017, 156 (11): 9-18.

[14]   Huang K W, Li Y R, Tao S C, et al. Purification, characterization and biological activity of polysaccharides from *Dendrobium officinale* [J] . Molecules, 2016, 21 (6): 1-17.

[15]   Fan Y J, Lin M C, Luo A S, et al. Characterization and antitumor activity of a polysaccharide from *Sarcodia ceylonensis* [J] . Molecules, 2014, 19 (8): 10863-10876.

[16]   Hou G H, Chen X, Li J L, et al. Physicochemical properties, immunostimulatory activity of the *Lachnum* polysaccharide and polysaccharide-dipeptide conjugates[J]. Carbohydrate Polymers, 2019, 206: 446–454.

第八章

香加皮多糖保润性及热裂解产物分析

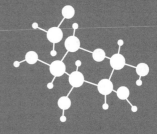

　　多糖具有多羟基结构，可以通过与水分子形成氢键而束缚大量水；此外，多糖的空间网状结构在烟丝表面形成保护膜也可以起到减少水分散失的作用，因此具有较好的保润效果。为此，研究者以植物或藻类为对象从中提取出多糖研究其保润性，例如柚皮多糖、铜藻多糖、灵芝多糖、香菇多糖等[1-4]。为了提高多糖极性，有研究者对多糖进行羧基化修饰进而提高多糖的保润效果[5,6]。

　　本章考察了香加皮多糖在不同湿度条件下的保湿性和吸湿性，利用热重仪分析其热稳定性，采用热裂解-气相色谱-质谱联用技术研究香加皮多糖的热裂解产物，并且利用香加皮多糖的多孔结构对香气物质进行吸附后再喷施到烟丝上研究其加香效果，以期为香加皮多糖在烟草保润和增香中的应用提供参考。

第一节　香加皮多糖烟草保润性分析

　　通过对烟丝正面和切面进行扫描电镜（图8-1）发现，烟丝和膨胀丝表面存在环形褶皱和不规则的突起，肉质饱满。烟丝切面和膨胀丝切面为皱褶状的多层纤维多孔结构，网层间有较大的空间，较大的网内结构不但为水分子提供了凝聚空间，也为保润剂的渗透和吸附提供了条件。烟丝主要通过3个方面与空气中的水分发生作用：烟丝上表面、下表面和切面。当烟丝宽度大于1.2mm时，上下表面面积占比较大，水分主要从上下表皮散失；而当烟丝宽度小于1.0mm时，由于切面的孔隙率较大，因此切面水分散失占主导。多糖之所以具有保湿性是因为多糖具有多羟基、羧基等极性基团，这些极性基团拥有较多氢键从而吸附水分；另一方面，多糖能够在烟丝表面形成网状或者膜状结构，阻碍水分子的逃逸，从而减少水分的散失[7]。

　　烟丝的保润性分为两个方面：一是低湿条件下烟丝保留水分的能力，保留水分的能力强则可以使烟丝在干燥条件下尽量保留水分，提高烟支的感官质量；二是高湿条件下烟丝吸收空气中水分的能力，高湿条件下吸收水分能力越弱说明烟丝越不容易发霉，降低损失。为研究香加皮多糖的保润性能，对添加多糖的烟丝及对照烟丝在低湿（相对湿度40%）（图8-2）和高湿（相对湿度70%）（图8-3）环境下考察其保湿性和吸湿性。

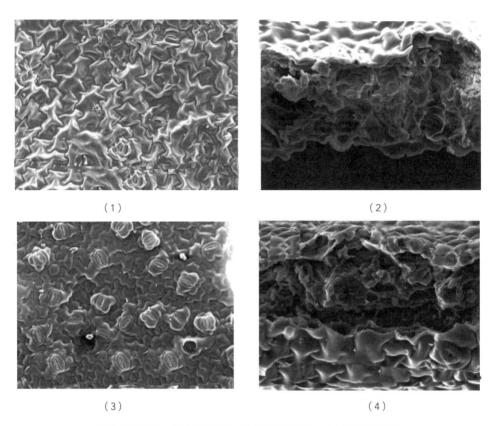

（1）烟丝表面 （2）烟丝切面 （3）膨胀丝表面 （4）膨胀丝切面

图8-1 不同烟丝原料的扫描电镜图

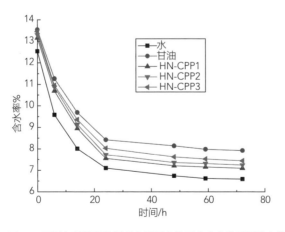

图8-2 不同条件处理的烟丝在低湿条件下含水率随时间的变化

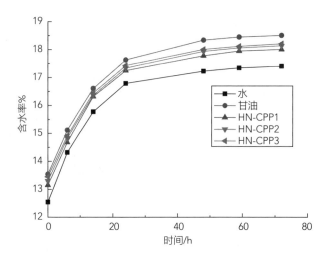

图8-3　不同条件处理的烟丝在高湿条件下含水率随时间的变化

1.前处理

将一定量烟丝放入培养皿，放置于温度22℃、相对湿度60%的恒温恒湿箱中，平衡水分48h。分别配置浓度为10g/L的香加皮多糖（NH-CPP1、NH-CPP2和NH-CPP3）和甘油溶液。称取3份平衡水分后的烟丝各10g，分别喷洒配制好的多糖溶液、甘油溶液及蒸馏水各1.0mL；喷施处理后的烟丝再放入温度22℃、湿度60%的恒温恒湿箱中，再平衡48h，以备用于保湿性试验和吸湿性试验。

2.保湿性试验

将上述处理后的烟丝每组3份，放入培养皿中（提前称量好培养皿质量，以便后续直接扣除），称量烟丝质量；随后置于22℃、相对湿度40%的恒温恒湿箱中，按时间点称量烟丝质量，至72h。然后将烟丝放入105℃的烘箱中，加热至样品质量恒定，干燥器中冷却至室温，称量得到干烟丝质量。按式（8-1）计算其含水率W_1。

$$W_1 = \frac{m_1 - m}{m} \times 100\% \qquad (8-1)$$

式中　m_1——某时间点烟丝样品的质量，g；

　　　m——烟丝样品的干质量，g。

3.吸湿性试验

按上述操作，放入温度22℃，相对湿度70%的恒温恒湿箱中，记录烟丝质量随时间的变化，根据式（8-1）计算其含水率W_2。

　　结果表明，低湿环境下，对照烟丝含水率下降速率快于喷施多糖和甘油处理，特别是在前24h内，烟丝含水率下降非常快，之后速率放慢并趋于稳定。喷施HN-CPP1、HN-CPP2和HN-CPP3处理后的烟丝在前24h内含水率下降也较快，但慢于对照样品而快于甘油处理后的样品。在58h之后各样品含水率趋于稳定，稳定后多糖保湿效果优于对照，但劣于甘油。

　　在高湿条件下，甘油处理后烟丝含水率增加速率明显高于喷施香加皮多糖的烟丝，在前24h内含水率上升非常快，之后逐渐趋于稳定。稳定后多糖处理的烟丝含水率低于甘油处理的烟丝，说明在防潮方面，HN-CPP1、HN-CPP2和HN-CPP3效果好于甘油。但多糖和甘油处理的样品吸湿速率也均大于对照样品。

　　甘油和丙二醇是卷烟中应用最广泛的两种保润剂，其保润效果较好但是在烟支燃烧时会生成不利于感官的杂气，因此烟草研究者在持续研究更好的替代品。根据已发表的文献报道，有的多糖与甘油或丙二醇相比在保湿性方面效果评价不一，或优[8,9]或劣[2,6,10]或无差异[3,7]，但均优于纯水对照。而在多糖的吸湿性方面，这些文献均认为多糖优于甘油[3,8]。也有研究者对多糖进行羧甲基化改性，进而增强多糖的极性，以便达到更好的保润性[2,5]。尽管在烟草保润方面多糖的保润效果与甘油或者丙二醇相比或优或劣，但在进行的感官评价方面则均显示添加多糖可以提高卷烟的香气量，使烟气更细腻，回甜感更明显，余味更干净，杂气有所减轻。

　　综上所述，香加皮多糖可以使卷烟在低湿条件下具有较慢的失水率，在高湿环境下具有较慢的吸水率，因此香加皮多糖具有一定的保润性和较好的防潮功能。

第二节　香加皮多糖热裂解产物分析

　　取适量干燥的多糖样品放入石英管中，用石英棉堵住两端，随后将石英管放入热裂解仪中，在氦气气氛中进行无氧裂解试验。热裂解和GC-MS条件如下[6]。

　　热裂解条件：起始温度为30℃，热裂解温度为300、600和900℃，升温速率为10℃/ms，升到目标温度后保持15s。

　　GC条件：色谱柱为HP-5MS 弹性石英毛细管柱（60m×0.25mm×0.25μm）、进样口温度为280℃、进样量为1μL、分流比为50∶1、载气为氦气，升温程序为起始温度40℃保持2min，以4℃/min升至220℃，保持5min，再以10℃/min升温至280℃，保持

15min，传输线温度为280℃。

MS条件：电离方式为电子电离（EI）、电子能量为70eV、电子倍增器电压为1600V、质量扫描范围为50~550u、离子源温度为230℃、四极杆温度为150℃。利用NIST 11标准谱库检索，以匹配度≥80%者定性，使用峰面积归一化法计算各化合物的相对质量分数。

根据卷烟燃烧时的温度分布差异和不同温度区域内所发生的反应不同，一般把燃烧着的烟支分为3个主要的反应区（图8-4）：①燃烧锥所在的高温燃烧区，该区温度一般为700~900℃，甚至可高于1000℃，由于燃烧锥密度较高，周围被高温碳化有机物包围，因此该区域内的有机物在缺氧高温环境下发生着热解、聚合、氧化等多种化学反应；②燃烧锥底部的热解区，该区温度一般为400~700℃，该区域一般发生着有氧氧化、热解等反应；③靠近燃烧锥底部的蒸馏区，该区温度一般在100~400℃，该区域内一般发生低沸点物质的挥发和有机物的分解等[12,13]。在多糖热裂解时设定不同的温度在一定程度上可以模拟多糖在烟支中的燃烧过程。根据多糖的热重分析并参考相关文献，选取烟支燃烧过程中有代表性的300、600和900℃进行研究，分别代表挥发性物质开始进入烟气、烟支开始燃烧和烟支燃烧时的温度[13-15]。

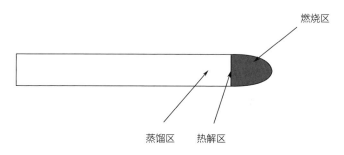

图8-4　烟支燃烧示意图

图8-5~图8-7为HN-CPP1、HN-CPP2和HN-CPP3分别在300、600和900℃的热裂解产物GC-MS总离子流图。

根据香加皮多糖HN-CPP1的热裂解图和裂解产物可知，在300℃时，由于温度较低，HN-CPP1稳定性较好，没有发生明显的裂解，因此裂解产物很少。在此温度下，识别出的化合物仅有7种，主要为5-甲基糠醛、丙醛和糠醛等，其中以5-甲基糠醛含量为最高，达到15.23%。在600℃时，热裂解产物明显增多，共识别出23种化合物，含量较高的主要是糠醛、1,4:3,6-脱氢-α-右旋葡萄糖、2,4,5-三羟基嘧啶、麦芽醇、2-甲基-1,3-环戊二酮、5-甲基糠醛、棕榈酸等，其中含量最高的前三种物质含量分别达到23.44%、

15.53%和11.41%。在900℃时，热裂解产物更多也更复杂，共识别出36种化合物，含量较高的主要有糠醛、1,4:3,6-脱氢-α-右旋葡萄糖、角鲨烯、苯酚、苯乙烯、5-甲基糠醛、2-甲基-1,3-环戊二酮、3-羟基-2-甲基-2-环戊烯-1-酮等，其中含量最高的前三种物质含量分别达到13.68%、7.56%和4.56%。

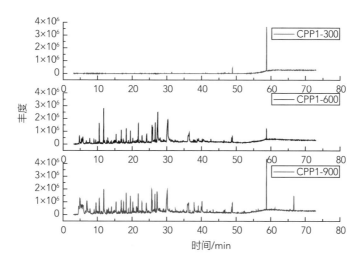

图8-5 HN-CPP1在300、600和900℃的热裂解产物GC-MS总离子流图

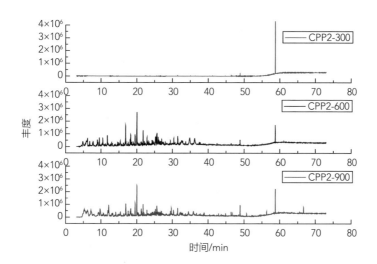

图8-6 NH-CPP2在300、600和900℃的热裂解产物GC-MS总离子流图

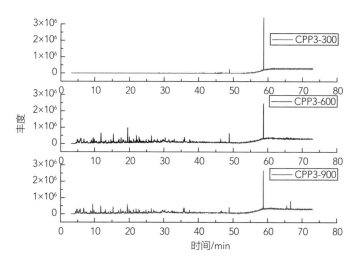

图8-7　NH-CPP3在300、600和900℃的热裂解产物GC-MS总离子流图

从分析鉴定结果来看，香加皮多糖的热裂解产物主要可以分为四大类。

（1）杂环类物质　主要有吡啶、吡咯、吲哚等化合物，如3-甲基吡咯、2-甲基吡啶等。这类物质可能是葡萄糖残基、半乳糖残基分解的产物[14]。这些杂环类物质一般具有焦香、焦甜香味，卷烟中常添加的美拉德反应产物同属此类物质。此类物质阈值较低，可以提高卷烟香气量，且烟草和烟气中本身就含有大量此类物质，因此与烟气协调性较好[16-19]。

（2）酮类、醛类、酯类、烯类和酸类物质　如糠醛、5-甲基糠醛、2-甲基环戊烯-1-酮、苯乙烯、3-羟基-2-甲基-2-环戊烯-1-酮、苯乙酸苯乙酯、棕榈酸、硬脂酸等。酮类、醛类、烯类和酯类物质一般具有甜香、果香香味，在卷烟中具有醇和烟气的作用；羧酸类物质可以调节卷烟烟气pH，减少卷烟刺激性。这类物质也是烟草和烟气中常见的成分，对丰富卷烟香气起到积极的作用[20]。

（3）酚类物质　酚类化合物可以产生酚香和药草香气，也是烟草和烟气中的常见物质，如苯酚、邻甲酚、对甲苯酚、对乙基苯酚等。

（4）苯类物质　在高温燃烧区由于处于缺氧状态，有机物无法直接燃烧而发生聚合反应以及自由基反应，形成苯及同系物、稠环化合物等，如苯、甲苯、联苯、2-甲基苯并呋喃、萘等。

与HN-CPP1热裂解产物类似，HN-CPP2和HN-CPP3在300℃下热裂解产物很少，均只识别出6种。在600℃时分别识别出30种和29种，900℃下分别识别出31种和33种。从3个多糖的热裂解产物可以看出，总体上300℃时热裂解产物最少，这是因为多糖类物质在这个温度以下稳定性较好。在600℃和900℃下裂解产物较多，均以糠醛、5-甲基糠醛、2-甲基-1,3-环戊二酮、苯乙酸苯乙酯、2-甲基呋喃等含量较高，与文献报道的其他多糖的热裂解产物基本一致，这是糖类物质热裂解产物的特征物质。不同温度下香加皮多糖HN-CPP1、HN-CPP2和HN-CPP3的热裂解产物见表8-1。

表8-1 不同温度下香加皮多糖HN-CPP1、HN-CPP2和HN-CPP3的热裂解产物

编号	保留时间/min	化合物	CPP1/%			CPP2/%			CPP3/%		
			300℃	600℃	900℃	300℃	600℃	900℃	300℃	600℃	900℃
1	5.80	3-甲基呋喃	—	3.55	—	—	2.74	—	—	—	1.17
2	6.60	1,4-环己二烯	—	—	2.86	—	—	1.58	—	—	0.89
3	7.78	2,5-二甲基呋喃	—	2.19	—	—	—	—	—	—	—
4	8.75	3-甲基-1H-吡咯	—	—	—	—	1.25	—	—	—	—
5	8.98	3-甲基呋喃	—	1.71	—	—	—	—	—	—	—
6	9.49	3-戊酮	—	1.54	—	—	—	—	—	—	—
7	9.61	甲苯	—	—	1.48	—	1.51	2.80	—	1.94	2.28
8	9.96	丙醛	3.24	—	2.05	2.38	—	—	2.57	4.56	2.96
9	11.30	2-甲基吡啶	—	—	—	—	1.28	—	—	—	—
10	11.74	3-糠醛	3.25	23.44	13.68	10.23	10.42	6.98	12.27	6.40	3.75
11	11.77	3-甲基呋喃	—	—	—	—	—	—	—	—	4.10
12	11.82	1-甲基-1H-吡唑	—	—	—	—	—	—	—	6.88	—
13	11.97	3-甲基吡咯	—	0.67	0.89	—	0.77	0.88	—	1.00	0.72
14	12.90	乙苯	—	—	1.19	—	0.94	—	—	—	0.96
15	12.99	2-丙基呋喃	—	3.00	1.42	—	—	—	—	—	—
16	13.20	间二甲苯	—	—	1.60	—	1.66	2.82	—	2.13	2.16
17	13.99	苯乙烯	—	1.11	2.66	—	1.38	—	—	1.70	1.55
18	14.59	2-甲基环戊烯-1-酮	—	—	—	—	2.13	—	—	2.45	1.58
19	14.77	2-乙酰基呋喃	0.33	1.48	0.98	—	1.47	—	—	1.15	0.83
20	15.71	2,5-二甲基吡啶	—	—	—	—	0.93	0.81	—	—	—
21	15.91	2-呋甲醚	—	—	—	—	—	—	—	0.95	0.58

续表

编号	保留时间/min	化合物	CPP1/%			CPP2/%			CPP3/%		
			300℃	600℃	900℃	300℃	600℃	900℃	300℃	600℃	900℃
22	16.86	5-甲基糠醛	15.23	5.37	2.96	2.58	13.32	9.97	3.66	1.66	—
23	16.97	3-甲基-2-环戊烯-1-酮	—	—	—	—	—	—	—	3.00	1.91
24	17.54	苯酚	—	—	3.30	—	2.63	2.92	—	4.18	3.82
25	18.18	2H-吡喃-二酮	—	0.65	—	—	—	—	—	—	—
26	19.45	3-羟基-2-甲基-2-环戊烯-1-酮	—	—	—	—	—	—	—	—	6.82
27	19.49	2-甲基-1,3-环戊二酮	1.35	2.48	3.27	1.33	1.38	1.29	0.79	9.71	8.32
28	19.50	3-羟基-2-甲基-2-环戊烯-1-酮	—	—	3.66	—	—	—	—	—	—
29	19.51	右旋柠檬烯	—	—	2.03	—	3.64	3.78	—	3.37	2.70
30	19.53	3-羟基-2-甲基-环戊烯酮	—	—	—	—	—	5.82	—	—	—
31	19.95	2,3-二甲基-2-环戊烯酮	—	0.69	—	—	—	—	—	—	—
32	20.21	对甲基苯乙炔	—	—	2.08	—	—	1.63	—	0.53	0.75
33	20.45	邻甲酚	—	0.76	1.42	—	1.36	1.70	—	1.82	1.49
34	21.04	2-甲酰基-1-苯基-乙酮	—	—	—	—	0.28	—	—	—	—
35	21.04	苯乙酮	—	—	—	—	—	0.65	—	—	0.44
36	21.28	对甲苯酚	—	1.04	2.03	—	2.92	2.89	—	4.15	—
37	21.41	2,5-二甲酰基呋喃	1.28	1.40	1.16	1.35	—	—	1.68	—	—
38	21.70	2-呋喃甲酰肼	—	3.52	1.72	—	—	—	—	—	—
39	21.81	2,4,5-三羟基嘧啶	—	11.41	—	—	3.69	2.04	—	—	—
40	22.71	2-甲基苯并呋喃	—	—	0.31	—	—	—	—	—	—
41	22.89	麦芽醇	—	5.06	—	—	2.17	1.44	—	1.62	1.06

续表

编号	保留时间/min	化合物	CPP1/%			CPP2/%			CPP3/%		
			300℃	600℃	900℃	300℃	600℃	900℃	300℃	600℃	900℃
42	22.98	2-甲基苯并噁唑	—	—	—	—	—	0.50	—	—	—
43	23.06	乙基环戊烯醇酮	—	—	—	—	—	—	—	2.20	1.38
44	24.05	3,4-二甲基苯酚	—	—	—	—	0.87	—	—	1.42	1.01
45	24.30	2-甲基茚	—	—	0.78	—	—	—	—	0.74	0.56
46	24.73	对乙基苯酚	—	—	—	—	—	—	—	—	0.54
47	25.20	3,5-二甲基苯酚	—	—	0.14	—	—	—	—	—	—
48	25.67	萘	—	—	2.33	—	—	—	—	—	0.79
49	26.64	1,4:3,6-脱氢-α-右旋葡萄糖	—	15.53	7.56	—	—	—	—	—	—
50	26.66	对甲基苯甲醛	—	—	—	—	—	0.49	—	0.44	—
51	27.01	3-甲氧基苯酚	—	—	—	—	2.22	2.49	—	—	—
52	28.10	苯乙酸苯乙酯	2.74	1.22	—	2.78	1.30	—	3.21	1.66	—
53	29.13	1-茚酮	—	—	0.51	—	0.63	0.45	—	0.80	0.57
54	29.18	正癸醇	—	—	—	—	—	0.54	—	—	—
55	29.53	吲哚	—	—	—	—	0.61	1.22	—	1.39	1.08
56	29.66	2-甲基萘	—	—	1.12	—	—	0.53	—	—	—
57	30.17	4-羟基-3-甲基苯乙酮	—	—	—	—	0.68	0.48	—	0.51	—
58	32.49	联苯	—	—	—	—	—	0.49	—	—	0.97
59	32.54	1-十一烷醇	—	—	—	—	—	0.77	—	—	—
60	32.68	3-甲基吲哚	—	—	—	—	0.80	0.93	—	1.11	0.99
61	33.14	月桂醛	—	—	—	—	—	—	—	1.26	—
62	34.90	苊烯	—	—	0.51	—	—	0.24	—	—	—
63	35.71	十一醇	—	—	0.69	—	—	—	—	—	—
64	37.82	月桂酸	—	—	—	—	1.60	—	—	—	—
65	38.72	月桂醇	—	—	—	—	—	0.97	—	—	—

续表

编号	保留时间/min	化合物	CPP1/%			CPP2/%			CPP3/%		
			300℃	600℃	900℃	300℃	600℃	900℃	300℃	600℃	900℃
66	38.99	1H-迫苯并萘	—	—	0.20	—	—	—	—	—	—
67	43.41	肉豆蔻酸	—	—	0.82	—	—	—	—	—	—
68	44.58	9-亚甲基-9H-芴	—	—	0.29	—	—	—	—	—	—
69	46.53	棕榈醇	—	—	0.63	—	—	—	—	—	—
70	48.66	棕榈酸	—	2.66	—	—	—	—	—	—	—
71	50.60	6-苄基喹啉	—	—	0.29	—	—	—	—	—	—
72	52.41	月桂醇	—	—	0.66	—	—	—	—	—	—
73	58.41	维生素E	—	0.89	—	—	0.50	—	—	—	—
74	66.67	角鲨烯	—	—	4.56	—	—	6.72	—	—	12.63

第三节　香加皮多糖吸附香气物质的热裂解产物分析

非接触式吸附：取适量多糖样品与乙酸苯乙酯不直接接触一同放入密闭的玻璃瓶中，在50℃烘箱中加热48h，让多糖样品充分吸收挥发的乙酸苯乙酯。吸附结束后将多糖样品放入50℃烘箱中再烘2h，放入试管中备用，处理后的样品分别标记为FX-CPP1、FX-CPP2和FX-CPP3。

接触式吸附：取适量多糖样品与乙酸苯乙酯混合，振荡器中振荡2h，离心，倒出上清液，固体放入在50℃烘箱中加热48h，使表面的乙酸苯乙酯充分挥发。样品放入试管中备用，处理后的样品分别标记为JX-CPP1、JX-CPP2和JX-CPP3。

对上述2组多糖样品本章第二节进行热裂解测试。

文献中常见的多糖是片状、块状、丝状或者树皮状[21-24]，香加皮多糖呈现颗粒或块状，颗粒较小，具有较大的比表面积。因此可以利用香加皮多糖的这种特殊结构吸附香气物质，在对烟草保润的同时进行增香。乙酸苯乙酯常用作GC-MS法分析烟草香气物质的内标，因此选作香气物质进行吸附。目前还没见到关于多糖吸附香气物质的公开报道文献。之所以没有考察其吸附量试验，是因为还没有成熟的检测方法进行定量检测。

本研究采用两种吸附方式：非接触式吸附和接触式吸附。非接触式吸附是在多糖样品与乙酸苯乙酯不接触的情况下一起放入密闭环境中，加热使乙酸苯乙酯挥发从而被多糖吸附，然后取出多糖样品放入50℃烘箱中烘2h以使多糖表面的香气物质挥发，得到吸附香气物质后的多糖样品，分别标为FX-CPP1、FX-CPP2和FX-CPP3。接触式吸附是将多糖样品与乙酸苯乙酯混合，倒出上清液，固体放入50℃烘箱中加热烘干48h，使表面的乙酸苯乙酯充分挥发，得到处理后的香加皮多糖样品，分别标为JX-CPP1、JX-CPP2和JX-CPP3，再对吸附香气物质后的多糖进行热裂解产物分析。

一、香加皮多糖非接触式吸附香气物质的热裂解产物分析

图8-8~图8-10是FX-CPP1、FX-CPP2和FX-CPP3样品分别在300、600和900℃热裂解产物的GC-MS总离子流图。由图8-8可知，FX-CPP1在28~29min有一个很大的吸收峰，这是被吸附的乙酸苯乙酯。在600℃和900℃的14min左右有1个明显的吸收峰，这是乙酸苯乙酯的裂解产物苯乙烯。乙酸苯乙酯峰面积非常大，说明香加皮多糖的吸附量较大。尽管在热裂解之前已经过50℃烘2h以促进表面乙酸苯乙酯的挥发，但香加皮多糖对乙酸苯乙酯吸附量还是非常大。由于乙酸苯乙酯面积太大，不再单独计算其相对含量，而是计算其他物质的相对含量时剔除乙酸苯乙酯。

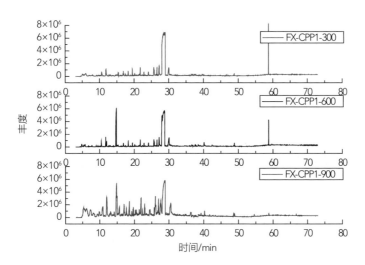

图8-8　香加皮多糖FX-CPP1样品在300、600和900℃的热裂解产物GC-MS总离子流图

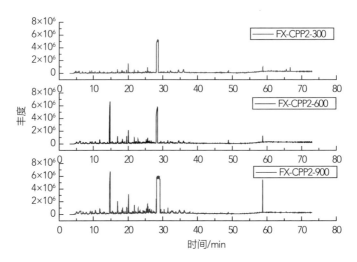

图8-9　香加皮多糖FX-CPP2样品在300、600和900℃的热裂解产物
GC-MS总离子流图

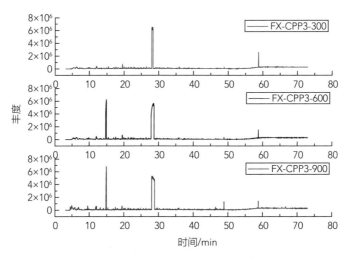

图8-10　香加皮多糖FX-CPP3样品在300、600和900℃的热裂解产物
GC-MS总离子流图

　　将图8-8与图8-5对比可以看出，吸附乙酸苯乙酯的多糖样品在300℃的热裂解产物有明显增加，不仅是峰的数量，在离子丰度上也有显著增强。FX-CPP1与HN-CPP1相比，300℃时测得的产物由7种增加到19种，种类和含量增加的主要有酯类、烯类、酮类、呋喃类、酸类等，如乙酸苯乙酯、苯乙烯、2-乙酰基呋喃、右旋柠檬烯、2,3-二甲基-2-环戊烯酮、1-茚酮、月桂酸等。之所以增加如此多的裂解产物，是因为乙酸苯乙酯挥发及相关裂解产物增加较多。600℃时热裂解产物由23种增加到39种，种类和含量增

加的主要有酯类、烯类、酸类、呋喃类等，如乙酸苯乙酯、右旋柠檬烯、2,5-二甲酰基呋喃、角鲨烯等。900℃时热裂解产物由36种增加到50种，种类和含量增加的主要有酯类、烯类、酮类、呋喃类和苯系物质等，如乙酸苯乙酯、2(5H)-呋喃酮、3-羟基-2-甲基-环戊烯酮、2-甲酚、对甲基苯乙酮、2-甲基-3,5-二羟基吡喃酮等。

FX-CPP2与HN-CPP2相比，在300、600和900℃时的热裂解产物由6、30、31种分别增加到27、34、41种；FX-CPP3与HN-CPP3相比，在300、600和900℃时的热裂解产物由6、29、32种分别增加到26、37、51种，较原来热裂解产物种类有明显增加。不同温度下FX-CPP1、FX-CPP2和FX-CPP3样品的热裂解产物见表8-2。

表8-2 不同温度下FX-CPP1、FX-CPP2和FX-CPP3样品的热裂解产物

编号	时间/min	化合物	FX-CPP1/%			FX-CPP2/%			FX-CPP3/%		
			300℃	600℃	900℃	300℃	600℃	900℃	300℃	600℃	900℃
1	5.77	3-甲基呋喃	—	3.08	—	2.85	—	1.86	—	—	—
2	6.56	1,4-环己二烯	—	—	—	0.67	1.08	—	—	—	3.95
3	8.97	3-甲基呋喃	—	1.46	—	—	—	2.64	—	—	—
4	9.64	甲苯	1.05	—	—	4.27	5.81	5.96	7.64	7.72	9.11
5	9.92	丙醛	—	—	—	—	—	1.49	6.27	—	2.47
6	11.75	3-糠醛	17.53	17.32	—	8.11	2.35	6.21	—	—	3.86
7	11.82	1-甲基-1H-吡唑	—	—	—	—	—	—	—	—	3.23
8	11.97	3-甲基吡咯	—	0.79	—	—	—	1.50	—	—	—
9	12.32	2-甲基-1H吡咯	—	—	—	—	—	0.56	—	—	0.42
10	12.89	乙苯	—	—	1.94	—	—	0.87	—	—	1.46
11	12.95	2-正丙基呋喃	—	2.36	—	2.80	—	—	—	—	—
12	13.25	间二甲苯	0.58	0.71	—	1.22	1.77	1.71	2.86	3.20	4.33

续表

编号	时间/min	化合物	FX-CPP1/%			FX-CPP2/%			FX-CPP3/%		
			300℃	600℃	900℃	300℃	600℃	900℃	300℃	600℃	900℃
13	14.06	苯基琥珀酸	—	—	—	0.94	—	—	—	4.25	—
14	14.07	2-甲基-苄醇乙酰酯	0.71	1.01	5.41	—	3.14	1.51	3.23	—	2.72
15	14.65	2-甲基环戊烯-1-酮	—	—	—	1.54	2.08	—	—	4.09	1.20
16	14.77	2-乙酰基呋喃	1.44	1.19	—	1.04	—	0.95	—	—	—
17	14.92	5-甲基呋喃醛	—	—	—	1.71	2.34	1.75	—	—	—
18	14.94	2-戊酰呋喃	—	—	3.20	—	—	—	—	—	—
19	15.21	2(5H)-呋喃酮	2.75	—	5.22	—	—	—	—	—	—
20	15.73	2,5-二甲基吡啶	—	—	—	0.48	—	—	—	—	—
21	16.83	1-甲基乙基苯	—	—	—	—	—	—	—	—	1.32
22	16.90	5-甲基糠醛	4.81	4.15	9.66	11.80	12.74	7.85	2.47	2.10	1.20
23	17.03	3-甲基-2-环戊烯-1-酮	—	—	—	—	—	—	4.16	4.57	1.42
24	17.10	1,2,4-三甲基苯	—	—	—	—	—	—	—	—	0.54
25	17.51	苯酚	—	—	—	—	—	—	—	5.62	4.39
26	17.72	3-甲基-3-苯基氮杂环丁烷	—	—	0.64	—	—	—	—	—	—
27	17.79	苯甲腈	—	—	—	—	—	—	—	—	0.36

续表

编号	时间/min	化合物	FX-CPP1/%			FX-CPP2/%			FX-CPP3/%		
			300℃	600℃	900℃	300℃	600℃	900℃	300℃	600℃	900℃
28	19.45	3-羟基-2-甲基-环戊烯酮	—	—	10.27	7.18	9.73	5.38	—	—	4.81
29	19.46	2-甲基-1,3-环戊二酮	—	4.96	—	—	—	—	—	—	—
30	19.50	右旋柠檬烯	2.63	3.26	—	2.98	5.78	5.51	5.98	7.25	3.54
31	19.51	2-甲基-1,3-环戊二酮	—	—	—	—	—	—	—	10.87	—
32	19.97	2,3-二甲基-2-环戊烯酮	5.94	—	—	—	—	—	2.71	3.13	—
33	20.23	茚	—	—	—	—	—	—	—	—	1.69
34	20.25	对甲基苯乙炔	—	—	2.89	—	—	—	0.68	0.75	—
35	20.47	2-甲酚	0.81	0.80	2.87	0.84	1.22	0.78	2.37	2.68	1.73
36	20.60	2,4-二甲基环戊二酮	—	—	—	—	—	—	1.23	1.31	—
37	21.05	N-苄氧-2,2-反（三氟甲基）氮丙烷	—	—	—	—	—	—	—	—	0.35
38	21.07	2-甲酰基-1-苯基-乙酮	—	—	—	—	—	—	—	0.52	—
39	21.26	对甲基苯酚	1.05	0.88	3.56	1.86	2.36	2.08	4.52	5.00	—
40	21.56	2,5-二甲酰基呋喃	1.46	—	2.89	—	—	—	—	—	—

续表

编号	时间/min	化合物	FX-CPP1/%			FX-CPP2/%			FX-CPP3/%		
			300℃	600℃	900℃	300℃	600℃	900℃	300℃	600℃	900℃
41	21.74	2,4,5-三叔丁基苯酚	—	10.17	—	8.09	8.33	5.85	—	—	—
42	21.83	1-十一醇	—	—	—	—	—	—	1.28	—	0.72
43	22.63	2,6-二甲基苯酚	—	—	0.44	—	—	—	—	—	—
44	22.75	2-甲基苯并呋喃	—	—	0.73	—	—	—	—	—	—
45	22.85	麦芽醇	4.36	3.80	6.16	4.59	—	6.03	3.59	3.24	—
46	22.89	苯乙醇	—	—	—	1.20	—	—	—	—	—
47	23.05	乙基环戊烯醇酮	—	—	—	—	—	—	2.59	2.58	1.35
48	24.06	3,4-二甲基苯酚	—	—	1.12	0.68	—	—	1.59	1.86	0.83
49	24.30	2-甲基茚	—	—	1.79	—	—	—	—	0.96	0.82
50	24.55	3-甲基茚	—	—	1.01	—	—	—	0.91	—	0.58
51	24.81	3,5-二甲基苯酚	—	—	—	—	—	—	—	1.04	0.88
52	25.18	对甲基苯乙酮	—	—	0.28	—	—	—	—	—	—
53	25.58	2-（N-甲基-N-乙胺基）苯酚	—	—	—	—	5.33	—	—	—	—
54	25.71	萘	—	—	4.41	—	—	—	—	—	1.22
55	26.06	2-甲基-3,5-二羟基吡喃酮	—	—	14.40	—	—	—	—	—	—
56	26.58	1,4:3,6-脱氢-α-右旋葡萄糖	11.34	12.71	—	—	—	—	—	—	—

续表

编号	时间/ min	化合物	FX-CPP1/%			FX-CPP2/%			FX-CPP3/%		
			300 ℃	600 ℃	900 ℃	300 ℃	600 ℃	900 ℃	300 ℃	600 ℃	900 ℃
57	26.64	对甲基苯甲醛	—	—	—	—	—	—	—	—	0.29
58	28.11	苯乙酸苯乙酯	1.12	—	—	—	—	—	—	—	—
59	28.15	丁酸苯乙酯	—	—	2.16	—	—	—	—	—	—
60	29.00	2-乙酰间苯二酚	—	—	0.93	—	—	—	—	—	—
61	29.13	1-茚酮	0.38	0.26	0.95	0.46	0.52	—	0.98	0.94	0.58
62	29.17	正癸醇	—	—	—	—	—	—	0.95	—	0.50
63	29.52	吲哚	—	—	—	0.33	—	0.49	2.22	1.66	1.77
64	29.68	2-甲基萘	—	—	1.30	—	—	—	—	—	—
65	29.93	5-乙酰氧甲基-2-糠醛	—	—	0.85	—	—	—	—	—	—
66	30.29	1-亚乙基-1*H*-茚	—	—	1.10	—	—	—	—	—	0.56
67	30.74	2,4-二羟基-6-甲基苯甲醛	—	—	—	0.31	—	—	—	—	—
68	30.86	2,5-二甲酰基呋喃	—	0.27	—	—	—	—	—	—	—
69	32.49	联苯	—	—	0.41	—	—	—	—	—	0.43
70	33.13	月桂醛	—	—	—	—	—	—	1.59	1.17	—
71	34.91	范烯	—	—	0.96	—	—	—	—	—	—
72	35.70	月桂醇	—	—	—	0.58	0.56	—	1.69	—	—
73	35.97	1,6-脱氢-β-右旋葡萄糖	—	—	—	—	10.38	—	—	—	—
74	37.84	月桂酸	1.24	—	—	1.86	1.71	1.28	—	—	—
75	38.69	1-十一醇	—	—	—	—	—	—	1.32	—	0.74

续表

编号	时间/min	化合物	FX-CPP1/%			FX-CPP2/%			FX-CPP3/%		
			300℃	600℃	900℃	300℃	600℃	900℃	300℃	600℃	900℃
76	38.71	正癸醇	0.44	—	—	—	—	0.67	—	—	—
77	44.58	9-亚甲基-9H-芴	—	—	0.29	—	—	—	—	—	—
78	48.65	棕榈酸	—	2.40	3.70	—	—	—	—	—	—
79	52.38	月桂醇	—	—	—	—	0.87	—	—	1.40	0.76
80	55.86	2-（苯基硫）喹啉	—	0.52	—	—	—	—	—	—	—
81	66.67	角鲨烯	—	0.45	—	—	—	11.85	—	—	—

　　综上可以看出，通过对多糖吸附香气物质进行热裂解分析表明，香加皮多糖可以增加香气物质的种类和含量，裂解产物主要是酯类、烯类、酮类和呋喃类等，在300℃时香气物质的增加更为明显，而这个温度点正处于烟支燃烧时的蒸馏区，非常有利于香气物质转移到卷烟主流烟气中，提升卷烟香气的质和量。

二、香加皮多糖接触式吸附香气物质的热裂解产物分析

　　图8-11~图8-13所示为JX-CPP1、JX-CPP2和JX-CPP3样品分别在300、600和900℃的热裂解产物气相色谱-质谱（GC-MS）总离子流图。如图8-11所示，在28~31min有一个非常宽的乙酸苯乙酯吸收峰。乙酸苯乙酯峰面积非常大，说明香加皮多糖的吸附量非常大，远多于非接触式的吸附量。尽管在热裂解之前已经50℃烘48h，但香加皮多糖对乙酸苯乙酯吸附量还是非常大。由于乙酸苯乙酯峰面积过大，在计算其他物质的相对含量时应剔除乙酸苯乙酯。在600℃和900℃热裂解产物图的14~16min处是苯乙烯的吸收峰，而在300℃时该峰并不明显，说明乙酸苯乙酯在300℃下热裂解较少，与非接触式吸附下的多糖裂解规律类似。

　　图8-11与图8-5对比可以看出，吸附乙酸苯乙酯后的多糖在300℃的裂解产物有明显增加，不仅是峰数量，在离子丰度上也有显著增加。JX-CPP1与HN-CPP1相比，300℃时热裂解产物由7种增加为18种，种类和含量增加的主要有酯类、烯类、酮类、呋喃类、酸类和醇类等，如乙酸苯乙酯、2（5H）-呋喃酮、右旋柠檬烯、2-甲基-1,3-环戊二

酮、麦芽醇、月桂酸、正癸醇等。600℃时热裂解产物由23种增加为42种，种类和含量增加的主要有酯类、烯类、酸类、杂环类等，如乙酸苯乙酯、苯乙烯、1,4-环己二烯、2-甲基-1H-吡咯、5-乙酰氧甲基-2-糠醛、月桂醛、月桂酸、2-戊酰呋喃等。900℃时热裂解产物由36种增加为45种，种类和含量增加的主要有酯类、酮类、呋喃类和苯系物质等，如乙酸苯乙酯、苯乙烯、3-甲基呋喃、2-甲基-1H-吡咯、2-戊酰呋喃、2,3-二甲基-2-环戊烯酮、麦芽醇、3,4-二甲基苯酚、3,5-二甲基苯酚等。

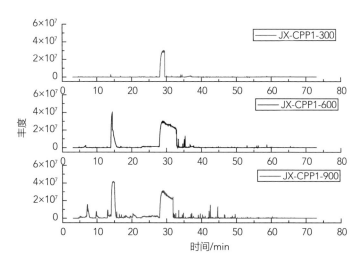

图8-11 JX-CPP1样品在300、600和900℃的热裂解产物GC-MS总离子流图

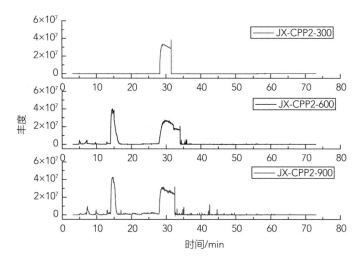

图8-12 JX-CPP2样品在300、600和900℃的热裂解产物GC-MS总离子流图

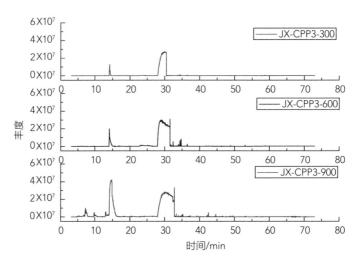

图8-13　JX-CPP3样品在300、600和900℃的热裂解产物GC-MS
总离子流图

JX-CPP2与HN-CPP2相比，在300、600和900℃时的热裂解产物由6、30、31种分别
增加为25、38、42种；JX-CPP3与HN-CPP3相比，在300、600和900℃时的热裂解产物
由6、29、32种分别增加为25、42、48种。不同温度下JX-CPP1、JX-CPP2和JX-CPP3样
品的热裂解产物见表8-3。

表8-3　不同温度下JX-CPP1、JX-CPP2和JX-CPP3样品的热裂解产物

编号	时间/min	化合物	JX-CPP1			JX-CPP2			JX-CPP3		
			300℃	600℃	900℃	300℃	600℃	900℃	300℃	600℃	900℃
1	5.79	3-甲基呋喃	—	2.89	—	2.81	—	1.97	—	1.12	—
2	6.54	1,4-环己二烯	—	0.35	—	0.66	1.11	—	—	—	4.23
3	8.97	3-甲基呋喃	—	1.37	1.35	—	0.28	2.8	—	0.68	0.54
4	9.61	甲苯	1.00	—	—	4.21	5.99	4.31	7.33	7.87	9.75
5	9.95	丙醛	—	—	—	—	—	1.57	6.02	—	2.65
6	11.74	3-糠醛	16.65	16.25	3.3	7.99	2.42	6.58	2.16	3.3	4.13
7	11.83	1-甲基-1H-吡唑	—	—	1.28	—	—	2.39	—	0.24	3.46
8	11.97	3-甲基吡咯	—	0.74	0.59	—	1.05	1.59	—	0.9	1.09
9	12.34	2-甲基-1H-吡咯	—	0.27	0.39	—	0.46	0.59	—	0.22	0.45

续表

编号	时间/min	化合物	JX-CPP1			JX-CPP2			JX-CPP3		
			300℃	600℃	900℃	300℃	600℃	900℃	300℃	600℃	900℃
10	12.92	乙苯	—	—	1.98	—	—	0.92	—	—	1.56
11	12.94	2-正丙基呋喃	—	2.21	—	2.76	—	—	—	—	—
12	13.29	间二甲苯	—	0.67	—	—	1.83	1.81	2.74	3.26	4.63
13	14.10	苯基琥珀酸				0.92				4.34	
14	14.08	2-甲基-苄醇乙酰酯	0.67	0.95	5.52	—	3.24	1.6	3.1	—	2.91
15	14.65	2-甲基环戊烯-1-酮	—	1.16	1.07	1.52	2.14	1.29	—	4.17	1.29
16	14.74	2-乙酰基呋喃	1.37	1.12	—	1.02	—	1.01	—	—	—
17	14.93	5-甲基呋喃醛	—	0.83	1.04	1.69	2.41	1.16	—	1.31	1.12
18	14.96	2-戊酰呋喃	—	1.25	3.26						
19	15.25	2(5H)-呋喃酮	2.61	—	2.38						
20	15.78	2,5-二甲基吡啶	—	0.23	0.24	0.47	0.35	0.61	—	0.63	0.22
21	16.86	1-甲基乙基苯	—	—	—	—	—	—	—	—	1.41
22	16.85	5-甲基糠醛	4.57	3.89	9.86	11.63	13.12	4.32	2.37	2.14	1.29
23	17.08	3-甲基-2-环戊烯-1-酮	—	3.05	4.34	—	3.69	4.41	4	4.66	1.51
24	17.50	苯酚	—	—	2.58	—	—	2.73	—	3.35	4.69
25	19.46	3-羟基-2-甲基-环戊烯酮	—	3.05	6.48	7.08	10.02	5.7	—	2.38	5.14
26	19.46	2-甲基-1,3-环戊二酮	—	4.65	2.4	—	3.42	2.73	—	3.61	3.51
27	19.52	右旋柠檬烯	2.5	3.06	—	2.94	5.95	5.84	5.74	7.39	3.79
28	19.55	2-甲基-1,3-环戊二酮	5.64	4.08	8.72	6.29	8.81	7.66	5.97	11.09	9.03
29	19.99	2,3-二甲基-2-环戊烯酮	—	2.23	2.05	—	1.39	2.61	2.6	3.19	1.44
30	20.22	对甲基苯乙炔	—	—	2.95	—	—	—	0.65	0.77	—
31	20.49	2-甲酚	—	0.75	2.93	—	1.26	0.83	2.28	2.73	1.85

续表

编号	时间/min	化合物	JX-CPP1			JX-CPP2			JX-CPP3		
			300℃	600℃	900℃	300℃	600℃	900℃	300℃	600℃	900℃
32	20.65	2,4-二甲基环戊二酮	—	0.95	1.41	—	1.08	1.31	1.18	1.34	1.31
33	21.01	2-甲酰基-1-苯基-乙酮	—	0.32	0.28	—	0.67	0.29	—	0.53	0.45
34	21.24	对甲基苯酚	1	0.83	3.63	1.83	2.43	2.21	4.34	—	1.38
35	21.58	2,5-二甲酰基呋喃	1.39	1.33	2.95	—	1.28			1.23	1.04
36	21.71	2,4,5-三叔丁基苯酚	—	9.54	—	7.97	8.58	6.2	—		
37	22.71	2-甲基苯并呋喃	—	0.61	0.75	—	0.74	0.93	—	0.55	1.06
38	22.86	麦芽醇	4.14	3.56	3.28	4.52	—	6.4	3.45	3.31	—
39	22.86	苯乙醇	—	—	—	1.18	—	—	—	—	—
40	23.08	乙基环戊烯醇酮	—	1.17	1.71	—	1.73	1.66	2.49	2.64	1.45
41	24.09	3,4-二甲基苯酚	—		1.14	0.67	—	—	1.53	1.89	0.89
42	24.32	2-甲基茚	—		1.83	—				0.98	0.88
43	24.84	3,5-二甲基苯酚	—		0.8	—		0.58		1.06	0.95
44	25.22	对甲基苯乙酮	—	0.23	0.28	—	0.33	0.27	—	0.35	0.35
45	25.63	2-(N-甲基-N-乙胺基)苯酚	—		0.57	—	0.29	0.93	—		0.47
46	25.74	萘	—		1.49	—		1.35	—		0.78
47	26.63	1,4:3,6-脱氢-α-右旋葡萄糖	10.78	8.32	—	—	—	—	—	—	—
48	28.15	苯乙酸苯乙酯	1.06	1.29	1.35	1.09	1.59	1.3	1.32	1.12	2.08
49	28.21	丁酸苯乙酯	—	—	2.2	—					
50	29.12	1-茚酮	0.36	0.24	0.97	0.45	0.53	—	0.94	0.96	0.62

续表

编号	时间/min	化合物	JX-CPP1			JX-CPP2			JX-CPP3		
			300℃	600℃	900℃	300℃	600℃	900℃	300℃	600℃	900℃
51	29.17	正癸醇	—	—	—	—	—	—	0.91	—	0.53
52	29.48	吲哚	—	—	0.25	—	—	0.52	2.13	1.69	1.9
53	29.78	5-乙酰氧甲基-2-糠醛	—	0.55	0.87	—	0.58	—	—	0.64	—
54	30.88	2,4-二羟基-6-甲基苯甲醛	0.23	—	—	0.3	—	—	—	—	—
55	30.91	2,5-二甲酰基呋喃	—	0.26	0.35	—	0.28	0.35	—	0.24	0.45
56	32.55	联苯	—	—	0.42	—	—	—	—	—	0.46
57	33.24	月桂醛	—	0.26	0.36	—	0.38	0.25	1.53	1.19	0.62
58	34.85	苊烯	—	—	0.98	—	—	—	—	—	—
59	35.75	月桂醇	—	—	—	0.57	0.57	—	1.62	—	—
60	37.89	月桂酸	1.18	1.17	—	1.83	1.76	1.36	—	1.38	1.29
61	38.76	1-十一醇	—	—	—	—	—	—	1.27	—	0.8
62	38.83	正癸醇	0.42	—	—	—	—	0.71	—	—	—
63	48.73	棕榈酸	—	2.25	3.77	—	2.42	1.52	—	1.26	2.55
64	52.25	月桂醇	—	—	—	—	0.9	—	—	1.43	0.81
65	55.64	2-(苯基硫)喹啉	—	0.49	—	—	—	—	—	—	—
66	66.72	角鲨烯	—	0.42	—	—	0.57	—	0.23	—	—

综上可以看出，香加皮多糖吸附乙酸苯乙酯后在各温度下的热裂解产物主要是酯类、烯类、酸类、酮类和杂环类等，这些物质对增加卷烟香气，提高香气质，提升烟气协调性有较好的作用，为多糖在卷烟增香方面提供依据和支持。

第四节 香加皮多糖吸附香气物质喷施到烟丝后的热裂解产物分析

　　称取适量的烟丝放入培养皿中，放入温度为22℃、相对湿度为60%的恒温恒湿箱中，平衡水分48h。分别称取10mg的FX-CPP1、FX-CPP2、FX-CPP3、JX-CPP1、JX-CPP2和JX-CPP3，加纯水1.0mL，充分溶解后喷施到烟丝上，烟丝放入温度为22℃、相对湿度为60%的恒温恒湿箱中，平衡48h。对加香后烟丝（相应编号为FX-CPP1-T、FX-CPP2-T、FX-CPP3-T、JX-CPP1-T、JX-CPP2-T和JX-CPP3-T）进行热裂解分析。以纯水喷施到烟丝为对照进行热裂解分析。

　　将吸附乙酸苯乙酯后的多糖喷施到烟丝上，对烟丝热裂解产物进行分析，考察多糖吸附乙酸苯乙酯后对烟丝热裂解产物的影响。

　　将香加皮多糖吸附乙酸苯乙酯后喷施到烟丝上在不同温度下热裂解，对比热裂解产物的差异可以为多糖在卷烟增香方面提供参考和依据。

　　图8-14所示为烟丝在300、600和900℃的热裂解产物GC-MS总离子流图。可以看出，随着裂解温度的升高，烟丝中分子质量较小的易挥发性物质率先挥发；随着温度的进一步升高，大分子物质开始分解，生成更多化合物，谱图中峰的数量和丰度都开始增加。此外，芳香族类物质的侧链和官能团受热不稳定，易从苯环上断裂，会挥发或与其他化合物发生反应。对GC-MS数据（表8-4）分析发现，烟丝可加热裂解成100多种物质，这些裂解成分按官能团可分为碱性香气物质、酸性香气物质和中性香气物质。

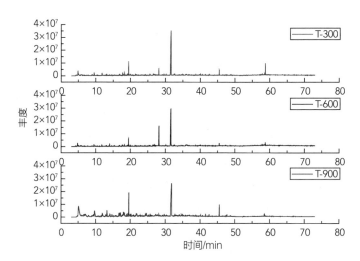

图8-14　烟丝在300、600和900℃的热裂解产物GC-MS总离子流图

其中碱性香气物质主要是杂环类，如吡咯、3-甲基吡啶、烟碱、甲基吡啶、4-乙酰基吡唑、3-乙酰氧基吡啶等；酸性香气物质主要是乙酸、苯甲酸、肉豆蔻酸、棕榈酸等；中性香气物质更为丰富，有叶绿素降解产物新植二烯，非酶棕色化反应产物如糠醛、糠醇、5-甲基糠醛等，苯丙氨酸类降解产物如苯甲醛、苯乙醇，西柏烷类化合物如茄酮等。

图8-15~图8-17是香加皮多糖CPP1、CPP2和CPP3分别喷施到烟丝后在300、600和900℃的热裂解产物GC-MS总离子流图。

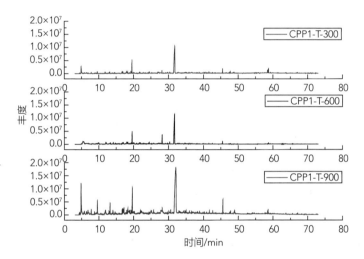

图8-15　CPP1-T在300、600和900℃的热裂解产物GC-MS总离子流图

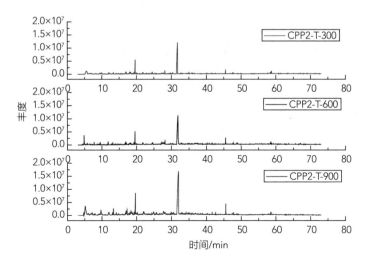

图8-16　CPP2-T在300、600和900℃的热裂解产物GC-MS总离子流图

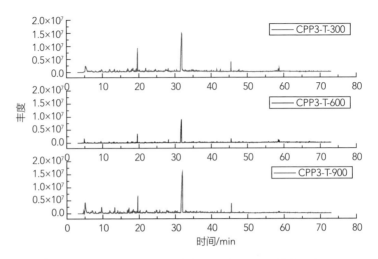

图8-17　CPP3-T在300、600和900℃的热裂解产物GC-MS总离子流图

从图8-15~图8-17中可以看出，300℃时色谱峰较少，900℃时色谱峰最多，与烟丝的热裂解规律基本一致。各谱图中最大的吸收峰为烟碱，由于烟碱含量较高，其他色谱峰显示较小。对比热裂解产物，糠醛类物质有所增加，这可能是多糖的热裂解产物，但由于多糖的喷施量只有烟丝的0.5%，因此增加量并不大。与烟丝热裂解产物一致的是烟碱、新植二烯、茄酮、苯乙醇、乙酸、苯乙酸等，含量较高。不同温度下烟丝和CPP1-T、CPP2-T及CPP3-T的热裂解产物见表8-4。

表8-4　不同温度下烟丝和CPP1-T、CPP2-T及CPP3-T的热裂解产物

编号	时间/min	化合物	烟丝/%			CPP1-T/%			CPP2-T/%			CPP3-T/%		
			300℃	600℃	900℃	300℃	600℃	900℃	300℃	600℃	900℃	300℃	600℃	900℃
1	4.83	1,4-戊二烯	3.54	1.17	2.46	—	—	—	—	—	—	—	—	—
2	5.06	环丙乙炔	1.67	1.50	—	—	—	—	—	0.64	—	—	—	—
3	5.83	3-甲基-呋喃	0.81	0.61	1.21	1.65	—	2.55	—	1.2	—	—	—	0.59
4	6.45	甲基环戊二烯	0.53	0.54	0.25	—	—	1.56	—	—	—	—	—	—
5	6.55	丁烯酸顺-3-己烯酯	—	0.33	0.75										

续表

编号	时间/min	化合物	烟丝/%			CPP1-T/%			CPP2-T/%			CPP3-T/%		
			300℃	600℃	900℃	300℃	600℃	900℃	300℃	600℃	900℃	300℃	600℃	900℃
6	6.66	1,4-环己二烯	1.10	0.53	2.28	1.58	—	1.24	—	—	2.32	2.2	2.83	0.52
7	6.74	二（N-甲氧基-甲氨基）甲烷	0.62	0.66	0.41	—	—	—	—	—	—	—	—	—
8	6.86	富马酸腈	0.71	0.76	1.29	—	—	—	—	—	—	—	—	—
9	7.04	苯	—	—	2.80	—	—	3.11	—	—	—	—	—	—
10	7.95	2,5-二甲基呋喃	0.53	0.40	1.68	1.55	—	—	—	1.28	3.36	3.18	—	0.63
11	9.08	吡啶	0.72	0.63	1.04	0.73	—	—	0.51	1.15	—	1.09	1.42	—
12	9.87	甲苯	3.31	2.89	4.20	2.1	3.06	4.5	2.56	2.06	4.69	3.23	2.88	1.58
13	10.24	1-戊烯-3-酮	0.46	0.29	0.27	—	—	—	—	—	—	—	—	—
14	10.51	3-氨基-1,2,4-三氮唑	0.96	1.55	0.31	—	—	—	—	—	—	—	—	—
15	10.59	2-乙基-5-甲基呋喃	1.65	—	0.30	—	—	0.46	—	—	—	—	—	—
16	10.79	氰基甲酸乙酯	—	0.88	0.45	—	—	—	—	—	—	—	—	—
17	11.53	2-甲基吡啶	—	—	0.53	—	—	0.55	—	0.66	—	0.63	0.83	—
18	11.68	对甲基苯酚	—	—	0.32	—	—	0.48	—	—	—	—	—	—
19	11.77	3-糠醛	2.53	2.43	2.38	3.09	5.14	5.76	3.1	2.63	4.51	4.27	5.56	6.48
20	11.84	3-甲基-呋喃	0.32	1.19	0.31	1.4	—	—	—	0.79	—	—	—	0.47
21	11.93	1-甲基-1H-吡唑	2.29	0.73	1.38	—	—	1.46	—	—	—	—	—	—
22	12.1	1,2,4,5-四嗪	—	—	—	—	—	—	—	—	—	—	1.83	—

续表

编号	时间/min	化合物	烟丝/%			CPP1-T/%			CPP2-T/%			CPP3-T/%		
			300℃	600℃	900℃	300℃	600℃	900℃	300℃	600℃	900℃	300℃	600℃	900℃
23	12.84	乙苯	0.46	0.36	0.73	0.48	—	1.06	—	0.27	1.01	0.96	0.89	—
24	12.89	4-甲基-1H-咪唑	0.51	0.50	—	—	—	—	—	—	—	—	—	—
25	12.93	间二甲苯	—	—	1.32	—	—	0.64	—	—	—	—	—	—
26	12.98	3-甲基吡啶	0.67	0.64	0.84	1.12	—	—	0.7	0.37	—	—	2.27	0.44
27	13.01	亚甲基环丙烷羧酸	—	0.56	0.55	—	—	—	—	—	1.29	1.22	—	—
28	13.16	对二甲苯	1.53	1.36	—	2.59	3.69	2.14	1.4	1.45	4.43	2.19	—	0.74
29	13.98	2-甲基-苄醇乙酰酯	—	0.00	0.65	—	—	—	—	0.54	—	—	—	0.44
30	14	苯乙醇	—	—	—	1.35	—	—	—	—	—	—	—	—
31	14.02	5,5-二甲基-1-乙基-1,3-环戊二烯	—	—	0.30	—	—	0.96	—	—	—	—	—	—
32	14.09	苯乙烯	0.92	3.24	1.49	—	1.81	1.72	—	—	2.1	1.99	—	—
33	14.6	2-甲基环戊烯-1-酮	1.11	0.77	1.32	1.14	—	1.48	—	0.7	—	—	—	0.39
34	14.76	2-乙酰基呋喃	0.33	0.32	0.35	—	—	—	—	0.31	—	—	—	—
35	14.97	3,3,6,6-四甲基-1,4-环己二烯	—	—	0.36	—	—	0.36	—	—	—	—	—	—
36	15.15	2（5H）-呋喃酮	—	0.64	0.59	—	—	—	—	0.47	0.92	0.87	0.88	—
37	15.8	2,5-二甲基吡啶	—	—	0.33	—	—	0.37	—	—	0.59	0.56	0.64	—
38	16.68	右旋柠檬烯	0.46	0.35	1.19	1.31	1.78	1.68	0.71	0.49	1.6	1.52	2.07	0.31
39	16.95	5-甲基糠醛	1.25	1.04	1.41	3.04	3.24	3.09	1.64	2.14	3.7	3.5	5.15	0.94

续表

编号	时间/min	化合物	烟丝/%			CPP1-T/%			CPP2-T/%			CPP3-T/%		
			300℃	600℃	900℃	300℃	600℃	900℃	300℃	600℃	900℃	300℃	600℃	900℃
40	17.12	3-甲基-2-环戊烯-1-酮	0.94	0.72	1.01	1.05	2.06	—	0.59	0.67	—	—	1.7	0.37
41	17.23	4-乙烯基吡啶	0.35	0.28	1.45	0.67	0.94	0.63	0.42	0.28	1.25	2.02	1.31	—
42	17.49	2-甲氧基-呋喃	0.36	0.36	1.25									
43	17.69	四甲基环己二烯	1.77	1.43	0.29	0.36	—	0.43						
44	17.75	2,6-二甲基辛三烯	—	0.27	0.21									0.64	
45	17.75	苯酚	2.01	1.55	—	—	—	—	—	—	—	—	1.52	0.3
46	18.94	1,5-二甲基-6-亚甲基-2,4-庚烷	0.42	0.30	0.77	1.04	1.19	1.03	0.47	0.59	1.08	1.02	—	
47	19.24	(R)-1-甲基-4-(1-甲基乙基)环己烯	1.13	—	1.16	—	—	—	0.78	0.95	1.69	—	—	
48	19.3	1,7,7-三甲基-双环庚烷	0.32	—	—	1.08	1.77	1.48	—	—	—	1.6	—	0.56
49	19.35	1,3,8-p-孟三烯	—	—	0.45	0.63	—	—	—	—	—	—	—	
50	19.35	对异丙基甲苯	0.31	0.48	—					0.33				
51	19.47	1,4-环己二酮	—	2.60	0.29									
52	19.62	右旋柠檬烯	9.17	6.70	10.43	8.9	13.37	11.07	8.59	8.28	9.94	11.09	17.65	15.82

续表

编号	时间/min	化合物	烟丝/%			CPP1-T/%			CPP2-T/%			CPP3-T/%		
			300℃	600℃	900℃	300℃	600℃	900℃	300℃	600℃	900℃	300℃	600℃	900℃
53	19.78	2-羟基-3甲基-环戊烯酮	1.43	0.52	0.73	—	—	—	—	—	1.18	1.12	—	—
54	20.18	3-蒈烯	0.33	—	0.85	0.5	—	—	—	—	—	—	—	—
55	20.23	罗勒烯	—	—	0.33	—	—	—	—	—	0.49	0.47	0.69	—
56	20.28	1-乙基-4-甲基-苯	0.75	0.68	1.48	—	—	0.69	—	—	1.01	0.96	—	—
57	21.71	对甲苯酚	1.75	1.64	2.24	2.56	4.04	—	2.06	1.47	1.05	2.78	—	0.9
58	21.74	1-甲基-3-（1-甲基乙基）-苯	0.55	0.68	0.54	—	0.62	1.13	0.34	0.3	0.81	0.76	2.17	—
59	21.98	2-甲氧基苯酚	0.58	0.62	0.48	—	2.12	0.8	—	0.43	—	—	—	—
60	22.34	壬醛	0.48	—	0.34	—	—	—	—	—	—	—	—	—
61	22.34	正庚醚	—	0.37	0.40	—	—	—	—	—	—	—	—	—
62	22.4	4,4-二甲基-2-环己烯-1-酮	0.36	0.36	0.31	—	—	—	—	—	—	—	—	—
63	22.83	1,5,8-p-孟三烯	—	—	—	0.7	0.55	0.61	—	0.3	0.6	0.57	0.8	0.93
64	22.88	麦芽醇	0.54	0.60	—	0.4	0.51	—	—	0.3	—	0.46	—	—
65	22.88	苯乙醇	—	1.11	1.23	—	—	—	—	—	—	—	—	—
66	23.32	（E,Z）-2,6-二甲基-2,4,6-癸三烯	0.52	—	0.23	—	—	—	—	—	—	—	—	—
67	24.34	2-甲基茚	0.46	—	—	—	0.82	0.71	—	0.23	0.81	0.77	0.79	—
68	24.48	2,4-二甲基苯酚	0.57	0.37	1.20	0.84	1.37	0.55	0.52	—	1.62	1.53	—	—
69	25.27	对乙基苯酚	0.55	0.40	0.21	1.03	1.58	—	0.6	—	—	—	—	0.37

续表

编号	时间/min	化合物	烟丝/%			CPP1-T/%			CPP2-T/%			CPP3-T/%		
			300℃	600℃	900℃	300℃	600℃	900℃	300℃	600℃	900℃	300℃	600℃	900℃
70	25.72	萘	0.34	0.95	0.64	—	—	0.89	—	—	0.82	0.78	—	—
71	25.91	2-甲氧基-5-甲酚	—	—	—	—	0.88	—	—	—	—	—	—	—
72	26.78	邻苯二酚	3.61	3.46	—	3.28	—	—	—	1.19	—	—	1.89	1.82
73	27.26	2,3-二氢苯并呋喃	0.94	2.38	1.09	2.15	—	—	—	1.84	—	—	—	0.72
74	28.16	苯乙酸苯乙酯	—	0.28	0.65	3.35	1.28	—	1.72	2.21	0.93	0.88	2.18	1.64
75	28.19	1-甲氧基甲基-2-甲基苯	0.31	—	—	—	1.45	—	—	—	—	—	—	—
76	28.32	4-丙氧基苯酚	—	0.28	—	—	2.46	—	—	—	—	—	—	—
77	29.16	1-茚酮	—	0.41	0.35	—	0.71	—	—	—	—	—	—	—
78	29.69	2-甲基萘	—	—	0.42	—	—	0.48	—	—	0.51	0.48	—	—
79	29.86	吲哚	0.90	0.50	0.56	0.98	1	0.92	0.36	0.38	1.16	1.1	1.02	0.39
80	30.3	2-甲基萘	—	0.52	0.30	—	—	0.36	—	—	—	—	—	—
81	30.34	4-乙烯基-2-甲氧基苯酚	0.69	0.76	—	—	2.93	—	0.51	—	—	—	—	—
82	30.53	4-羟基-2-甲基苯乙酮	—	—	0.41	1.04	—	1.46	—	0.65	1.02	0.96	1.14	0.4
83	31.74	烟碱	19.88	17.99	18.69	21.36	17.02	16.39	28.2	24.79	15.47	17.61	14.25	24.74
84	32.86	3-甲基吲哚	0.96	0.54	0.60	0.95	0.89	0.74	0.33	—	0.81	0.77	1.31	0.59
85	34.16	3-（3,4-二氢吡咯）-吡啶	—	0.25	—	0.65	0.5	—	—	—	—	0.61	0.28	

续表

编号	时间/min	化合物	烟丝/%			CPP1-T/%			CPP2-T/%			CPP3-T/%		
			300℃	600℃	900℃	300℃	600℃	900℃	300℃	600℃	900℃	300℃	600℃	900℃
86	34.28	麦斯明	0.45	0.42	0.35	—	—	1.25	—	—	1.29	1.22	—	—
87	34.78	反式异丁香子酚	—	0.34	—	—	0.93	0.41	—	—	—	—	—	—
88	35.3	3-乙基-苯甲醛	0.47	0.42	0.32	—	—	0.36	—	—	—	—	—	—
89	35.84	烟碱烯	—	0.56	0.30	0.89	0.59	—	0.34	—	0.79	0.75	0.81	0.31
90	36.17	1,6-脱水吡喃葡萄糖	0.42	2.14	—	—	—	0.92	—	0.32	—	—	—	—
91	37.46	2,3'-联吡啶	0.38	0.24	—	0.65	—	0.47	—	—	—	—	—	—
92	38.16	3,4-二甲氧基苯乙酮	0.34	0.30	—	0.6	0.8	—	—	—	—	—	—	—
93	38.8	巨豆三烯酮	1.94	1.93	0.75	1.71	1.05	1.35	—	0.47	0.63	0.6	0.85	0.63
94	40.86	3-羟基-1-丁烯基-环己烯酮	0.83	0.85	0.28	0.83	—	0.61	—	0.5	0.46	0.43	0.64	0.34
95	41.63	1-（2,4,5-三乙基苯基）-乙酮	0.59	—	—	1.67	—	—	—	0.77	1.16	1.1	—	—
96	41.93	苯甲酸	—	—	—	1.12	1.15	1.35	1.45	1.21	1.17	1.11	1.46	1.6
97	43.46	肉豆蔻酸	0.92	—	—	0.55	—	—	—	0.31	—	—	—	—
98	45.58	新植二烯	2.94	2.48	3.52	4.71	3.06	5.58	1.92	3.2	5.45	5.16	7.43	2.13
99	47.74	角鲨烯	0.54	0.40	0.94	1.35	—	1.05	0.37	0.69	0.88	0.83	2.3	—
100	48.77	棕榈酸	0.60	0.81	0.63	—	—	—	—	1.03	0.98	—	—	—
101	48.89	邻苯二甲酸二丁酯	0.61	0.27	—	—	—	—	—	0.33	—	—	—	—

续表

编号	时间/min	化合物	烟丝/%			CPP1-T/%			CPP2-T/%			CPP3-T/%		
			300℃	600℃	900℃	300℃	600℃	900℃	300℃	600℃	900℃	300℃	600℃	900℃
102	57.88	十四烷基环己烷	0.66	0.66	—	—	—	—	—	—	—	—	—	—
103	58.44	维生素E	—	—	—	3.3	—	—	—	—	1.66	1.57	—	2.95
104	58.58	角鲨烯	1.08	1.18	0.95	1.71	1.34	1.85	0.41	1.52	1.44	1.36	2.15	0.75
105	67.09	角鲨烯	0.39	0.55	—	—	0.54	—	0.65	—	—	—	—	0.5

　　图8-18~图8-20所示是香加皮多糖CPP1、CPP2和CPP3通过非接触式吸附乙酸苯乙酯后喷施到烟丝上的热裂解GC-MS总离子流图。通过吸附香气物质前后的热裂解物质图（图8-18~图8-20与图8-15~图8-17）难以判断物质含量差异，这是因为烟碱含量太高，掩盖了各物质色谱峰之间的差异。对比物质表（表8-4和表8-5）可以发现，吸附乙酸苯乙酯处理后的样品裂解产物中乙酸苯乙酯和苯乙烯含量增加明显，说明多糖吸附乙酸苯乙酯后可以通过热裂解转移到气相中。不同温度下FX-CPP1-T、FX-CPP2-T和FX-CPP3-T的热裂解产物见表8-5。

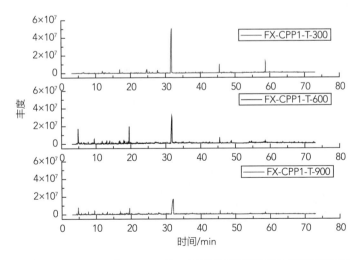

图8-18　FX-CPP1-T在300、600和900℃的热裂解产物GC-MS总离子流图

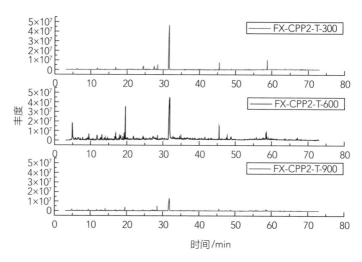

图8-19 FX-CPP2-T在300、600和900℃的热裂解产物GC-MS总离子流图

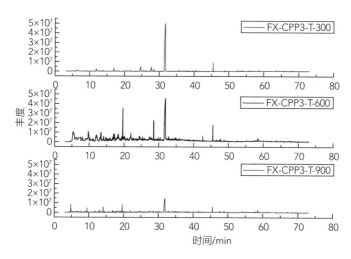

图8-20 FX-CPP3-T在300、600和900℃的热裂解产物GC-MS总离子流图

表8-5 不同温度下FX-CPP1-T、FX-CPP2-T和FX-CPP3-T的热裂解产物

编号	保留时间/min	化合物	FX-CPP1-T/%			FX-CPP2-T/%			FX-CPP3-T/%		
			300℃	600℃	900℃	300℃	600℃	900℃	300℃	600℃	900℃
1	5.74	3-甲基-呋喃	1.31	1.37	1.60	—	1.55	1.82	—	—	1.09
2	6.11	乙酸	5.56	6.01	6.99	7.39	5.74	5.53	5.79	5.52	5.66
3	6.35	1,4-环己二烯	—	—	1.32	—	1.28	1.30	—	3.28	0.77

续表

编号	保留时间/min	化合物	FX-CPP1-T/%			FX-CPP2-T/%			FX-CPP3-T/%		
			300℃	600℃	900℃	300℃	600℃	900℃	300℃	600℃	900℃
4	6.36	4-亚甲基环戊烯	—	0.83	—	—	—	—	—	—	—
5	6.43	甲基环戊二烯	—	0.91	—	—	—	—	—	—	—
6	6.43	1-甲基-1,3-环戊二烯	—	—	—	—	—	—	—	—	0.80
7	6.8	苯	—	—	1.54	—	—	1.40	—	—	1.36
8	6.88	富马酸腈	—	0.77	—	—	—	—	—	—	—
9	7.74	2,5-二甲基呋喃	—	1.59	1.85	—	1.59	1.97	—	—	1.27
10	8.67	二环己烯	—	0.93	—	—	—	—	—	—	—
11	9.1	吡啶	—	—	0.44	—	0.71	0.93	—	1.82	—
12	9.53	甲苯	—	4.46	3.96	—	3.41	4.66	—	8.08	5.53
13	10.27	1-戊烯-3-酮	—	—	0.26	—	—	—	—	—	0.35
14	10.57	2-乙基-5-甲基呋喃	—	—	0.38	—	—	—	—	—	—
15	11.38	2-甲基吡啶	—	0.39	0.38	—	0.46	—	—	0.93	0.72
16	11.66	对甲苯酚	—	—	0.36	—	—	—	—	—	—
17	11.76	3-糠醛	14.17	5.36	3.13	11.88	3.60	4.40	14.62	0.59	1.62
18	11.82	3-甲基-呋喃	—	1.41	1.08	—	—	1.63	—	—	1.22
19	11.86	1-甲基-1H-吡唑	—	—	—	—	1.29	—	—	—	—
20	11.98	3-甲基吡咯	—	0.61	—	—	0.21	—	—	—	0.36
21	12.3	1,4-戊二烯-3-酮	0.26	0.81	0.97	0.28	0.96	1.00	—	0.91	1.70
22	12.76	亚甲基环丙烷羧酸	—	0.78	—	3.87	—	—	5.40	1.59	—
23	12.85	乙苯	—	0.60	0.55	—	0.38	0.61	—	1.25	0.82
24	12.9	4-（羟甲基）咪唑	—	—	0.76	—	—	—	—	—	—
25	13.01	3-甲基吡啶	—	0.90	—	—	0.88	—	—	—	—
26	13.08	苯胺	—	—	—	—	0.66	—	—	—	—
27	13.15	二甲苯	—	2.25	2.25	—	2.15	2.10	—	—	3.03

续表

编号	保留时间/min	化合物	FX-CPP1-T/%			FX-CPP2-T/%			FX-CPP3-T/%		
			300℃	600℃	900℃	300℃	600℃	900℃	300℃	600℃	900℃
28	13.99	2-甲基-苄醇乙酰酯	—	1.99	—	—	—	—	—	—	1.27
29	14	苯乙醇	—	0.81	1.30	0.20	1.14	1.07	—	1.14	1.48
30	14.02	苯乙烯	0.26	1.81	3.12	0.20	1.85	2.42	0.15	2.18	1.63
31	14.05	邻甲基苄醇	—	—	—	—	0.90	—	—	—	—
32	14.58	2-甲基环戊烯-1-酮	0.74	1.08	0.98	—	0.97	1.15	—	2.37	1.04
33	14.78	2-戊酰呋喃	—	—	—	—	—	—	—	—	0.37
34	14.88	2-乙基吡啶	—	—	—	—	—	—	—	0.21	—
35	15.34	2（5H）-呋喃酮	—	0.56	0.54	—	0.79	1.12	—	1.30	0.66
36	15.93	2,5-二甲基吡啶	—	0.38	0.29	—	0.30	—	—	0.52	0.37
37	15.98	2-呋甲醚	—	—	—	—	0.26	—	—	—	—
38	16.65	右旋柠檬烯	0.35	1.25	0.67	1.87	1.18	0.93	1.50	1.07	0.95
39	16.85	5-甲基糠醛	13.89	2.48	2.77	8.83	3.28	3.62	12.01	1.48	1.92
40	16.88	均三甲苯	—	—	—	—	—	—	—	—	0.44
41	17.06	3-甲基-2-环戊烯-1-酮	0.90	1.04	1.40	0.21	0.89	1.09	0.87	1.95	0.91
42	17.19	4-乙烯基吡啶	—	0.73	1.62	—	0.70	—	—	0.90	1.06
43	17.56	2,4-二羟基-2,5-二甲基呋喃酮	—	—	—	2.83	—	—	—	—	—
44	17.66	3,3,6,6-四甲基-1,4-环己二烯	—	0.28	—	—	0.25	—	—	—	—
45	18.5	2-甲基-1,3-环戊二酮	—	—	—	—	—	—	—	0.56	—
46	18.54	3-蒈烯	—	0.37	—	—	0.71	—	—	—	0.37
47	18.86	1,5-二甲基-6-亚甲基-2,4-庚烷	—	0.85	—	—	0.92	—	—	—	—
48	18.9	1-乙基-6-亚乙基-环己烯	—	—	0.41	—	—	—	—	—	—
49	18.9	5,5-二甲基-2-丙基-环戊二烯	—	—	—	—	—	—	—	0.87	0.70

续表

编号	保留时间/min	化合物	FX-CPP1-T/%			FX-CPP2-T/%			FX-CPP3-T/%		
			300℃	600℃	900℃	300℃	600℃	900℃	300℃	600℃	900℃
50	19.25	反式3-甲基-6-（1-甲基乙基）环己烯	—	0.98	0.76	—	1.88	1.21	—	—	1.73
51	19.63	右旋柠檬烯	—	13.59	7.13	—	17.30	9.47	—	14.84	11.43
52	19.85	2-甲基-1,3-环戊二酮	—	—	—	—	—	—	—	2.94	—
53	20.12	苯乙醛	—	—	—	—	0.26	—	2.15	—	—
54	20.22	对甲基苯乙炔	—	0.29	—	—	0.20	—	—	0.62	0.34
55	20.24	茚	—	—	0.38	—	—	—	—	—	—
56	20.91	3,4,5-三甲基-2-环戊烯	—	—	—	—	—	—	—	—	0.33
57	20.93	邻甲苯酚	—	0.51	—	—	—	0.85	—	—	—
58	21.53	2,4,5-三羟基嘧啶	—	—	—	—	—	—	1.75	—	—
59	21.62	4-羟基-2,5-二甲基呋喃酮	1.97	—	—	1.96	—	—	—	—	—
60	21.72	对甲苯酚	—	1.52	1.92	—	—	2.69	—	—	3.38
61	21.92	1-甲基-3-（1-甲基乙基）-苯	—	0.37	0.40	—	0.55	—	—	0.30	0.68
62	22.04	邻甲氧基苯酚	—	—	—	—	—	—	—	0.97	—
63	22.8	1,5,8-p-孟三烯	—	0.41	0.26	—	0.50	—	—	0.52	0.58
64	23.34	2,6-二甲基-2,4,6-癸三烯	—	0.26	—	—	0.67	—	—	—	0.46
65	23.35	五甲基环戊二烯	—	—	—	—	—	—	—	—	0.23
66	23.82	苯乙腈	—	0.32	—	—	—	—	—	—	—
67	24.27	3-甲基-1H-吲哚	—	0.35	—	—	—	—	—	1.78	—
68	24.31	2-甲基茚	—	—	0.37	—	0.30	—	—	—	0.53
69	25.25	5,6-2H-6-乙基吡喃酮	2.75	—	—	3.18	—	—	—	—	—

续表

编号	保留时间/min	化合物	FX-CPP1-T/%			FX-CPP2-T/%			FX-CPP3-T/%		
			300℃	600℃	900℃	300℃	600℃	900℃	300℃	600℃	900℃
70	25.69	萘	—	—	0.38	—	—	—	—	—	—
71	25.83	对乙基苯酚	—	—	0.88	—	0.44	—	—	—	1.04
72	26.22	2-甲基-3,5-二羟基-2H-吡喃酮	—	—	—	—	—	—	2.09	—	—
73	26.32	3,4-二甲基苯酚	—	—	—	—	—	—	—	0.26	—
74	27.32	邻苯二酚	0.94	—	—	1.84	1.16	2.82	0.79	—	—
75	27.35	2,3-二氢苯并呋喃	—	—	—	—	—	—	—	—	2.28
76	27.36	对甲基苯甲醛	—	—	—	—	—	—	—	1.52	—
77	28.1	2-氯苯乙基乙酸酯	—	—	—	2.72	0.51	0.79	1.78	—	—
78	28.15	苯乙酸苯乙酯	—	—	—	—	—	—	—	0.29	—
79	28.34	2-乙基-1H-茚	—	—	—	—	—	—	—	0.23	—
80	28.51	乙酸苯乙酯	2.60	1.51	3.12	1.94	1.17	1.59	1.65	2.14	1.84
81	28.75	1,2-二氢-4-甲基萘	—	—	—	—	—	—	—	0.69	—
82	29.21	1-茚酮	—	—	—	—	—	—	—	0.53	—
83	29.67	2-甲基萘	—	—	—	—	—	—	—	0.28	—
84	30.07	吲哚	—	0.46	0.62	—	0.52	0.91	—	0.96	1.26
85	30.28	2-甲基萘	—	—	—	—	—	—	—	0.23	—
86	30.35	4-乙烯基-2-甲氧基苯酚	—	0.39	—	—	—	—	—	1.03	—
87	30.63	4-羟基-3-甲基苯乙酮	—	—	0.61	—	0.46	1.02	—	—	0.80
88	32.06	烟碱	23.95	18.40	31.98	23.83	20.35	19.35	18.80	17.94	18.47
89	32.38	1,1,3-三甲基-1H-吲哚	—	—	—	—	—	—	—	0.22	—
90	32.83	3-甲基吲哚	—	—	—	—	—	0.92	—	1.13	0.97
91	33.43	二甲基萘	—	—	—	—	—	—	—	0.48	—

续表

编号	保留时间/min	化合物	FX-CPP1-T/%			FX-CPP2-T/%			FX-CPP3-T/%		
			300℃	600℃	900℃	300℃	600℃	900℃	300℃	600℃	900℃
92	34.22	3-（3,4-二氢吡咯）-吡啶	—	0.28	0.43	—	0.41	—	—	0.43	0.70
93	34.71	（E）-β-金合欢烯	—	—	—	—	0.22	—	—	—	—
94	34.71	反式异丁香子酚	—	—	—	—	—	—	—	0.37	—
95	35.78	烟碱烯	1.96	—	0.50	—	0.45	—	1.79	—	—
96	35.89	2-甲基-6-氨基喹啉	—	—	—	—	—	—	—	—	0.57
97	36.11	2,3-二甲基吲哚	—	—	—	—	—	—	—	0.14	—
98	36.31	α-法尼烯	—	—	—	—	0.27	—	—	—	—
99	36.7	三甲基氢醌	—	0.43	—	—	—	—	—	—	—
100	37.35	2,3,6-三甲基萘	—	—	—	—	—	—	—	0.13	—
101	37.47	2,3'-联吡啶	0.28	0.43	—	—	0.54	0.66	—	—	—
102	37.95	月桂酸	0.91	0.44	1.19	0.30	0.47	0.69	0.86	1.07	—
103	38.2	1-（3,4-二甲氧基苯）-乙酮	—	0.27	—	—	0.39	0.69	—	—	—
104	40.21	巨豆三烯酮	1.31	1.18	0.86	0.86	0.78	1.62	1.33	0.30	0.92
105	40.78	4-（3-羟基-1-丁烯基）-3,5,5-三甲基-环己烯酮	1.90	0.62	—	1.86	0.62	1.15	2.30	—	0.60
106	41.63	6-（1'-羟乙基）-2,2-二甲基色烯	—	—	0.60	—	—	—	—	—	—
107	41.93	苯甲酸	0.92	0.68	1.22	1.08	1.07	0.73	1.31	0.73	1.61
108	42.61	反式-2-植烯	0.91	0.25	—	0.28	—	—	0.81	0.93	—
109	43.48	肉豆蔻酸	0.43	0.43	—	—	0.58	—	—	—	—
110	46.58	新植二烯	17.39	3.68	3.36	19.42	4.65	4.98	17.72	4.42	6.54
111	48.84	棕榈酸	—	4.14	—	—	—	—	—	—	—
112	49.43	莨菪亭	0.26	0.29	0.55	0.19	0.43	0.23	0.18	0.25	0.15
113	54.68	硬脂酸	—	2.01	0.43	—	—	—	—	—	—

续表

编号	保留时间/min	化合物	FX-CPP1-T/%			FX-CPP2-T/%			FX-CPP3-T/%		
			300℃	600℃	900℃	300℃	600℃	900℃	300℃	600℃	900℃
114	58.45	角鲨烯	0.92	1.52	1.10	1.17	4.19	1.79	1.50	1.07	2.39
115	58.57	维生素E	2.60	—	—	—	—	6.11	—	1.44	—
116	63.65	三十一烷	—	0.67	—	1.51	0.38	—	2.50	—	0.55

图8-21~图8-23所示分别为JX-CPP1-T、JX-CPP2-T和JX-CPP3-T在300、600、900℃的热裂解产物GC-MS总离子流图。对比接触式吸附与非接触式吸附乙酸苯乙酯后喷施到烟丝热裂解产物的GC-MS图谱，可以很明显地发现接触式吸附后多糖处理烟丝的热裂解产物比非接触式处理后在28min左右的乙酸苯乙酯峰有明显增大，且远大于除烟碱以外的其他物质。对比表8-6可以发现，吸附乙酸苯乙酯处理后的热裂解产物中乙酸苯乙酯和苯乙烯含量有显著增加，这说明多糖吸附乙酸苯乙酯后可以通过热裂解转移到气相物质中。由于乙酸苯乙酯在多糖吸附时含量太大，可能会干扰烟草本身的香气协调性，因此吸附方法及其添加量还需进一步研究。不同温度下JX-CPP1-T、JX-CPP2-T和JX-CPP3-T的热裂解产物见表8-6。

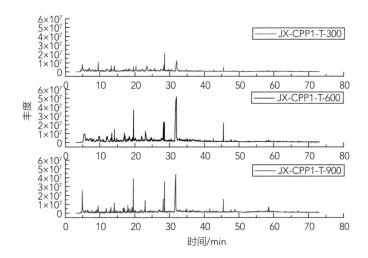

图8-21   JX-CPP1-T在300、600和900℃的热裂解产物GC-MS总离子流图

综上可以看出，香加皮多糖通过接触式吸附乙酸苯乙酯后喷施到烟丝上可以热裂解成丰富的酯类、烯类、酸类、酮类和呋喃类等物质，但是由于接触式乙酸苯乙酯的吸附量太大，可能对烟气的协调性产生影响，因此后续要优化吸附方式和喷施量。

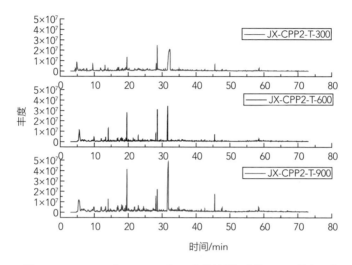

图8-22　JX-CPP2-T在300、600和900℃的热裂解产物GC-MS总离子流图

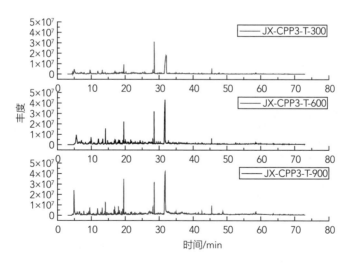

图8-23　JX-CPP3-T在300、600和900℃热裂解产物GC-MS总离子流图

表8-6 不同温度下JX-CPP1-T、JX-CPP2-T和JX-CPP3-T的热裂解产物

编号	保留时间/min	化合物	JX-CPP1-T/%			JX-CPP2-T/%			JX-CPP3-T/%		
			300℃	600℃	900℃	300℃	600℃	900℃	300℃	600℃	900℃
1	5.76	3-甲基-呋喃	1.42	—	2.02	2.33	1.71	2.22	2.20	2.14	2.33
2	6.47	1,4-环己二烯	1.57	—	2.99	—	3.11	2.23	2.73	2.21	2.30
3	6.84	3-戊酮	0.33	—	—	—	—	—	—	—	—
4	6.88	富马酸腈	—	—	5.45	—	—	3.15	—	—	—
5	6.97	4-亚甲基环戊烯	0.85	—	—	—	—	—	—	—	—
6	7.02	苯	—	—	—	—	—	—	—	—	4.79
7	8.19	2,5-二甲基呋喃	1.57	4.55	—	2.90	—	2.19	—	2.22	—
8	9.2	吡啶	—	—	—	—	—	—	—	1.03	—
9	9.38	1-甲基-1,4-环己二烯	—	—	0.20	—	—	—	—	—	—
10	9.54	甲苯	4.21	—	9.69	6.07	—	7.16	7.88	4.82	9.06
11	10.32	吡啶	—	1.94	1.34	—	—	—	—	0.98	1.01
12	10.6	2-乙基-5-甲基呋喃	0.22	—	—	—	—	0.37	—	—	—
13	11.27	六甲基环三硅氧烷	—	—	0.18	—	—	—	—	—	—
14	11.57	2-甲基吡啶	—	1.06	—	—	0.46	—	0.65	—	—
15	11.86	3-甲基呋喃	1.42	—	—	—	—	—	—	—	—
16	11.87	1-甲基-1H-吡唑	—	—	—	—	—	—	—	1.86	—
17	11.99	1,2,4,5-四嗪	—	—	—	—	—	—	—	—	1.42
18	12.02	3-糠醛	5.17	5.89	3.44	4.33	3.00	3.97	6.01	6.20	4.51
19	12.19	1,2,4,5-四嗪	—	2.10	—	2.06	—	—	—	—	—
20	12.27	2-甲基吡啶	0.19	—	0.83	—	—	—	—	—	—
21	12.72	亚甲基环丙烷羧酸	0.71	—	—	—	—	—	—	—	—
22	12.89	乙苯	0.53	—	1.65	0.83	—	—	1.17	0.66	—

续表

编号	保留时间/min	化合物	JX-CPP1-T/%			JX-CPP2-T/%			JX-CPP3-T/%		
			300℃	600℃	900℃	300℃	600℃	900℃	300℃	600℃	900℃
23	13.06	苯胺	0.82	—	—	—	1.36	—	—	1.43	—
24	13.36	2-甲基吡啶	—	2.74	—	—	—	—	1.73	—	—
25	13.36	间二甲苯	2.47	4.12	3.95	3.21	4.63	4.81	3.94	3.56	5.90
26	14	苯乙醇	—	—	—	—	—	—	—	1.52	—
27	14.17	苯乙烯	7.40	6.82	4.80	5.84	5.43	6.08	4.30	4.54	3.67
28	14.62	2-甲基环戊烯-1-酮	1.01	—	1.95	—	1.46	—	3.12	1.26	1.39
29	15.03	2（5H）-呋喃酮	0.65	1.34	—	—	—	—	1.06	1.11	—
30	15.9	2,5-二甲基吡啶	—	0.62	—	—	—	0.32	0.80	0.39	0.52
31	15.98	2-呋甲醚	0.20	—	—	—	—	—	0.25	0.29	—
32	16.52	丙基苯	—	—	0.27	—	—	—	—	—	—
33	16.75	右旋柠檬烯	1.51	—	0.49	1.86	2.35	0.84	1.32	1.87	0.83
34	16.86	1,2,3-三甲基苯	—	—	0.74	1.10	—	—	—	—	—
35	16.87	1-乙基-2-甲基苯	—	—	0.16	—	1.27	0.91	1.28	—	1.38
36	17.01	5-甲基糠醛	2.57	5.53	1.22	3.05	2.21	3.01	3.20	3.83	4.45
37	17.07	3-甲基-2-环戊烯-1-酮	1.01	2.25	—	1.34	1.29	—	2.19	1.31	—
38	17.56	4-乙基-吡啶	0.55	0.90	1.98	0.91	0.83	2.26	1.09	0.83	2.20
39	17.69	2,6-二甲基-2,4,6-癸三烯	0.31	—	—	—	—	—	—	—	—
40	17.69	3,3,6,6-四甲基-1,4-环己二烯	—	—	—	—	—	—	—	0.50	—
41	17.71	3-甲基-3-苯基氮杂环丁烷	—	—	—	—	0.24	—	—	—	—
42	17.89	苯甲腈	—	—	0.16	—	0.17	—	—	—	—
43	18.16	1,2,4-三甲基苯	—	0.90	0.78	—	—	—	—	—	0.74
44	18.21	二氢化茚	—	—	0.78	—	—	0.56	—	—	0.66

续表

编号	保留时间/min	化合物	JX-CPP1-T/%			JX-CPP2-T/%			JX-CPP3-T/%		
			300℃	600℃	900℃	300℃	600℃	900℃	300℃	600℃	900℃
45	18.28	β-乙基-苯乙醇	—	—	0.15	—	—	—	—	—	—
46	18.34	1-乙基-4甲基苯	—	—	0.89	—	—	—	—	—	—
47	18.54	3-蒈烯	0.25	—	—	—	0.43	—	—	0.24	—
48	18.91	1-乙基-6-亚乙基-环己烯	—	—	0.20	—	—	—	—	—	—
49	18.94	1,5-二甲基-6-亚甲基-2,4-庚烷	1.05	1.04	—	—	1.23	0.79	—	1.10	—
50	18.94	5,5-二甲基-2-丙基-环戊二烯	—	—	—	1.22	—	—	0.61	—	—
51	19.24	反式3-甲基-6-（1-甲基乙基）环己烯	1.53	—	—	1.95	1.79	2.45	—	1.60	1.30
52	19.36	1-甲基乙基苯	—	—	0.39	—	—	0.52	—	—	—
53	19.47	二氢化茚	—	—	0.22	—	—	—	—	—	—
54	19.66	右旋柠檬烯	17.79	17.13	2.45	21.22	22.64	11.73	11.44	18.59	11.01
55	19.77	4-甲基-1-（1-异丙烯基）-环己烯	0.24	—	—	—	—	—	—	—	—
56	19.89	二氢化茚	—	—	0.16	—	—	—	—	—	—
57	20.05	2,3-二甲基-2-环戊烯酮	—	—	—	—	1.14	—	2.09	—	—
58	20.12	苯乙醛	0.74	—	—	—	—	—	—	0.30	—
59	20.18	罗勒烯	—	—	—	—	0.45	—	—	0.56	—
60	20.22	3-蒈烯	0.48	—	—	0.62	—	—	—	—	—
61	20.26	茚	—	0.85	—	—	0.44	1.98	—	0.37	1.87
62	20.27	1-乙基-4-甲基-苯	—	—	—	0.40	—	—	0.81	—	—
63	20.28	1-丙炔基苯	—	—	2.44	—	—	—	—	—	—
64	20.91	3,4,5-三甲基-2-环戊烯	—	—	—	—	0.34	—	—	—	—

续表

编号	保留时间/min	化合物	JX-CPP1-T/%			JX-CPP2-T/%			JX-CPP3-T/%		
			300℃	600℃	900℃	300℃	600℃	900℃	300℃	600℃	900℃
65	21.05	苯乙酮	0.24	—	—	—	0.35	—	0.50	0.31	—
66	21.78	对甲苯酚	1.34	—	—	2.67	2.91	—	4.01	—	—
67	21.9	1-甲基-3-（1-甲基乙基）-苯	0.47	0.99	0.32	0.87	0.74	—	0.58	0.64	0.70
68	21.95	2-甲氧基苯酚	0.46	—	—	—	—	—	1.03	0.58	—
69	21.95	2-乙基-1,4-二甲基苯	—	—	—	—	—	1.24	—	—	—
70	22.58	2-甲基苯并呋喃	—	—	0.53	—	—	—	—	—	—
71	22.78	1,5,8-p-孟三烯	0.57	—	—	—	0.45	0.62	0.29	0.61	1.31
72	23.05	苯乙醇	—	—	12.12	—	—	—	—	—	1.89
73	23.37	2,6-二甲基-2,4,6-癸三烯	0.46	—	—	0.78	—	1.11	—	0.28	0.32
74	23.59	麦芽醇	—	—	1.27	—	—	—	—	—	—
75	23.74	乙基环戊烯醇酮	—	—	0.92	—	—	—	—	—	—
76	24.36	2-甲基茚	0.35	0.89	0.92	0.56	—	0.94	0.99	0.48	0.80
77	24.51	3-甲基-1H-吲哚	0.20	—	0.64	—	0.35	—	0.58	0.27	—
78	24.56	1-甲基-4-（1-丙炔基）-苯	—	—	—	—	—	—	—	—	0.46
79	24.65	1,1a,6,6a-四氢化环丙茚	—	—	0.15	—	0.71	0.20	—	—	0.27
80	24.7	2,4-二甲基苯酚	—	1.18	—	—	—	—	1.59	—	—
81	25.18	对乙基苯酚	0.48	—	—	—	1.22	1.09	1.44	—	1.36
82	25.76	萘	—	—	1.51	—	—	0.82	0.39	—	1.10
83	26.05	2-甲氧基-5-甲酚	—	—	0.65	—	—	—	—	—	—
84	26.88	邻苯二酚	1.41	—	—	—	2.12	—	—	—	—
85	27.32	2-乙基-4甲基苯酚	—	—	—	—	—	—	0.23	—	—

续表

编号	保留时间/min	化合物	JX-CPP1-T/%			JX-CPP2-T/%			JX-CPP3-T/%		
			300℃	600℃	900℃	300℃	600℃	900℃	300℃	600℃	900℃
86	28.13	乙酸苯乙酯	6.12	4.01	4.90	5.69	4.28	5.40	2.12	2.36	3.11
87	28.25	苯甲腈	—	2.34	—	—	—	—	—	—	—
88	28.8	1,2-二氢-4-甲基萘	—	—	0.63	—	—	0.18	—	—	—
89	29.37	1-茚酮	—	0.50	0.71	—	0.38	—	0.68	—	—
90	29.68	2-甲基萘	0.13	0.27	0.70	—	—	0.44	0.32	—	0.70
91	29.7	吲哚	0.44	0.73	0.38	0.58	0.95	0.92	1.02	0.37	0.87
92	30.26	2-甲基萘	—	—	0.49	—	—	0.35	0.27	—	0.48
93	30.48	4-羟基-2-甲基苯乙酮	—	0.74	1.21	—	—	—	—	—	—
94	30.92	2-甲氧基-4-乙烯基苯酚	—	—	—	—	—	0.83	—	—	0.93
95	32.03	烟碱	15.09	18.25	15.46	15.84	15.79	18.68	14.52	13.65	13.23
96	32.35	1,1,3-三甲基-1H-吲哚	—	—	—	—	—	—	0.24	—	—
97	32.75	3-甲基吲哚	0.44	—	0.39	—	0.97	0.47	1.55	—	0.51
98	33.14	7-甲基-1-茚酮	—	—	0.12	—	—	—	—	—	—
99	33.5	1,2-二甲基萘	—	—	—	—	—	—	—	—	0.27
100	33.78	7-甲基-1-茚酮	—	—	0.13	—	—	—	—	—	—
101	33.98	二甲基萘	0.25	0.44	0.35	0.32	0.47	0.17	0.86	0.28	0.39
102	34.25	苊	—	—	0.09	—	—	—	—	—	—
103	34.81	反式异丁香子酚	—	—	0.52	—	—	—	0.33	—	—
104	35	苊烯	—	—	0.16	—	—	—	—	—	0.15
105	35.28	3-乙基-苯甲醛	—	—	—	—	—	—	—	—	0.41
106	35.38	3-苯基-吡啶	—	—	0.08	—	—	—	—	—	—
107	35.99	3-甲基-1-苯基-吡唑	—	—	0.26	—	—	—	—	—	—

续表

编号	保留时间/min	化合物	JX-CPP1-T/%			JX-CPP2-T/%			JX-CPP3-T/%		
			300℃	600℃	900℃	300℃	600℃	900℃	300℃	600℃	900℃
108	36	烟碱烯	—	—	—	0.40	0.66	0.45	0.77	0.44	—
109	36.31	α-法尼烯	0.22	—	—	0.29	—	—	—	—	—
110	36.7	三甲基氢醌	—	—	—	—	—	—	—	0.70	
111	37.46	2,3'-联吡啶	—	—	—	—	0.33	—	0.38	0.50	
112	38.17	1-(3,4-二甲氧基苯)-乙酮	0.35	—	—	—	—	—	—	0.38	0.35
113	38.7	十一醇	0.14	—	—	—	—	—	—	—	
114	38.86	巨豆三烯酮	0.21	0.90	—	0.70	0.55	0.87	0.23	0.27	1.09
115	39.04	芴	—	—	0.14	—	—	—	—	—	—
116	40.65	4-(3-羟基-1-丁烯基)-3,5,5-三甲基-环己烯酮	0.38	0.30	—	0.22	0.32	—	0.43	0.55	—
117	41.58	1-(2,4,5-三乙基苯)-乙酮	1.24	—	—	0.60	—	—	—	0.89	—
118	41.68	6-(1'-羟乙基)-2,2-二甲基色烯	—	—	—	—	—	0.44	—	—	—
119	42.6	反式-2-植烯	—	0.80	—	—	—	—	—	0.88	
120	43.16	α-甜橙醛	0.22	—	—	—	—	—	—	—	—
121	43.45	肉豆蔻酸	—	—	—	—	—	—	—	0.51	
122	44.62	9-亚甲基-9H-芴	—	—	0.10	—	—	—	—	—	—
123	45.58	新植二烯	4.76	6.90	1.32	5.02	3.64	3.26	2.07	3.39	4.79
124	47.49	角鲨烯	1.32	0.58	—	1.61	0.52	0.76	—	0.40	0.76
125	48.82	棕榈酸	—	—	—	—	—	0.99	—	2.91	
126	58.39	维生素E	1.11	—	—	—	0.79	—	0.58	0.30	
127	58.45	角鲨烯	0.88	—	—	0.78	0.78	—	—	0.40	

续表

编号	保留时间/min	化合物	JX-CPP1-T/%			JX-CPP2-T/%			JX-CPP3-T/%		
			300℃	600℃	900℃	300℃	600℃	900℃	300℃	600℃	900℃
128	58.45	维生素E	—	—	0.48	1.38	—	0.17	—	—	1.04
129	58.6	角鲨烯	1.33	0.33	—	0.76	0.99	1.27	0.35	0.79	1.22
130	58.75	反（2-乙基己基）己二酸酯	0.28	—	—	—	—	—	0.33	0.22	—

小结

对在低湿和高湿条件下3个多糖对烟丝的保润性研究结果显示，低湿条件下多糖处理的烟丝失水率优于空白，但劣于甘油；高湿环境下多糖处理的烟丝吸水率优于空白和甘油。因此香加皮多糖对烟丝具有一定的保润性和防潮功能。

对3个多糖进行热重分析，发现HN-CPP1和HN-CPP2在不同温度下的热失重均呈5个阶段：第一阶段为失水阶段，多糖吸附水分挥发；第二阶段为平稳阶段，多糖样品质量几乎无变化；第三阶段为快速分解阶段，这一阶段多糖经高温快速裂解生成小分子物质挥发，HN-CPP1在300~400℃，HN-CPP2和HN-CPP3在250~350℃；第四阶段为缓慢分解阶段，这一阶段多糖没有明显的快速失重台阶；第五阶段为平稳阶段，这一阶段几乎无失重显现。与CPP1、CPP2不一样，CPP3在560~580℃有1个小的失重台阶。3个多糖具有相同种类但不同比例的单糖组成，热稳定性的差异可能与多糖的连接结构有关。3个多糖的分解温度低于烟支燃烧的热解区温度，处于蒸馏区温度范围内。在温度大于600℃特别是燃烧区的900℃时多糖更容易生成苯系物质，而HN-CPP1、HN-CPP2和HN-CPP3在400℃以前即可大量分解。

3个多糖的热裂解产物研究结果表明，在300℃时，由于温度较低，热裂解不充分，裂解产物非常少；在600℃和900℃时产生大量的热裂解产物，主要是杂环类、酮类、醛类、酯类、烯类、酸类、酚类等对烟草香味有贡献的香气物质，如糠醛、5-甲基糠醛、2-甲基-1,3-环戊二酮、苯乙酸苯乙酯和少量苯类化合物。说明多糖在对烟草具有保润功能的同时具有增香的效果。

通过对多糖吸附乙酸苯乙酯前后的热裂解产物对比发现，多糖可以吸附乙酸苯乙酯，且热裂解产物在300、600和900℃时均有明显增加，增加较多的主要是酯类、烯类、酮类、呋喃类、酸类等，如乙酸苯乙酯、苯乙烯、2-乙酰基呋喃、右旋柠檬烯等。通过接触式与非接触式吸附乙酸苯乙酯处理的对比发现，接触式可以吸附大量的乙酸苯乙酯，而非接触式吸附量较少，但均表明多糖可以用作香料或香精吸附剂应用于烟草增香。

对3个多糖通过非接触式吸附和接触式吸附香气物质后喷施到烟丝的裂解产物分析发现，裂解产物增加较多的是苯乙烯等。非接触式吸附量较少，在烟草香气物质中不突出，从量上考虑与烟气协调性较好。接触式吸附量较大，可以大量挥发和裂解，高于除烟碱外的其他物质，从量上考虑与烟气协调性较差。后续研究需要优化多糖对香气物质的吸附方式和添加方式。

参考文献

［1］陶红，于立梅，郭文，等. 柚皮多糖在不同烟叶载体上保润特性的变化［J］. 现代食品科技，2014，30（2）：84-89.

［2］芦昶彤，侯佩，孙志涛，等. 灵芝多糖的羧甲基化修饰及其保润性能研究［J］. 郑州轻工业学院学报（自然科学版），2015（5）：49-53.

［3］黄芳芳，尹洁，严志鹏，等. 铜藻多糖在烟丝中的保润性能、热裂解及其生物安全性分析［J］. 浙江农业学报，2017，29（5）：831-839.

［4］邹鹏，周骞，戴魁，等. 香菇多糖的超滤分离及保润性能研究［J］. 安徽农业大学学报，2016（6）：1029-1032.

［5］孙志涛，陈芝飞，郝辉，等. 羧甲基化黄芪多糖的制备及其保润性能［J］. 天然产物研究与开发，2016（9）：1427-1433.

［6］许春平，王充，曾颖，等. 烤烟上部鲜烟叶多糖的结构及保润性能［J］. 烟草科技，2017（4）：58-64.

［7］郭文，陶红，于立梅，等. 柚子皮多糖提取工艺优化及保润特性研究［J］. 农业机械，2013，35（12）：56-60.

［8］邢占厂. 茶树菇多糖作为烟草保润剂的研究［D］. 昆明：云南大学，2014.

［9］唐丽，刘娟，雷声，等. 硬脂酸改性普鲁兰多糖衍生物在卷烟中的应用研究［J］. 食品工业，2016，37（11）：8-10.

［10］刘洋，刘珊，胡军，等. 仙人掌多糖的提取及其在卷烟中的应用［J］. 烟草科技，2010（10）：8-11.

［11］韩富根. 烟草化学［M］. 2版. 北京：中国农业出版社，2010.

[12] 刘珊，张军涛，胡军，等. 裙带菜多糖的热裂解产物分析及卷烟应用研究［J］. 中国烟草
        学报，2013（5）：10-15.

[13] 刘珊，杨军，胡军，等. 龙须菜多糖的热裂解及其对卷烟主流烟气中7种有害成分释放量
        的影响［J］. 烟草科技，2013（5）：27-30，67.

[14] 杨振民，伊勇涛，胡军，等. 巴戟天水溶性多糖热裂解产物研究［J］. 中草药，2011，42
        （4）：656-660.

[15] 祖萌萌，郭春生，王政，等. 枸杞多糖的热裂解产物研究［J］. 农产品加工（学刊），
        2012（11）：77-80.

[16] 谷风林. 酪蛋白美拉德产物的制备、性质及在烟草中的应用研究［D］. 无锡：江南大学，
        2010.

[17] 卢红兵，孔波，钟科军. 基于烟草香味成分和GA-BP网络的烟草品质评价方法［J］. 烟草
        科技，2011（3）：27-31.

[18] 王欣英. 前茬作物玉米和甘薯对烟草的轮作效应及其机制的研究［D］. 泰安：山东农业
        大学，2006.

[19] 魏玉磊. 烟草中糖对主流烟气成分的影响研究［J］. 食品工业，2010（3）：62-64.

[20] 许春平，杨琛琛，郝辉，等. 香料烟烟叶多糖的热裂解产物研究［J］. 轻工科技，2014
        （8）：18-21.

[21] Lai M H, Wang J N, Tan J Y, et al. Preparation, complexation mechanism and
        properties of nano-complexes of astragalus polysaccharide and amphiphilic chitosan
        derivatives［J］. Carbohydrate Polymers, 2017, 161（1）: 261-269.

[22] Liu F, Zhu Z Y, Sun X L, et al. The preparation of three selenium-containing cordyceps
        militaris polysaccharides characterization and antitumor activities［J］. International
        Journal of Biological Macromolecules, 2017, 99: 196-204.

[23] Wang S, Wang L, Fan W, et al. Morphological analysis of common edible starch
        granules by scanning electron microscopy［J］. International Journal of Biological
        Macromolecules, 2011, 32（15）: 74-79.

[24] Zeng H, Zhang Y, Jian Y, et al. Rheological properties, molecular distribution, and
        microstructure of *Fortunella margarita*（Lour.）swingle polysaccharides［J］. Journal of
        Food Science, 2015, 80（4）: 1-9.

第九章

香加皮多糖的衍生化修饰及其抗氧化性研究

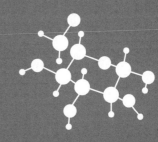

多糖作为一类天然的生物大分子，具有抗氧化、抗衰老、抗癌、增强免疫力、降血糖和预防艾滋病等作用。通过对其进行分子改造，得到一类新的、更具生物活性的多糖衍生物，已成为当前多糖类化合物研究的一个热点。对多糖进行化学修饰，一方面可以改变其理化性质，提高其生物活性；另一方面可以扩大其使用范围，改善其应用效果。目前，对香加皮多糖进行系统的分子修饰并比较修饰前后其生物活性的变化尚缺乏深入且系统的讨论。因此，本章试验主要对香加皮多糖进行羧甲基化修饰和硒化修饰，利用红外光谱和扫描电子显微镜对几种产物进行结构分析，并对羧甲基化和硒化修饰前后的多糖进行抗氧化活性研究。卷烟在燃烧过程中由于氧化作用会产生许多有害成分和自由基，通过对自由基的清除能力可以综合评价香加皮多糖及其化学修饰产物的体外抗氧化能力，以期为香加皮多糖及其衍生物的进一步应用提供参考。

第一节　香加皮多糖的羧甲基化修饰

参考孙志涛的方法并略加修改[1]：称取100mg香加皮多糖于200mL烧瓶中，加入20mL 80%（体积分数）乙醇，搅拌30min，然后加入70mL 1mol/L的NaOH溶液，搅拌1h；加入8mL 1.5mol/L的氯乙酸，60℃下醚化反应3h。反应结束后冷却至室温，用0.5mol/L HCl将反应液的pH调至中性。将溶液置于透析袋中透析2d，然后加入4倍体积的无水乙醇，醇沉24h后8000r/min离心10min，将沉淀冷冻干燥，即得到羧甲基化香加皮多糖，放入冰箱备用。

一、羧甲基化香加皮多糖取代度的测定

采用酸碱滴定法测定羧甲基化香加皮多糖的取代度：称取羧甲基化香加皮多糖样品0.5g于105℃鼓风烘箱中烘至恒重，冷却称重记为W，加入50mL蒸馏水充分溶解，以3滴甲基红为指示剂，用0.1mol/L HCl 溶液滴定至溶液显红色，另加10mL盐酸，记下盐酸消耗总体积V，上述溶液沸水浴 10min 后即用0.1mol/L NaOH 溶液滴定至显黄色，记下氢氧化钠消耗体积[2]。按式（9-1）计算取代度（D_S）。

$$B = \frac{C_{HCl} \times V_{HCl} - C_{NaOH} \times V_{NaOH}}{W} \tag{9-1}$$

$$D_S = \frac{0.162B}{1-0.058B} \tag{9-2}$$

式中　C_{HCl}——盐酸标准溶液的浓度，mol/L；

　　　　V_{HCl}——消耗的盐酸标准溶液体积，mL；

　　　　W——样品质量，g。

二、羧甲基化香加皮多糖单因素试验

1.氯乙酸浓度对羧甲基化香加皮多糖取代度的影响

NaOH浓度1.0mol/L、反应时间3h、反应温度60℃，分别考察氯乙酸浓度为0.5、1.0、1.5、2.0、2.5mol/L的反应结果，如图9-1所示。

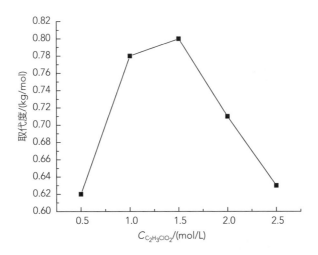

图9-1　氯乙酸浓度对羧甲基化香加皮多糖取代度的影响

如图9-1所示，随着氯乙酸浓度的增加，羧甲基化香加皮多糖的取代度逐渐升高，在氯乙酸浓度为1.5mol/L时，取代度最高。当氯乙酸浓度超过了1.5mol/L达到2.0、2.5mol/L时，取代度反而降低。可能是随着氯乙酸浓度的增加，反应体系中CH_2COO^-增多，导致酸性增加，pH降低。而氯乙酸水解加快，需要消耗体系中的NaOH，但整个取代反应需要在碱性条件下进行，因此取代度随之下降。因此可以确定反应中的最佳氯乙酸浓度为1.5mol/L。

2.NaOH浓度对羧甲基化香加皮多糖取代度的影响

氯乙酸浓度1.5mol/L、反应时间3h、反应温度60℃，分别考察NaOH浓度为0.6、0.8、1.0、1.2、1.4mol/L的反应结果，如图9-2所示。

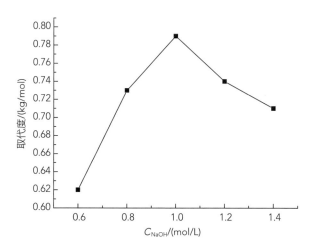

图9-2   NaOH浓度对羧甲基化香加皮多糖取代度的影响

如图9-2所示，羧甲基化香加皮多糖的取代度随着NaOH浓度的增加，呈现先增加后降低的趋势，在NaOH浓度为1.0mol/L时，取代度达到最大值。这是因为随着NaOH浓度的增大，反应体系醚化充分，生成了更多的多糖钠盐，提高了与氯乙酸的反应速率，增大了取代度。但是过高的NaOH浓度会导致部分副反应发生，降低氯乙酸的利用率，不利于取代反应，导致取代度下降。通过试验可知NaOH的最佳浓度是1.0mol/L。

3.反应温度对羧甲基化香加皮多糖取代度的影响

在氯乙酸浓度为1.5mol/L、NaOH浓度1.0mol/L和反应时间3.0h的条件下，分别考察反应温度为20、40、60、80、100℃的反应结果，如图9-3所示。

由图9-3可知，反应温度上升对羧甲基化香加皮多糖取代度的影响为先升高后降低，在反应温度为60℃时，取代度达到最大值。温度过低时，反应无法正常进行，反应速率过低；温度过高时，氯乙酸水解的副反应加快，不利于取代反应的进行，同时还加剧了多糖在碱性环境中的降解，造成了取代度的降低。因此最佳反应温度为60℃。

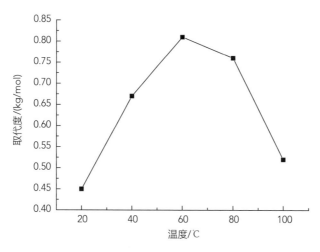

图9-3　反应温度对羧甲基化香加皮多糖取代度的影响

4.反应时间对羧甲基化香加皮多糖取代度的影响

在氯乙酸浓度1.5mol/L、NaOH浓度1.0mol/L、反应温度60℃的条件下，分别考察反应时间为2.0、2.5、3.0、3.5、4.0h的反应结果，如图9-4所示。

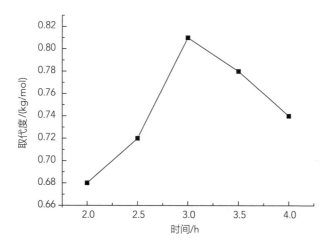

图9-4　反应时间对羧甲基化香加皮多糖取代度的影响

如图9-4所示，随着反应时间的增加，羧甲基化多糖的取代度呈现先升高后降低的趋势，在反应时间为3h时，取代度达到最大。这是因为随着反应时间的增加，主要的取代反应更加充分，取代度达到最大，当反应时间超过3h，副反应会逐渐增多，影响了主要的取代反应和产物，造成了取代度下降，因此确定最佳反应时间为3h。

三、羧甲基化香加皮多糖的单因素试验及响应面分析

根据Box-Benhnken的中心组合试验设计原理，在单因素试验的基础上，以各羧甲基化香加皮多糖样品的取代度为响应值，参照陈慧、敖红伟等的条件设置[3,4]，选取NaOH浓度、氯乙酸浓度、反应温度和反应时间4个对反应具有较大影响的单因素进行响应面试验，优化烟叶多糖羧甲基化工艺条件，响应面试验因素与单因素水平见表9-1。

表9-1 响应面试验因素与单因素水平

试验因素	单因素水平		
	-1	0	1
A：氯乙酸浓度/（mol/L）	1	1.5	2
B：NaOH浓度/（mol/L）	0.8	1	1.2
C：反应温度/℃	40	60	80
D：反应时间/h	2.5	3	3.5

四、响应面方法确定香加皮多糖羧甲基化工艺条件

1.响应模型的建立与分析

在单因素试验的基础上，用Design-Expert 8.0软件进行响应面试验设计，以取代度为响应值，结果见表9-2。

表9-2 响应面试验设计及结果

试验编号	A:氯乙酸浓度 /（mol/L）	B:NaOH浓度/（mol/L）	C:反应温度/℃	D:反应时间/h	取代度
1	-1	0	0	-1	0.598
2	1	-1	0	0	0.612
3	0	1	1	0	0.614
4	-1	0	-1	0	0.559
5	0	-1	1	0	0.657
6	0	-1	0	1	0.614

续表

试验编号	A:氯乙酸浓度 /（mol/L）	B:NaOH浓度/（mol/L）	C:反应温度/℃	D:反应时间/h	取代度
7	0	0	0	0	0.823
8	0	1	-1	0	0.568
9	0	1	0	1	0.642
10	-1	0	0	1	0.609
11	1	0	0	1	0.693
12	0	0	0	0	0.846
13	-1	1	0	0	0.465
14	1	0	0	-1	0.582
15	0	-1	-1	0	0.635
16	1	0	1	0	0.612
17	1	0	-1	0	0.618
18	0	0	0	0	0.833
19	0	0	0	0	0.802
20	-1	-1	0	0	0.594
21	1	1	0	0	0.632
22	0	0	1	1	0.621
23	0	0	-1	1	0.625
24	0	1	0	-1	0.574
25	0	0	1	-1	0.611
26	0	0	0	0	0.813
27	-1	0	1	0	0.633
28	0	0	-1	-1	0.522
29	0	-1	0	-1	0.647

采用 Design-Expert 8.0软件对响应面试验得到的结果进行分析研究，按照各因素对羧甲基化取代度的影响进行二次方程拟合，回归模型方差分析结果见表9-3。

表9-3 回归模型方差分析结果

方差来源	平方和	自由度	均方	F	P
模型	0.23	14	0.017	20.78	< 0.0001
A	0.007057	1	0.007057	8.74	0.0104
B	0.005808	1	0.005808	7.2	0.0178
C	0.00407	1	0.00407	5.04	0.0414
D	0.006075	1	0.006075	7.53	0.0158
AB	0.00555	1	0.00555	6.88	0.0201
AC	0.0016	1	0.0016	1.98	0.1809
AD	0.0025	1	0.0025	3.1	0.1002
BC	0.000144	1	0.000144	0.18	0.6791
BD	0.00255	1	0.00255	3.16	0.0972
CD	0.002162	1	0.002162	2.68	0.1239
A^2	0.088	1	0.088	109.16	< 0.0001
B^2	0.079	1	0.079	98.43	< 0.0001
C^2	0.076	1	0.076	93.82	< 0.0001
D^2	0.065	1	0.065	80.64	< 0.0001
残差	0.011	14	0.000807	—	—
失拟项	0.01	10	0.001013	3.47	0.1212
纯误差	0.001169	4	0.0002923	—	—
总和	0.25	28	—	—	—

注：$P < 0.0001$为极显著，$P < 0.05$为显著。

由表9-3中的方差分析结果得到拟合二次多项式方程式（9-3）：

$$DS = +0.82 + 0.024*A - 0.022*B + 0.018*C + 0.023*D + 0.037*A*B - 0.020*A*C + 0.025*A*D + 6.000E\text{-}003*B*C + 0.025*B*D - 0.023*C*D - 0.12*A^2 - 0.11*B^2 - 0.11*C^2 - 0.10*D^2$$

$$(9\text{-}3)$$

式中　DS——取代度；

　　　A——氯乙酸浓度；

B——氢氧化钠浓度；

C——反应温度；

D——反应时间。

F越大对取代度影响越大，由表9-3可以看出，回归方程的F为20.78，$P<0.0001$，表明模型极显著。失拟误差的P为0.1212>0.05，失拟项不显著，表明该方程对试验拟合情况好，试验误差小。按照拟合模型得到的回归方程，考察其因变量与自变量之间的线性相关系数后发现，$R=0.9541≈1$，这一点表明用该数学模型来评估各相关因素对取代度影响的可信度较高。其中，各因素对试验结果的影响大小为$A>D>B>C$，即氯乙酸浓度对取代度的影响最大，其次为反应时间、温度，氢氧化钠浓度的影响最小。A、B、C、D、AB对取代度的影响显著（$P<0.05$），AC、BC、AD、BD、CD对取代度的影响均不显著（$P>0.05$）。

2.响应面分析结果

氯乙酸浓度、NaOH浓度、反应时间以及反应温度之间的交互作用对多糖取代度的影响如图9-5所示。响应面图和等高线图可以直观地反映各因素之间的相互作用，曲面的陡峭程度表明了该因素对取代度的影响；曲面越陡峭影响越显著；反之，曲面越平缓则影响越不显著。等高线越密集表明对取代度的影响越大；反之，等高线越稀疏则表明对取代度的影响越小。

采用Design-Expert 软件根据多元回归拟合分析处理4个因素对取代度的响应面分析结果，如图9-5所示。

两因素交互作用对羧甲基化多糖取代度的影响如图9-5（1）~图9-5（6）所示。在图9-5（1）中，响应曲面呈现高度扭曲，说明A（氯乙酸浓度）、B（NaOH浓度）存在着显著的交互作用，这也与回归分析的结果一致（$P=0.0201$）。因此，在反应温度为60℃、反应时间为3h时，A（氯乙酸浓度）、B（NaOH浓度）的交互作用是影响香加皮多糖羧甲基化取代度最为显著的因素。图9-5（2）~图9-5（6）响应面曲线较为平滑，说明AC、AD、BC、BD、DC对的交互作用对香加皮多糖羧甲基化取代度影响不显著，这也与回归分析的P一致（$P_{(AC)}=0.1809$、$P_{(AD)}=0.1002$、$P_{(BC)}=0.6791$、$P_{(BD)}=0.0972$、$P_{(DC)}=0.1239$）。

3.验证试验结果

通过模型预测可知，羧甲基化香加皮多糖最佳取代度的反应条件为：氯乙酸浓度

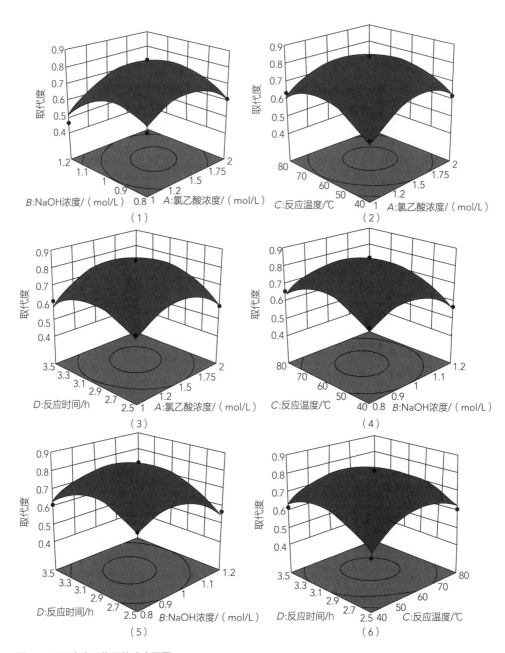

图9-5 两因素交互作用的响应面图

1.550mol/L、NaOH浓度0.986mol/L、反应温度61.253℃、反应时间3.055h。考虑实际操作的可行性，将条件修正为：氯乙酸浓度1.5mol/L、NaOH浓度1.0mol/L、反应温度60.0℃，反应时间3.0h。在优化条件下，羧甲基化香加皮多糖的取代度为0.827。为检验响应面法优化结果的可靠性，在修正后的条件下，进行5次香加皮多糖的羧甲基化修饰的验证试验，结果检测取代度分别为0.818、0.827、0.837、0.825和0.826。实际测得的平均提取率为0.826，与理论值的相对误差仅为0.12%。

第二节　香加皮多糖的硒化修饰

香加皮多糖的硒化修饰按照文献方法进行，略有改动[5]。准确称取香加皮多糖100mg于三角瓶中，缓慢滴加10mL浓度为0.5%（质量分数）的HNO_3，边加边搅拌，溶解后加0.2g的修饰剂Na_2SeO_3（修饰剂：多糖=2∶1）和0.2g的催化剂$BaCl_2$（催化剂：多糖=2∶1），在不同温度下（40、60、80℃）反应6h。反应结束后冷却至室温，用1mol/L的NaOH将反应液调至pH 7~8，再加入Na_2SO_4除去未反应的Ba^{2+}，离心，上清液透析至无Se为止（用维生素C溶液检测是否显红色，不显红色说明不含Se，一般需72h），加乙醇至80%（体积分数）得到醇沉物，沉淀冷冻干燥，得到硒化多糖，放入冰箱备用。

一、香加皮多糖硒化衍生物的红外光谱测定及分析

如图9-6所示，四川产地的香加皮多糖经羧甲基化修饰和硒化修饰后，与未经修饰的香加皮多糖的红外图谱相比波形相差不大，仍呈典型的多糖吸收峰，但在3400cm^{-1}处的强度明显增大，说明羟基含量增多。SC-Ac-CPP1的红外谱图显示，在1646cm^{-1}处引入了羧甲基的伸缩振动吸收峰[7]，1380cm^{-1}处饱和—CH的对称变角振动吸收峰明显增强，说明多糖分子中引入了羧甲基基团。SC-Se-CPP1的红外谱图与SC-CPP1的红外谱图相比，1380cm^{-1}处的对称变角振动吸收峰明显增强，并且在928cm^{-1}和880cm^{-1}附近出现有小的吸收峰，分别是Se—O—C的对称伸缩振动吸收峰和Se=O的伸缩振动吸收峰[8,9]，证明香加皮多糖已经被硒化修饰。

图9-7所示为河北产地的香加皮多糖及其衍生物的红外光谱图，与原香加皮多糖相比，修饰后的香加皮多糖中仍有多糖的特征吸收峰，说明香加皮多糖的主体结构并没有被破坏，只是在某些特征峰的峰形上有了改变，其吸收波长有一定程度的红移或蓝移。HB-Ac-CPP1的O—H伸缩振动峰明显增强，说明羧甲基化修饰增加了羟基含量；且在1646cm^{-1}处引入了羧甲基的伸缩振动吸收峰，同时1385cm^{-1}处饱和—CH的对称变角振动

吸收峰明显增强，均说明多糖分子中引入了羧甲基基团。HB-Se-CPP1的红外光谱图与HB-CPP1相比，主体峰形变化不大，但在1385cm⁻¹处饱和—CH的对称变角振动吸收峰明显增强，并在880cm⁻¹处新增了Se＝O的伸缩振动吸收峰，证明香加皮多糖已经被硒化修饰。

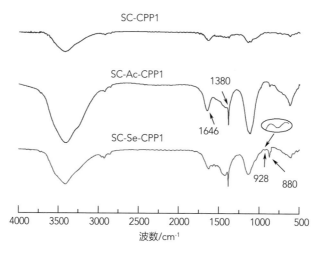

图9-6　四川产地香加皮多糖SC-CPP1、SC-Ac-CPP1及SC-Se-CPP1的
　　　　红外光谱图

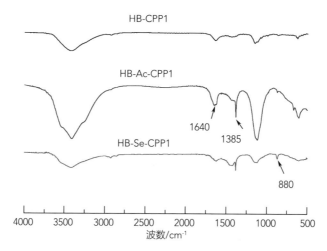

图9-7　河北产地香加皮多糖HB-CPP1、HB-Ac-CPP1及HB-Se-CPP1的
　　　　红外光谱图

如图9-8所示，河南产地香加皮多糖经羧甲基化修饰和硒化修饰后，与未经修饰的香加皮多糖的红外图谱相比波形相差不大，仍呈现出典型的多糖吸收峰，HN-Ac-CPP1

在3400cm⁻¹处和1646cm⁻¹处的O—H伸缩振动峰和C＝O伸缩振动峰明显增强，说明羧甲基化修饰增加了羟基和羰基含量；同时1385cm⁻¹处饱和—CH的对称变角振动吸收峰明显增强，也说明多糖分子中引入了羧甲基基团。HN-Se-CPP2的红外光谱图与HN-CPP2相比，主体峰形变化不大，但在1385cm⁻¹处饱和—CH的对称变角振动吸收峰有所减弱，并在928cm⁻¹和880cm⁻¹处新增了Se—O—C的对称伸缩振动吸收峰和Se＝O的伸缩振动吸收峰，证明修饰后的香加皮多糖中存在亚硒酸基团，香加皮多糖已经被硒化修饰。

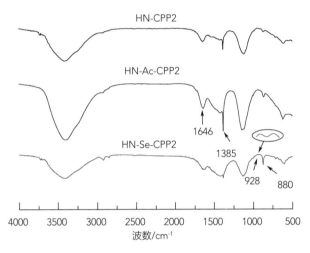

图9-8　河南产地香加皮多糖HN-CPP2、HN-Ac-CPP2及HN-Se-CPP2的
　　　　红外光谱图

二、香加皮多糖硒化衍生物的三螺旋结构测定及分析

研究发现，多糖的构象存在螺旋形式时，其功能活性增强，螺旋结构中存在的 β -1,3分支残基，能够增强其抗氧化活性[10]。

如图9-9所示，四川产地未经修饰的香加皮多糖与刚果红溶液的最大吸收波长随NaOH浓度的增加逐渐下降，最后趋于平缓，无明显特征性峰值，说明该多糖不含有三螺旋结构。经羧甲基化和硒化修饰后的香加皮多糖在NaOH浓度为0~0.1mol/L时与刚果红混合液的波长出现了明显红移，说明修饰后的多糖含有三螺旋结构。当NaOH浓度大于0.1mol/L时，与刚果红混合液的最大吸收波长开始降低，多糖螺旋结构开始解体。因此可猜测，羧甲基化修饰和硒化修饰均影响四川产地香加皮多糖的三螺旋结构，并可以提高多糖的生物活性，为后续体外抗氧化能力研究提供结构基础。

如图9-10所示，河北产地未经修饰的香加皮多糖与刚果红溶液的最大吸收波长随

NaOH浓度的增加相应减小，与刚果红溶液相比，其最大吸收波长减小的趋势相对缓慢，说明该多糖不含有三螺旋结构。经羧甲基化修饰后的香加皮多糖在NaOH浓度为0~0.1mol/L时与刚果红混合液的波长发生了明显红移，说明修饰后的多糖含有三螺旋结构。硒化修饰后的多糖与刚果红溶液的最大吸收波长在NaOH浓度为0~0.3mol/L时缓慢增大，当NaOH浓度大于0.4mol/L时，与刚果红混合液的最大吸收波长开始降低，多糖螺旋结构开始解体。羧甲基化修饰和硒化修饰均影响河北产地香加皮多糖的三螺旋结构。张力妮研究的麦冬多糖不含有三螺旋结构，而经硫酸化、磷酸化、羧甲基化修饰之后，其空间结构发生改变，均含有了三螺旋结构，这与本试验结果相一致[11]。

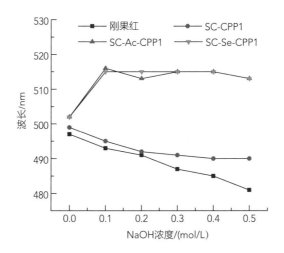

图9-9　不同NaOH浓度下刚果红与四川产地香加皮多糖混合液最大波长变化

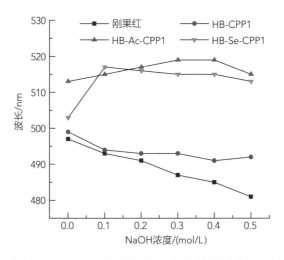

图9-10　不同NaOH浓度下刚果红与河北产地香加皮多糖混合液最大波长变化

如图9-11所示，河南产地未经修饰的香加皮多糖与羧甲基化和硒化修饰的香加皮多糖与刚果红溶液在NaOH浓度为0~0.5mol/L时均具有最大吸收波长。与纯刚果红溶液的最大波长相比，3种多糖组分和刚果红混合溶液的最大波长与纯刚果红溶液的最大波长比较，出现了显著的红移，说明3种多糖均含有三螺旋结构，羧甲基化修饰和硒化修饰不影响河南产地香加皮多糖的三螺旋结构。这与罗婷、于闯研究的苹果渣多糖羧甲基化修饰与茶多糖硒化修饰后三螺旋结构未改变的结果相一致[12,13]。

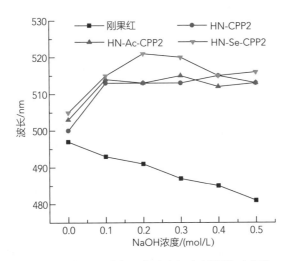

图9-11　不同NaOH浓度下刚果红与河南产地香加皮多糖
　　　　混合液最大波长变化

三、香加皮多糖硒化衍生物扫描电子显微镜

利用扫描电子显微镜（SEM）对多糖样品表观形态进行观察。将洁净的导电胶黏附在样品台上，挑取少量样品铺洒均匀并黏附在导电胶上，用洗耳球轻吹样品，吹走未附着的和未牢固固定的颗粒，用SEM进行扫描、拍摄，电压为3kV，分辨尺度为100μm。

如图9-12~图9-14所示，3个产地的羧甲基化和硒化修饰前后的香加皮多糖其表面形态和颗粒结构发生明显变化。3个产地未修饰的香加皮多糖其主要形态均为表面光滑的、大小不一的柱状颗粒，且结构致密，呈堆积现象，说明分子间作用力较强。经羧甲基化修饰后，香加皮多糖呈片状结构，表面粗糙且疏松多孔。硒化修饰后的香加皮多糖由大小不一的球形颗粒聚集而成，这与纪迅研究的大蒜多糖经硒化修饰后表面分布有球状颗粒的结果相似[14]。羧甲基化和硒化修饰可以改变香加皮多糖的空间形态，这可能是因为多糖结构发生了变化，香加皮多糖的空间形态与其生理活性密切相关。

（1）　　　　　　　　　　　　（2）

（3）

图9-12　SC-CPP1（1）、SC-Ac-CPP1（2）及SC-Se-CPP1（3）扫描电子显微镜图

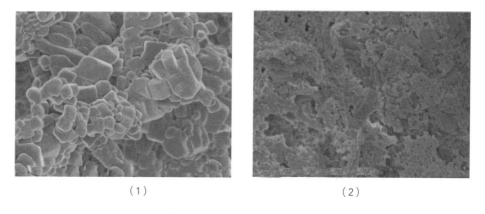

（1）　　　　　　　　　　　　（2）

图9-13

（3）

图9-13　HB-CPP1（1）、HB-Ac-CPP1（2）及HB-Se-CPP1（3）扫描电子显微镜图（续）

（1）　　　　　　　　　　　　　　（2）

（3）

图9-14　HN-CPP2（1）、HN-Ac-CPP2（2）及HN-Se-CPP2（3）扫描电子显微镜图

四、香加皮多糖及其硒化衍生物抗氧化活性测定

称取不同质量的香加皮多糖及其衍生物，分别配置成0.1、0.25、0.5、0.75、1g/L的多糖溶液，备用。

1.香加皮多糖及其硒化衍生物清除DPPH自由基的能力

根据文献方法配制DPPH乙醇溶液[2]。取不同浓度的多糖溶液1.0mL，加入2.0mL DPPH溶液，对照组用无水乙醇代替DPPH乙醇溶液，空白组以同体积蒸馏水代替多糖样品，以维生素C作为阳性对照，混匀后避光反应30min，于517nm处测量吸光度。DPPH自由基清除率如式（9-4）。

$$DPPH自由基清除率 / \% = (1 - \frac{A_{样品} - A_{对照}}{A_{空白}}) \times 100\% \qquad (9\text{-}4)$$

如图9-15所示，3个产地的多糖及其衍生物对DPPH自由基均具有一定的清除能力，但与维生素C相比还有一定的差距。图9-15（1）中四川产地SC-CPP0 DPPH自由基清除能力最高，SC-CPP1 DPPH自由基清除能力最低。当样品浓度为1mg/mL时，SC-CPP0、SC-CPP1、SC-CPP2和SC-CPP3的DPPH自由基清除率分别为71.88%、48.73%、56.75%和62.04%。对SC-CPP1进行羧甲基化和硒化修饰后，多糖样品对DPPH自由基的清除能力上升，样品浓度为1mg/mL时的SC-Ac-CPP1和SC-Se-CPP1的DPPH自由基清除率分别为54.90%和53.67%。随着样品浓度的增加，SC-CPP0、SC-CPP1、SC-CPP2、SC-CPP3、SC-Ac-CPP1和SC-Se-CPP1对DPPH自由基的清除率呈线性增加，其半抑制浓度IC_{50}分别为0.50、0.98、0.70、0.66、0.70和0.82mg/mL，说明SC-CPP0抗氧化活性最好。

河北产地多糖对DPPH自由基的清除率如图9-15（2）所示，HB-CPP0对DPPH自由基的清除能力略高于另外5种多糖，当样品浓度为1mg/mL时，HB-CPP0、HB-CPP1、HB-CPP2和HB-CPP3的DPPH自由基清除率分别为65.20%、54.36%、52.37%和64.05%；当样品浓度为0.1~0.75mg/mL时，其DPPH自由基清除率与多糖浓度基本呈线性关系；当样品浓度高于0.75mg/mL时，DPPH自由基清除率增加较缓慢。其IC_{50}分别为0.37、0.71、0.90和0.43mg/mL。对HB-CPP1进行羧甲基化和硒化修饰后，其IC_{50}分别为0.53mg/mL和0.60mg/mL，抗氧化活性有所增强，但仍低于HB-CPP0多糖组分，说明HB-CPP0抗氧化活性最强。有研究表明甘露糖含量与DPPH自由基清除能力呈正相关[15]，河北产地未经修饰的4种多糖中，甘露糖和阿拉伯糖含量均表现为HB-CPP0>HB-CPP3>HB-CPP1>HB-CPP2，抗氧化能力也表现为此顺序，这与艾于杰研究的茶多糖中阿拉伯糖含量越高，DPPH自由基清除能力越差不符，可能与多糖的空间结构有关，需进一步验证[16]。

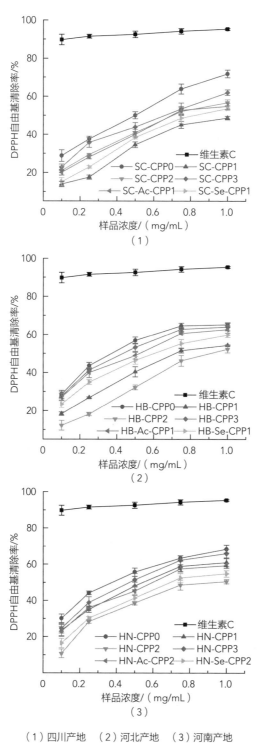

（1）四川产地　（2）河北产地　（3）河南产地

图9-15　不同产地香加皮多糖DPPH自由基清除能力

河南产地香加皮多糖对DPPH自由基的清除能力如图9-15（3）所示，随着样品浓度的增加，DPPH自由基清除能力先逐渐增加后逐渐趋于平缓。当样品浓度为1mg/mL时，HN-CPP0、HN-CPP1、HN-CPP2、HN-CPP3、HN-Ac-CPP2和HN-Se-CPP2的DPPH自由基清除率分别为68.38%、60.96%、50.51%、65.93%、59.26%和54.78%，其IC_{50}分别为0.38、0.54、0.94、0.47、0.60和0.70mg/mL，这表明香加皮多糖经羧甲基化和硒化修饰后，对DPPH自由基的清除能力显著提高，且羧甲基化香加皮多糖的DPPH自由基清除作用更强。

2.香加皮多糖及其硒化衍生物清除ABTS自由基的能力

参考程爽等方法配制ABTS乙醇溶液[3]。取2.0mL不同浓度的多糖样品溶液，加入4.0mL ABTS溶液，对照组用无水乙醇代替ABTS乙醇溶液，空白组以同体积蒸馏水代替多糖样品，混匀后避光反应10min，于734nm处测量吸光度，以维生素C为作阳性对照。ABTS自由基清除率如式（9-5）。

$$ABTS自由基清除率/\% = \left(1 - \frac{A_{样品} - A_{对照}}{A_{空白}}\right) \times 100\% \qquad (9-5)$$

不同产地香加皮多糖ABTS自由基清除能力如图9-16所示，3个产地的香加皮多糖及其衍生物均可清除ABTS自由基，且各组分的ABTS自由基清除能力与样品浓度存在明显的剂量效应。图9-16（1）中当浓度为1mg/mL时，SC-CPP0、SC-CPP1、SC-CPP2和SC-CPP3对ABTS自由基的清除率分别为80.72%、62.15%、69.63%和72.21%，其IC_{50}分别为0.35、0.73、0.60和0.49mg/mL。SC-CPP1经羧甲基化和硒化修饰后对ABTS自由基的清除率明显增加，其IC_{50}分别为0.64和0.70mg/mL。

图9-16（2）为河北产地的香加皮多糖对ABTS自由基的清除能力，随着样品浓度的增加，ABTS自由基清除能力逐渐增加。当多糖样品浓度为1mg/mL时，HB-CPP0、HB-CPP1、HB-CPP2和HB-CPP3的清除率分别为82.96%、70.30%、58.69%和78.83%，均低于维生素C；其IC_{50}分别为0.37、0.71、0.85和0.68mg/mL。经羧甲基和硒化修饰的HB-CPP1对ABTS自由基的清除能力变化趋势与未经修饰的香加皮多糖大体一致，其ABTS自由基清除能力整体表现为：HB-CPP0>HB-CPP3>HB-Ac-CPP1>HB-Se-CPP1>HB-CPP1>HB-CPP2。

河南产地的香加皮多糖对ABTS自由基清除能力如图9-16（3）所示，随着样品浓度的增加，ABTS自由基清除能力逐渐增加。当样品浓度为0.75~1mg/mL时，香加皮多糖对ABTS自由基清除能力有大幅提高，且当多糖浓度为1mg/mL时，HN-CPP0、HN-CPP1、HN-CPP2和HN-CPP3对ABTS自由基的清除率分别达到79.26%、71.01%、52.23%

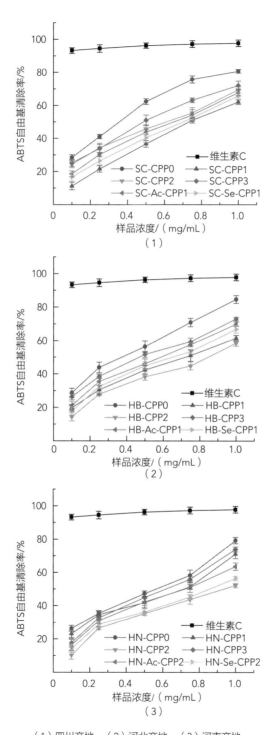

（1）四川产地　（2）河北产地　（3）河南产地

图9-16　不同产地香加皮多糖ABTS自由基清除能力

和73.90%，其IC$_{50}$分别为0.56、0.71、0.93和0.62mg/mL。通过对HN-CPP2进行羧甲基化和硒化修饰，其对ABTS自由基的清除率分别达到63.56%和56.44%，羧甲基化和硒化修饰可以明显提高其清除能力，但还是弱于其他多糖组分。

已有研究表明，分子质量对多糖的抗氧化能力有一定的影响，高分子质量空间结构相对稳定，生物活性较高[17]；也有研究表明多糖的分子质量越小，其抗氧化活性越强，可能是由于大分子质量多糖穿过细胞膜的渗透能力弱[18]。Xu等研究表明，分子质量越大，多糖的ABTS自由基清除率越强，与本研究得到的香加皮多糖分子质量越高，其抗氧化能力越强相一致[19]。

3.香加皮多糖及其硒化衍生物清除OH自由基的能力

OH自由基清除能力的测定根据文献稍作修改[4]：取1mL不同浓度的多糖溶液分别加入1mL 6mmol/L硫酸亚铁溶液、1mL 6mmol/L水杨酸乙醇溶液和1mL 6mmol/L过氧化氢溶液混合均匀。37℃水浴加热反应1h，冷却后在510nm处检测其吸光度，对照组用蒸馏水代替H$_2$O$_2$溶液，空白组用蒸馏水代替样品，以维生素C作为阳性对照。OH自由基清除率的计算如式（9-6）所示。

$$OH自由基清除率 / \% = \left(1 - \frac{A_{样品} - A_{对照}}{A_{空白}}\right) \times 100\% \qquad （9-6）$$

如图9-17所示，当多糖浓度为0.1~1mg/mL时，多糖浓度越大，OH自由基清除率越高，但远低于维生素C。

图9-17（1）为四川产地香加皮多糖的OH自由基清除率，随着样品浓度的增加，OH自由基清除能力逐渐增加。当浓度为1mg/mL时，SC-CPP0、SC-CPP1、SC-CPP2和SC-CPP3的OH自由基清除率分别为65.93%、52.31%、61.06%和62.00%；其IC$_{50}$分别为0.61、0.94、0.77和0.67mg/mL。经羧甲基化和硒化后的SC-CPP1对OH自由基的清除率有所增强，分别为58.49%和55.56%，可见多糖经羧甲基化修饰后其抗氧化活性要高于硒化修饰，但仍低于其他多糖组分。

图9-17（2）为河北产地香加皮多糖的OH自由基清除率，样品浓度为1mg/mL时，各多糖组分的OH自由基清除率达到最大值，分别为68.01%、53.54%、51.66%和65.10%。HB-CPP0、HB-CPP1、HB-CPP2和HB-CPP3的IC$_{50}$分别为0.59、0.89、0.95和0.65mg/mL。HB-Ac-CPP1和HB-Se-CPP1的OH自由基清除率明显高于HB-CPP1，样品浓度为1mg/mL时，清除率分别为62.46%和58.60%。研究表明，多糖之所以可以清除OH自由基，是因为多糖中的糖醛酸可以和亚铁离子结合，抑制OH自由基的生成。本试验中糖醛酸含量顺序为HB-CPP0>HB-CPP3>HB-CPP1>HB-CPP2，与抗氧化顺序一致，与凌洁玉等

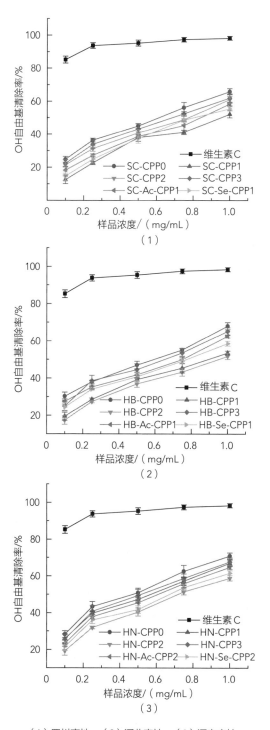

（1）四川产地 （2）河北产地 （3）河南产地

图9-17 不同产地香加皮多糖OH自由基清除能力

的研究结果相吻合[20]。

图9-17（3）为河南产地香加皮多糖的OH自由基清除率，当样品浓度为0.1~1mg/mL时，其OH自由基清除率与多糖浓度基本呈线性关系；当多糖浓度为1mg/mL时，HN-CPP0、HN-CPP1、HN-CPP2和HN-CPP3的OH自由基清除率分别为70.88%、66.96%、58.82%和67.67%，其IC_{50}分别为0.47、0.56、0.72和0.51mg/mL。羧甲基化和硒化修饰后的HN-CPP2对OH自由基清除率明显增强，在样品浓度为1mg/mL时的OH自由基清除率分别增加到了64.67%和61.54%。由文献可知，三七多糖和茯苓多糖在浓度为1mg/mL时对OH自由基的清除率仅为15.04%和25.12%，低于同浓度下香加皮多糖的OH自由基清除率[21,22]。

4.香加皮多糖及其硒化衍生物清除超氧阴离子自由基的能力

超氧阴离子（O_2^-）自由基清除能力的测定根据文献稍作修改[6]：取2mL香加皮多糖样品溶液加入3mL Tris-HCl缓冲溶液（PH 8.0、0.05mol/L），混合后室温反应10min，再加入12μL焦性没食子酸（现配现用，浓度30mmol/L）混匀后室温下反应4min，立即在325nm处测量吸光度。O_2^-自由基清除率如式（9-7）所示。

$$O_2^-自由基清除率\,/\,\% = （1-\frac{A_{样品}-A_{对照}}{A_{空白}}）\times 100\% \qquad （9\text{-}7）$$

不同产地香加皮多糖O_2^-自由基清除能力如图9-18所示，在0.1~0.75g/L浓度内各多糖组分及维生素C的O_2^-自由基清除能力与浓度均具有良好的量效依赖关系；当样品浓度高于0.75mg/mL时，各多糖组分对O_2^-自由基清除能力增加平缓。

图9-18（1）所示为四川产地香加皮多糖的O_2^-自由基清除率，当样品浓度为1mg/mL时，SC-CPP0、SC-CPP1、SC-CPP2和SC-CPP3的O_2^-自由基清除率分别为56.02%、41.50%、52.98%和54.07%；说明各多糖组分均可以清除O_2^-自由基，但清除能力均弱于维生素C，其中SC-CPP1的清除活性最低。对SC-CPP1进行羧甲基化和硒化修饰后，其对O_2^-自由基清除能力增加到了45.65%和43.52%，说明羧甲基化和硒化修饰可以提高香加皮多糖对O_2^-自由基的清除能力，但清除效果仍不及其他多糖。

图9-18（2）为河北产地香加皮多糖的O_2^-自由基清除率，当样品浓度为1mg/mL时，HB-CPP0、HB-CPP1、HB-CPP2和HB-CPP3的清除率分别为48.62%、42.72%、41.62%和48.14%；说明各多糖组分均可以清除O_2^-自由基，但清除能力均低于维生素C，其中HB-CPP2的清除活性最低，HB-CPP1的清除活性次之。对HB-CPP1进行羧甲基化和硒化修饰后，其对O_2^-自由基清除能力增加到了47.07%和43.78%，说明羧甲基化和硒化修饰均可以提高香加皮多糖对O_2^-自由基的清除能力，且羧甲基化修饰效果更好，但清除效果仍不及其他多糖。

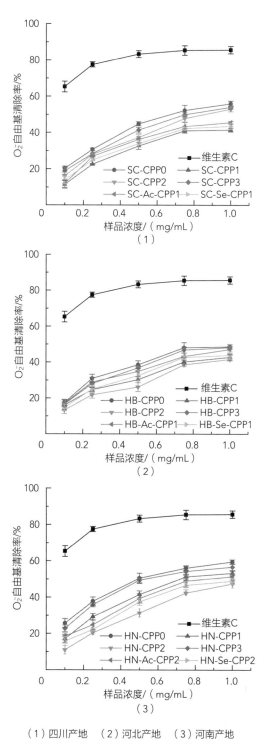

（1）四川产地　（2）河北产地　（3）河南产地

图9-18　不同产地香加皮多糖 O_2^- 自由基清除能力

图9-18（3）为河南产地香加皮多糖的O_2^-自由基清除能力，当样品浓度为1mg/mL时，HN-CPP0、HN-CPP1、HN-CPP2和HN-CPP3的O_2^-自由基清除率分别为59.44%、53.24%、47.38%和56.60%；说明各多糖组分均可以清除O_2^-自由基，但清除能力远低于维生素C，其中HN-CPP2的清除活性最低。对HN-CPP2进行羧甲基化和硒化修饰后，其对O_2^-自由基清除能力增加到了51.32%和48.90%。

总体来看，香加皮多糖对O_2^-自由基有一定的清除能力，但较弱，羧甲基化和硒化修饰可以提高其清除能力。研究表明多糖对O_2^-自由基的清除能力与其所含羟基数量有关，香加皮多糖对O_2^-自由基的清除率较弱，可能与其空间结构有关，羟基被束缚在结构内部，不能与外围的O_2^-自由基反应[23]。

5.香加皮多糖及其硒化衍生物还原能力测定

参考文献测定样品的还原能力[3]：取1.0mL不同浓度的香加皮多糖样品溶液加入2.0mL 10g/L铁氰化钾溶液和2.0mL磷酸盐缓冲液（pH 6.6、0.2mol/L）均匀混合，50℃水浴加热30min。冷却后加入2.0mL 10%（质量分数）三氯乙酸溶液，混合均匀后5000r/min离心10min，取2.0mL上清液，加入2.0mL蒸馏水和0.5mL 10g/L三氯化铁溶液，反应10min后于700nm处测定吸光度，以维生素C作为阳性对照。

各多糖组分的还原能力如图9-19所示，吸光度表示多糖的还原能力，还原能力越强，表明其抗氧化性越好。图9-19（1）所示为四川产地香加皮多糖的还原能力，在0.1~1mg/mL的测试范围内，各组分的还原能力随多糖浓度的增大而增强，其中SC-CPP2和SC-CPP3的还原能力无明显差异。当多糖浓度为1mg/mL时，各多糖组分的吸光度达到最大值，分别为0.782、0.613、0.704和0.715，说明SC-CPP0还原能力最强，SC-CPP1还原能力最弱。SC-CPP1经羧甲基化和硒化修饰后其还原能力明显增强，具体表现为：SC-Ac-CPP1>SC-Se-CPP1>SC-CPP1。

图9-19（2）所示为河北产地香加皮多糖的还原能力，当样品浓度为0.1、0.25和0.5mg/mL时，HB-CPP1和HB-CPP3的还原能力无明显差异；当浓度为0.5~1mg/mL时，HB-CPP3的还原能力略高于HB-CPP1。在浓度为1mg/mL时，各多糖组分和维生素C的吸光度分别为0.789、0.649、0.616、0.741和0.921，说明还原能力强弱顺序为维生素C>HB-CPP0>HB-CPP3>HB-CPP1>HB-CPP2。经羧甲基化和硒化修饰后的HB-CPP1多糖还原能力明显高于未修饰的多糖，且HB-Ac-CPP1的还原能力高于HB-Se-CPP1。

图9-19（3）所示为河南产地香加皮多糖的还原能力，当多糖浓度为0.1~1mg/mL时，多糖浓度越大，还原能力越强，但均低于维生素C。当多糖浓度为1mg/mL时，各多糖组分的吸光度达到最大值，分别为0.808、0.709、0.612和0.731，说明HN-CPP0组分

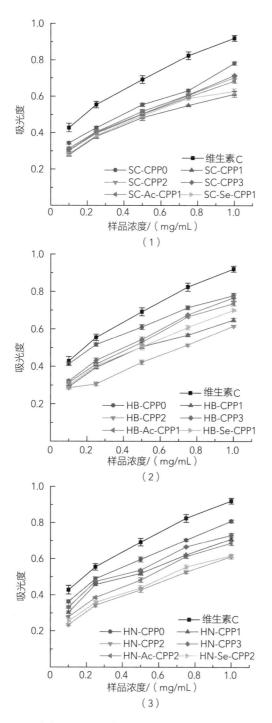

（1）四川产地　（2）河北产地　（3）河南产地

图9-19　不同产地香加皮多糖还原能力

还原能力最强，HN-CPP2组分还原能力较差。HN-CPP2的还原能力低于其他组分，可能是HN-CPP2各种单糖含量较低所致。对HN-CPP2进行羧甲基化和硒化修饰后，其还原能力明显增强，表明羧甲基化和硒化修饰可以提高香加皮多糖的还原能力。

　　综上所述，不同产地的香加皮多糖均具有一定的抗氧化能力，但对不同的自由基或离子抗氧化能力不同，因此在对香加皮多糖进行抗氧化能力评价时，要综合多种抗氧化方法。12种未修饰的多糖在浓度为1mg/mL时对于不同的自由基清除能力均表现出一致性，对多糖进行羧甲基化和硒化修饰，其抗氧化能力均有所提高，且羧甲基化香加皮多糖抗氧化能力强于硒化香加皮多糖。罗婷对苹果渣多糖进行羧甲基化修饰并对其抗氧化能力进行研究，结果表明与未修饰多糖相比，羧甲基化修饰能显著提高苹果渣多糖的抗氧化能力[12]。李晓娇对龙陵紫皮石斛多糖进行硒化修饰，修饰后的多糖抗氧化能力明显增强，与本试验结果一致[24]。四川和河北产地的多糖修饰后，其抗氧化能力增强的原因可能是具有了三螺旋结构，河南产地的多糖修饰后，其抗氧化能力增强的原因可能是分子质量有所增大，但还需进一步验证。其中3个产地中纯水洗脱的CPP0组分的清除DPPH自由基、ABTS自由基、OH自由基、O_2自由基以及还原能力均表现出较高的活性。而王小莉研究的香加皮多糖的抗氧化活性测定结果是高浓度NaCl洗脱的组分强于纯水洗脱的组分，可能受其空间构型的影响[25]。

小结

　　对香加皮多糖进行羧甲基化衍生化，并通过响应面分析确定羧甲基化香加皮多糖的最优条件为：氯乙酸浓度1.5mol/L、NaOH浓度1.0mol/L、反应温度60℃和反应时间3h，取代度可以达到0.84。

　　对SC-CPP1、HB-CPP1和HN-CPP2进行羧甲基化和硒化修饰，经红外光谱对修饰前后的多糖进行检测，发现羧甲基化修饰和硒化修饰后的多糖分子中分别在1646、1385cm^{-1}和928、880cm^{-1}附近新增有小的吸收峰，通过文献可知这是羧甲基的伸缩振动吸收峰和饱和—CH的对称变角振动吸收峰以及Se—O—C或Se＝O的吸收峰，证明香加皮多糖已经成功被羧甲基化和硒化修饰。

　　由香加皮多糖衍生物的三螺旋结构可知：SC-CPP1和HB-CPP1不具有三螺旋结构，而SC-Ac-CPP1、HB-Ac-CPP1和SC-Se-CPP1、HB-Se-CPP1在NaOH浓度为0~0.1mol/L时与刚果红混合液的波长发生了明显红移，说明羧甲基化修饰和硒化修饰均影响四川和河北产地香加皮多糖的三螺旋结构。HN-CPP2、HN-Ac-CPP2和HN-Se-CPP2在NaOH浓度为0~0.5mol/L均具有最大吸收波长，说明3种多糖均含有三螺旋结构，羧甲基化修饰和硒化修饰不影响河南产地香加皮多糖的三螺旋结构。

通过扫描电镜可知：3个产地未修饰的香加皮多糖其主要形态均为表面光滑的、大小不一的柱状颗粒结构，且结构致密，呈现堆积现象。经羧甲基化修饰后，香加皮多糖呈片状结构，表面粗糙且疏松多孔。硒化修饰后的香加皮多糖由大小不一的球形颗粒聚集而成。

通过分析四川、河北和河南产地的香加皮多糖对4种自由基的清除能力以及还原能力可知，香加皮多糖均具有一定的体外抗氧化活性，其中对ABTS自由基、DPPH自由基和OH自由基的清除能力较强，对O_2^-自由基清除能力较弱，3个产地的CPP0组分抗氧化能力最好。对SC-CPP1、HB-CPP1和HN-CPP2进行羧甲基化和硒化修饰后，其抗氧化能力均有所提升，说明羧甲基化和硒化修饰可以提高多糖的抗氧化活性，且羧甲基化香加皮多糖其抗氧化活性强于硒化香加皮多糖。

参考文献

［1］　孙志涛，陈芝飞，郝辉，等. 羧甲基化黄芪多糖的制备及其保润性能［J］. 天然产物研究与开发，2016，28（9）：1427-1433.

［2］　Shen S，Jia S，Wu Y，et al. Effect of culture conditions on the physicochemical properties and antioxidant activities of polysaccharides from *Nostoc flagelliforme*［J］. Carbohydrate polymers，2018，198：426-433.

［3］　程爽，贺斐，付龙洋，等. 冬凌草硒多糖的制备及其抗氧化活性分析［J］. 精细化工，2021，38（10）：2064-2071.

［4］　宋丽丽，闻格，霍姗浩，等. 小黄姜多糖的分离纯化及其结构特征及抗氧化活性研究［J］. 食品与发酵工业，2020，46（12）：73-79.

［5］　宋逍，赵鹏，申婉容，等. 款冬花硒多糖的制备及抗氧化性研究［J］. 食品工业科技，2013，（13）：227-231.

［6］　彭金龙，毛健，黄桂东，等. 黄酒多糖体外抗氧化活性研究［J］. 食品工业科技，2012，33（20）：94-97.

［7］　黄一君，何玉凤，刘世磊，等. 聚合硫酸铁复合羧甲基淀粉絮凝剂的制备及絮凝性能［J］. 化工新型材料，2014，42（9）：80-82.

［8］　张振明，蔡曦光，葛斌，等. 女贞子多糖和菟丝子多糖的协同抗衰老作用及其机制［J］.

中国药理学通报，2005，21（5）：79-82.

［9］张超. 硒化枸杞多糖的制备、抗氧化及保肝作用研究［D］. 呼和浩特：内蒙古农业大学，2019.

［10］张琪琳. 香菇多糖的结构鉴定及抗肿瘤作用机制研究［D］. 广州：华中科技大学，2015.

［11］张力妮，张静，孙润广，等. 麦冬多糖的修饰及其抗氧化活性与空间结构的研究［J］. 食品与生物技术学报，2014，33（1）：27-33.

［12］罗婷. 苹果渣多糖的羧甲基化修饰及其抗氧化活性研究［D］. 西安：陕西科技大学，2019.

［13］于闯. 富硒方式对茶多糖的影响研究［D］. 上海：上海师范大学，2018.

［14］纪迅. 硒化大蒜多糖的制备及其对鸡ND疫苗免疫效果的影响［D］. 扬州：扬州大学，2021.

［15］Wang L，Liu H M，Xie A J，et al. Chinese quince（*Chaenomeles sinensis*）seed gum：Structural characterization［J］. Food Hydrocolloids，2018，75：237-245.

［16］艾于杰. 抗氧化活性茶多糖构效关系研究［D］. 武汉：华中农业大学，2019.

［17］Li F，Gao J，Xue F，et al. Extraction optimization，purification and physicochemical properties of polysaccharides from *Gynura medica*［J］. Molecules，2016，21（4）：397.

［18］Hang L，Hu Y，Duan X Y，et al. Characterization and antioxidant activities of polysaccharides from thirteen boletus mushrooms［J］. International Journal of Biological Macromolecules，2018，113：1-7.

［19］Xu Z，Li X，Feng S，et al. Characteristics and bioactivities of different molecular weight polysaccharides from camellia seed cake［J］. International Journal of Biological Macromolecules，2016，91：1025-1032.

［20］凌洁玉，周文轩，庄志雄，等. 鲊辣椒多糖组分变化初步分析及抗氧化活性研究［J］. 东北农业科学，2022，47（3）：145-149.

［21］伍晓萍，代玉玲，张玲，等. 三七多糖吸湿、保湿性能及体外抗氧化活性［J］. 昆明医科大学学报，2022，43（5）：1-6.

［22］孙明杰，张越，姚亮，等. 茯苓多糖的分离纯化、组成及其抗氧化活性研究［J］. 安徽中医药大学学报，2022，41（1）：86-91.

［23］王金玺，顾林，孔凡伟，等. 鸡腿菇粗多糖的体外抗氧化性［J］. 食品科学，2012，33（13）：79-82.

［24］李晓娇，闵诗碧，曹凯红，等. 龙陵紫皮石斛多糖的硒化修饰及其抗氧化活性［J］. 食品研究与开发，2022，43（20）：117-124.

［25］王小莉. 香加皮多糖提取纯化及其在烟草中的保润增香效应研究［D］. 郑州：河南农业大学，2018.

第十章

香加皮多糖及其衍生物在烟草中的应用

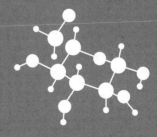

多糖具有抗氧化、抗衰老、抗癌、增强免疫力、降血糖和预防艾滋病等作用。对多糖进行有目的的结构修饰可以提高其某些特性，如富硒多糖和羧甲基多糖。含硒元素的天然多糖在许多动植物和微生物体内都有分布，特别是在植物体内已检测到含硒多糖[1,2]。在富硒土壤或通过施加富硒肥料种植的植物中已成功获得了天然的富硒多糖，如灵芝硒多糖、蛹虫草硒多糖、黑木耳硒多糖等。硒多糖作为一种有机硒化合物，充分发挥了多糖和硒元素的生理活性，使得两者的作用相互协调并增强，同时可以提高有机硒的生物利用度及供给生物体所必需的微量元素等作用[3,4]。研究表明，硒多糖的生物活性普遍高于普通多糖，且更易于被有机体吸收和利用[5]。但是植物体内自身合成的硒多糖很少，因此研究者常对多糖进行硒化修饰，以此来提高硒元素的含量，从而达到较好的生物活性。例如，在烟草栽培过程中，通过施加含硒肥料来提高烟株中的硒含量从而促进烟草的生长发育，结果发现硒元素提高了种子萌发率[6]、促进烟株生长和提高了烟株抗病能力[7,8]、增加烟草抗性、提升烟草品质以及降低重金属对烟株的伤害等[9-11]。并且，富硒烟叶在降低卷烟烟气焦油含量和消除烟气自由基等方面也有良好的效果[12-14]。

羧甲基化作为一种常用的多糖结构修饰方法，已成为人们关注的焦点。吴广枫等将胞外多糖与氯乙酸在碱溶液中反应得到羧甲基双歧杆菌胞外多糖，并证明修饰后的多糖可以显著提高小鼠脾细胞中的IL-2、IFNy细胞因子水平，其免疫调节力显著高于未改性的双歧杆菌胞外多糖[15]。傅莉等发现羧甲基化多糖的溶解性得到显著改善，并且保持了良好的流变性能[16]。

本章以香加皮多糖为研究对象，讲解不同条件硒化和羧甲基化对香加皮多糖衍生物在烟草中应用的影响，以及修饰后香加皮多糖的相关性质变化，为硒化多糖、羧甲基化多糖的进一步应用提供参考。

第一节　香加皮多糖及其衍生物的保水性

一、烟丝的前处理

将600g空白烟丝放在温度（22±1）℃、相对湿度（60±2）%的恒温恒湿箱中平衡48h。将平衡后的烟丝平均分为5份，分别喷洒等量的0.1mg/mL SC-CPP1、SC-Ac-CPP1、SC-Se-CPP1多糖溶液、1%（质量分数）的甘油以及作为空白对照的蒸馏水，喷洒量为烟丝质量的0.01%，然后将烟丝置于温度（22±1）℃、相对湿度（60±2）%条件下平衡48h[17]。

二、烟丝含水率测定

将平衡好的5组烟丝样品平均分为6份，置于称量皿中。分别取2份样品放入105℃的烘箱中进行加热，直至样品恒重。根据烟丝前后质量的变化，计算各组加样烟丝的初始含水率，每组取平均值作为初始含水率，烟丝的初始含水率W_0如式（10-1）[18]。

$$W_0 / \% = \frac{m_0 - m}{m_0} \times 100\% \qquad (10\text{-}1)$$

式中　W_0——样品初始含水率，%；

m_0——烟丝烘干前质量，g；

m——烟丝的干质量，g。

三、香加皮多糖及其衍生物的解湿性能

分别取2份平衡后的烟丝放入硫酸干燥器中，并将干燥器置于温度（22±1）℃、相对湿度（40±2）%的恒温恒湿箱中。每隔一段时间对烟丝的质量进行称量（精确至0.0001g）。因为前期烟丝的水分含量变化很大，所以前2d可按5h一次进行称重，之后每隔24h对烟丝进行称重。根据式（10-2）计算出各时间点样品的即时含水率，以时间为横坐标、含水率为纵坐标即可得烟丝含水率的变化曲线。

$$W / \% = \frac{m_1 - m}{m_1} \times 100\% \qquad (10\text{-}2)$$

式中　W——样品即时含水率，%；

m_1——某时间点样品的即时质量，g；

m——烟丝的干质量，g。

图10-1所示为蒸馏水、丙二醇、香加皮多糖及其衍生物处理的烟丝在温度（22±1）℃、相对湿度（40±2）%的条件解湿过程中的即时含水率。前24h喷施多糖样品、丙二醇及蒸馏水的烟丝即时含水率均下降较为迅速，其中喷施丙二醇的烟丝即时含水率要高于喷施香加皮多糖的烟丝，喷施蒸馏水的烟丝即时含水率最低。24~48h各处理烟丝含水率下降较为缓慢；48h后各处理烟丝含水率逐渐趋于平稳。总体来看，在

湿度较低时，丙二醇、香加皮多糖及其衍生物相比于蒸馏水均能有效减缓水分的散失，其中香加皮多糖及其衍生物要劣于丙二醇，总体表现为：丙二醇>SC-Ac-CPP1>SC-Se-CPP1>SC-CPP1>蒸馏水。

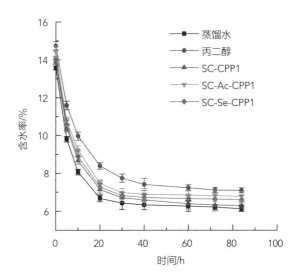

图10-1   不同处理的烟丝在低湿条件下含水率随时间的变化

四、香加皮多糖及其衍生物的吸湿性能

分别取2份平衡后的烟丝放入温度（22±1）℃，相对湿度（80±2）%的恒温恒湿箱中。每隔一段时间对烟丝的质量进行称量（精确至0.0001g）。根据式（10-2）计算出各时间点样品的即时含水率，以时间为横坐标、含水率为纵坐标即可得烟丝含水率的变化曲线。

图10-2所示为蒸馏水、丙二醇、香加皮多糖及其衍生物处理的烟丝在温度（22±1）℃、相对湿度（80±2）%的条件下吸湿过程中的即时含水率。在0~24h，三组样品、丙二醇和蒸馏水的即时含水率均显著上升，24~60h后烟丝含水率上升缓慢，60h后烟丝含水率变化较小。吸湿试验中，蒸馏水处理的烟丝含水率一直处于最高水平，这解释了烟叶在潮湿环境中易发霉的现象[20]。多糖样品处理的烟丝的含水率略低于丙二醇处理的烟丝，其中羧甲基化修饰的多糖样品处理的烟丝即时含水率最低，硒化修饰的多糖样品处理的烟丝次之，总体表现为SC-Ac-CPP1>SC-Se-CPP1>SC-CPP1>丙二醇>蒸馏水。说明烟丝添加经羧甲基化和硒化修饰的多糖具备了一定的防潮能力。

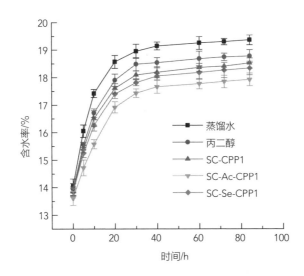

图10-2　不同处理的烟丝在高湿条件下含水率随时间的变化

香加皮多糖在防潮方面优于丙二醇的原因可能是香加皮多糖中的羧基在高湿条件下与水分子相互作用，在烟丝表面生成了一层膜，从而阻止了水分子的渗透[20]；也可能是修饰增强了多糖的极性，使多糖具有更好的保润性，这与芦昶彤和孙志涛的研究结果相一致[21,22]。

第二节　香加皮多糖及其衍生物的卷烟感官评价

将香加皮多糖SC-CPP1、SC-Ac-CPP1和SC-Ac-CPP1按照不同的添加量添加至卷烟烟丝中，并进行感官评价。结果如表10-1所示，当香加皮多糖及其衍生物的添加量为0.05%（质量分数）时，卷烟的香吃味不足，说明添加量较低。添加量为0.1%（质量分数）时，卷烟吸食品质的改善效果最为显著，烟气变得细腻柔滑，余味干净舒适。说明香加皮多糖在改善卷烟吸食舒适度方面起到了重要作用。当香加皮多糖添加量为0.15%（质量分数）时，卷烟刺激性增强，说明添加过量。因此，香加皮多糖添加量为烟丝质量的0.1%时效果最好。

表10-1 香加皮多糖及其衍生物添加至卷烟中的感官评价

编号	样品名称	添加量	评价结果
1	SC-CPP1	0.05%	烟气香吃味不足
2	SC-CPP1	0.10%	烟气变细腻柔滑，余味干净
3	SC-CPP1	0.15%	口腔带残留，似过量
4	SC-Ac-CPP1	0.05%	烟气香吃味不足
5	SC-Ac-CPP1	0.10%	改善吃味，甜感增加，余味有改善
6	SC-Ac-CPP1	0.15%	烟气变细腻，尾段稍带刺激性
7	SC-Se-CPP1	0.05%	余味有改善，但劲头不足
8	SC-Se-CPP1	0.10%	烟气变细腻，余味舒适
9	SC-Se-CPP1	0.15%	过量

参考刘珊等的方法，选用四川产地的SC-CPP1组分及羧甲基化和硒化修饰后的SC-Ac-CPP1和SC-Se-CPP1多糖喷洒至单料烟丝上[19]。首先将烟丝放置在温度（22±1）℃，相对湿度（60±2）%的恒温恒湿箱中平衡水分48h，多糖及其衍生物用纯水稀释成质量分数为0.05%、0.10%、0.15%的多糖水溶液，使用微量喷雾器将3mL的多糖溶液均匀地喷洒到平衡好的25g烟丝上，以添加纯水为空白对照（CK），之后再平衡水分48h。手工卷制后对含有3种多糖的卷烟各10支以及3支空白卷烟采用"九分制"对10个指标进行打分。

对添加香加皮多糖及其衍生物的烟丝进行感官评价，以添加纯水作为对照（CK）。卷烟样品由卷烟感官评吸专家对其进行评定，并给予评分（九分制），分数越高表明卷烟的吸食品质越好。评吸结果如表10-2所示，添加香加皮多糖及其衍生物对卷烟的香气质和香气量有一定提升，同时杂气和劲头有一定的减轻，刺激性降低，对改善燃烧性和灰分效果不明显；修饰后的香加皮多糖可以有效改善余味，增加回甜感，其中SC-Ac-CPP1的效果最好。根据烟丝在解湿和吸湿过程中的含水率以及单料烟的感官评吸结果分析，修饰后的香加皮多糖具有更好的保润性能，以羧甲基化修饰最佳。

表10-2 卷烟感官评价分析

评吸指标	CK	SC-CPP1	SC-Ac-CPP1	SC-Se-CPP1
香气质	4.75	5.00	5.50	5.25
香气量	4.50	4.75	5.00	4.75

续表

评吸指标	CK	SC-CPP1	SC-Ac-CPP1	SC-Se-CPP1
浓度	5.75	6.00	5.75	5.75
刺激性	5.75	5.75	6.00	6.00
杂气	5.00	4.75	5.25	5.00
劲头	5.50	6.00	6.00	6.00
余味	4.50	4.50	5.00	4.75
燃烧性	7.00	7.00	7.00	7.00
灰分	7.00	7.00	7.00	7.00
甜度	6.00	6.50	6.50	6.50
合计	55.75	57.25	59.00	58.00

第三节　硒化与羧甲基化香加皮多糖的热裂解分析

表10-3所示为硒化香加皮多糖在300、600、900℃的热裂解产物。硒化香加皮多糖在300℃时，由于热裂解温度低，硒化香加皮多糖热裂解不充分，产物较少，识别出29种产物，有糠醛、右旋柠檬烯、2-甲基-呋喃、2,5-二甲基呋喃、3-甲基呋喃、2-甲基吡啶、2-甲氧基呋喃、麦芽醇、苯乙酮、α-法尼烯、肉豆蔻酸、棕榈酸等，主要为呋喃类、醛类、醇类、酮类、酯类、酸类、烯类等物质。其中糠醛与右旋柠檬烯的含量最高，达到26.2%和19.56%（质量分数）。

硒化香加皮多糖在600℃时，共识别出38种热裂解产物，在种类上比300℃时增多，产物主要有3-糠醛、右旋柠檬烯、2-甲基呋喃、1,4-环己二烯、3-甲基吡咯、2-甲基吡啶、苯乙烯、2-甲氧基呋喃、3-甲基-2-环戊烯-1-酮、3,3,6,6-四甲基-1,4-环己二烯、3-甲基吲哚、苯乙酮、2,3′-联吡啶、棕榈酸、月桂醇等物质，包含了呋喃类、吡啶类、醇类、酮类、酯类、酸类、烯类物质，其中含量较多的物质为3-糠醛和d-柠檬烯，分别为24.43%和17.04%（质量分数）。比起300℃时，600℃时多了一些新的烯类、酮类和吲哚类物质。

硒化香加皮多糖在900℃时，热裂解产物种类达到了52种，整体上除去300℃与600℃产生的热裂解产物外，有一些新产物如延胡索酸腈、2-甲基吡咯、3-蒈烯、1，

5,8-*p*-孟三烯、1-茚酮、正癸醇、苊烯、棕榈醇等，包括烯类、吡咯类、酮类、醇类和苯类等物质。其中含量较高的有糠醛和右旋柠檬烯，分别为18.73%和15.94%（质量分数）。

表10-3 不同温度下硒化香加皮多糖HN-Se-CPP1的热裂解产物

编号	保留时间/min	化合物	含量/%		
			300℃	600℃	900℃
1	5.76	2-甲基-呋喃	2.88	1.84	2.08
2	6.47	1,4-环己二烯	—	3.36	3.08
3	6.88	延胡索酸腈	—	—	5.62
4	7.02	甲苯	—	—	1.4
5	8.19	2,5-二甲基呋喃	3.58	—	—
6	9.2	吡啶	—	—	1.38
7	9.38	1-甲基-1,4-环己二烯	—	—	0.21
8	10.6	2-乙基-5-甲基呋喃	—	—	0.19
9	11.57	2-甲基吡啶	—	0.5	—
10	11.86	3-甲基呋喃	2.04	—	—
11	11.87	1-甲基-1*H*-吡唑	—	—	—
12	12.02	3-糠醛	26.2	24.43	18.73
13	12.19	1,2,4,5-四嗪	2.54	—	—
14	12.27	2-甲基吡咯	—	—	0.86
15	13.36	2-甲基吡啶	3.96	5	4.07
16	14	间二甲苯	—	—	0.28
17	14.17	苯乙醇	7.21	5.86	4.95
18	14.62	苯乙烯	—	1.58	2.01
19	16.75	2-甲氧基呋喃	2.3	2.54	0.51
20	16.86	右旋柠檬烯	1.36	—	0.76
21	16.87	1,2,3-三甲基苯	—	1.37	0.16
22	17.01	1-乙基-2-甲基苯	3.77	2.38	1.26

续表

编号	保留时间/min	化合物	含量/%		
			300℃	600℃	900℃
23	17.56	3-甲基-2-环戊烯-1-酮	—	0.9	2.04
24	17.71	3,3,6,6-四甲基-1,4-环己二烯	—	0.26	—
25	17.89	3-甲基-3-苯基氮杂环丁烷	—	—	0.16
26	18.16	苯甲腈	0.8	—	—
27	18.21	2,5-二甲基吡咯	—	—	0.8
28	18.34	二氢化茚	—	—	0.92
29	18.54	1-乙基-4-甲基苯	—	0.46	—
30	18.91	3-蒈烯	—	—	0.21
31	18.94	1-乙基-6-亚乙基-环己烯	—	1.33	—
32	18.94	1,5-二甲基-6-亚甲基-2,4-庚烷	1.51	—	—
33	19.24	5,5-二甲基-2-丙基-环戊二烯	2.41	1.93	—
34	19.36	5-甲基呋喃醛	—	0.4	—
35	19.47	1-甲基乙基苯	—	—	0.23
36	19.66	右旋柠檬烯	19.56	17.04	15.94
37	19.77	3-羟基-2-甲基-环戊烯酮	—	1.23	—
38	20.18	苯乙醛	—	0.49	—
39	20.22	3,4-二甲基苯酚	0.77	—	—
40	20.26	乙基环戊烯醇酮	—	0.47	—
41	20.27	茚	0.49	—	—
42	20.28	1-乙基-4-甲基-苯	—	—	2.52
43	21.05	3,4,5-三甲基-2-环戊烯	—	0.38	—
44	21.78	苯乙酮	3.3	3.14	—
45	21.9	对甲苯酚	1.07	0.8	0.33
46	22.58	2-乙基-1,4-二甲基苯	—	—	0.55
47	22.78	2-甲基苯并呋喃	—	0.49	—

续表

编号	保留时间/min	化合物	含量/%		
			300℃	600℃	900℃
48	23.05	1,5,8-p-孟三烯	—	—	12.5
49	23.37	苯乙醇	0.96	—	—
50	23.59	2,6-二甲基-2,4,6-癸三烯	0.51	0.43	—
51	23.74	麦芽醇	—	—	3.21
52	24.36	乙基环戊烯醇酮	0.69	—	—
53	24.51	2-甲基茚	—	0.38	0.66
54	24.65	1-甲基-4-(1-丙炔基)-苯	—	0.77	0.15
55	25.18	癸酸	—	1.32	0.67
56	25.76	萘	6.05	6.14	1.56
57	26.88	1,4:3,6-脱氢-α-右旋葡萄糖	—	2.29	0.65
58	29.37	3-甲氧基苯酚	—	0.41	0.91
59	29.68	麦芽醇	0.72	1.03	0.72
60	29.7	1-茚酮	—	—	0.39
61	30.26	正癸醇	—	—	0.51
62	30.48	4-羟基-2-甲基苯乙酮	—	—	1.25
63	32.75	3-甲基吲哚	—	1.05	0.4
64	33.98	二甲基萘	0.4	0.51	0.36
65	34.25	苊	—	—	0.09
66	35	苊烯	—	—	0.16
67	35.99	3-甲基-1-苯基-吡唑	—	—	0.27
68	36.31	α-法尼烯	0.36	—	—
69	37.46	2,3'-联吡啶	—	0.36	—
70	38.7	十一醇	—	—	0.14
71	40.65	1H-迫苯并萘	0.27	0.35	—
72	41.58	肉豆蔻酸	0.74	—	0.1

续表

编号	保留时间/min	化合物	含量/%		
			300℃	600℃	900℃
73	45.58	棕榈酸	6.2	3.93	1.36
74	48.82	棕榈醇	—	—	0.82
75	58.39	月桂醇	—	0.85	—
76	58.45	维生素E	1.7	—	0.49
77	58.6	角鲨烯	3.89	2.47	0.34

如表10-4所示，羧甲基化香加皮多糖在300℃时只识别出16种热裂解产物，热裂解温度低，产物较少，主要有糠醛、5-甲基糠醛、3-甲基呋喃、2-甲基吡啶、3-甲基呋喃、2-丙基呋喃、2-甲基-1,3-环戊二酮、右旋柠檬烯、麦芽醇、角鲨烯等，大致为呋喃类、吡啶类、环酮等杂环类物质和酚类、烯类、醇类物质，其中含量最高的有糠醛30.07%（质量分数）、5-甲基糠醛8.97%（质量分数）等。

在600℃时，香加皮羧甲基化多糖共有35种热裂解产物产生，主要有5-甲基糠醛、糠醛、角鲨烯、3-甲基呋喃、右旋柠檬烯、2-甲基吡啶、3-甲基呋喃、2-丙基呋喃、3-甲基吡咯、2-甲基-1,3-环戊二酮、麦芽醇等，包含了呋喃类、吡啶类、吡咯类、酮类、烯类、醇类等物质，含量较多的有5-甲基糠醛13.02%（质量分数）、糠醛9.11%（质量分数）、角鲨烯8.77%（质量分数）。

在900℃时，羧甲基化香加皮多糖的热裂解产物最多，共识别出48种，产物主要有糠醛、5-甲基糠醛、苯乙烯、2-乙酰基呋喃、2,3-二甲基-2-环戊烯酮、邻甲酚等，主要是糠醛类、烯类、吡咯类、吡啶类、酚类、酸类、呋喃类，含量较多的有糠醛13.68%（质量分数）。

表10-4 不同温度下羧甲基化香加皮多糖HN-Ac-CPP1的热裂解产物

编号	保留时间/min	化合物	含量/%		
			300℃	600℃	900℃
1	5.8	3-甲基呋喃	6.72	1.63	3.21
2	6.6	1,4-环己二烯	1.67	0.89	2.86
3	7.78	2,5-二甲基呋喃	—	—	2.19

续表

编号	保留时间/min	化合物	含量/%		
			300℃	600℃	900℃
4	8.98	3-甲基呋喃	—	—	1.71
5	9.49	3-戊酮	—	—	1.54
6	9.61	甲苯	—	3.66	1.48
7	9.96	2-甲基吡啶	5.83	—	2.05
8	11.74	糠醛	30.07	9.11	13.68
9	11.77	3-甲基呋喃	9.26	6.08	3.89
10	11.97	3-甲基吡咯	—	1.15	0.89
11	12.9	乙苯	—	—	1.19
12	12.99	2-丙基呋喃	6.03	—	1.42
13	13.2	间二甲苯	—	3.68	1.6
14	13.99	苯乙烯	—	—	2.66
15	14.77	2-乙酰基呋喃	—	—	0.98
16	15.71	2,5-二甲基吡啶	—	1.06	—
17	16.86	5-甲基糠醛	8.97	13.02	2.96
18	17.54	苯酚	—	3.81	3.3
19	19.49	2-甲基-1,3-环戊二酮	1.94	1.68	3.27
20	19.5	3-羟基-2-甲基-2-环戊烯-1-酮	—	—	3.66
21	19.51	右旋柠檬烯	5.71	4.93	2.03
22	19.53	3-羟基-2-甲基-环戊烯酮	—	7.6	2.45
23	19.95	2,3-二甲基-2-环戊烯酮	—	—	0.91
24	20.21	对甲基苯乙炔	—	2.13	2.08
25	20.45	邻甲酚	—	2.22	1.42
26	21.04	苯乙酮	—	0.85	—
27	21.28	对甲苯酚	—	3.77	2.03

续表

编号	保留时间/min	化合物	含量/%		
			300℃	600℃	900℃
28	21.41	2,5-二甲酰基呋喃	4.12	—	1.16
29	21.7	2-呋喃甲酰肼	—	—	1.72
30	21.81	2,4,5-三羟基嘧啶	—	2.66	—
31	22.71	2-甲基苯并呋喃	—	—	0.31
32	22.89	麦芽醇	2.52	1.88	3.21
33	22.98	2-甲基苯并噁唑	—	0.65	—
34	23.06	乙基环戊烯醇酮	—	—	1.26
35	24.3	2-甲基茚	—	—	0.78
36	24.73	对乙基苯酚	2.5	4.19	—
37	25.2	3,5-二甲基苯酚	—	—	0.14
38	25.67	萘	—	2.01	2.33
39	26.64	1,4:3,6-脱氢-α-右旋葡萄糖	—	—	7.56
40	26.66	对甲基苯甲醛	—	0.64	—
41	27.01	3-甲氧基苯酚	—	3.25	—
42	28.1	苯乙酸苯乙酯	7.87	—	—
43	29.13	1-茚酮	—	0.77	0.51
44	29.18	正癸醇	—	0.7	1.69
45	29.53	吲哚	—	1.59	—
46	29.66	2-甲基萘	—	0.69	1.12
47	30.17	4-羟基-3-甲基苯乙酮	—	0.63	—
48	32.49	联苯	0.29	0.64	—
49	32.54	1-十一烷醇	—	1.01	—
50	32.68	3-甲基吲哚	—	1.21	0.23
51	34.9	苊烯	—	0.31	0.51

续表

编号	保留时间/min	化合物	含量/%		
			300℃	600℃	900℃
52	35.71	十一醇	—	—	0.69
53	37.82	月桂酸	—	—	0.92
54	38.72	月桂醇	1.37	1.27	—
55	38.99	1H-迫苯并萘	—	—	0.2
56	43.41	肉豆蔻酸	—	—	0.82
57	44.58	9-亚甲基-9H-芴	—	—	0.29
58	46.53	棕榈醇	—	—	0.63
59	50.6	6-苄基喹啉	—	—	0.29
60	52.41	月桂醇	—	—	0.66
61	66.67	角鲨烯	5.2	8.77	4.56

小结

对SC-CPP1、SC-Ac-CPP1和SC-Se-CPP1 3种多糖进行保润性能测定，从解湿和吸湿试验可以看出，相比于蒸馏水，香加皮多糖及其衍生物具有一定的保湿防潮作用，在低湿环境中能有效减少烟丝中的水分散失，在高湿环境中能减缓烟丝对水分的吸收。其中修饰后的香加皮多糖要优于未修饰的香加皮多糖，以SC-Ac-CPP1组分效果最好。

通过对香加皮多糖及其衍生物的感官评价分析，确定了3种多糖组分在卷烟中的最佳添加量为0.1%（质量分数）时对卷烟吸食品质的改善效果最显著，不仅使烟气变得细腻柔滑，余味干净，而且杂气也会有一定的减轻。添加SC-Ac-CPP1和SC-Se-CPP1后，卷烟的刺激性降低，可有效增强回甜感，提升香气质和香气量，其中SC-Ac-CPP1对改善卷烟评吸品质效果最好。

对硒化与羧甲基化香加皮多糖进行热裂解，分析热裂解产物，大致可以分为以下几种。

（1）杂环类化合物　主要是一些吡啶、吡嗪、吲哚等化合物，如糠醛、3-甲基糠醛、5-甲基糠醛、吲哚、3-甲基吡咯、2-甲基吡啶等。这类物质可能是葡萄糖残基、半乳糖残基分解的产物。而吡咯、吡啶、糠醛等杂环类物质一般具有焦香、焦甜香，卷烟中添加的美拉德反应产物同属此类物质。这类物质由于阈值低，具有可以提高卷烟香气量的作用，且卷烟烟气中就含有大量此类物质，因此多糖的热裂解产物与烟气的协调性较高。

（2）酮类、醛类、酯类、烯类和酸类化合物　如2-甲基-1,3-环戊二酮、2,3-二甲基-2-环戊烯酮、苯乙烯、右旋柠檬烯、3-羟基-2-甲基-2-环戊烯-1-酮、5,5-二甲基-2-丙基-环戊二烯、棕榈酸等。酮类、醛类、烯类和酯类化合物一般具有甜香、果香，在卷烟中有醇和烟气口感的作用；其中羧酸类可以调节卷烟烟气pH，减少卷烟刺激性。这些种类的物质也是烟草和烟气中常见的，可以为丰富卷烟香气起到积极的贡献。

（3）酚类物质　如苯酚、3,5-二甲基苯酚、对乙基酚、3-甲氧基苯酚等。酚类化合物可以产生酚样和药草香气，同时也是烟草和烟气中的常见物质。

综上所述，香加皮多糖的硒化和羧甲基化结构修饰，能够在天然多糖拥有较好保润性的基础上，再提高其保润性。将不同结构修饰的多糖喷施于烟丝上，对比蒸馏水和丙二醇组，发现衍生化香加皮多糖相比于普通香加皮具备更优良的保润性，为香加皮多糖的衍生化多糖作为烟草领域的天然保润剂提供参考。在烟叶生长和调制中，也会通过施肥或添加添加剂等手段调整烟叶的硒含量，从而改善烟叶品质，通过本书方法制得的产物也能够达到此种效果。硒化香加皮多糖和羧甲基化香加皮多糖的热裂解产物有大量的香气物质，并且作为天然产物，其热裂解产物能够更好地与烟气协调，为香加皮多糖衍生物成为烟草增香补香剂提供参考。

参考文献

[1] 宋振.蛹虫草胞内硒多糖提取及其抗氧化活性研究[D].泰安：山东农业大学，2009.

[2] 刘捷，张体祥，于立芹，等.硒化红薯叶多糖的制备及抗氧化活性研究[J].食品研究与开发，2009，30（8）：8-11.

[3] 刘建林，何新乡，陈宏.硒酸酯多糖的特性及其在食品工业中的应用[J].中国食品添加剂，2003（5）：80-82.

[4] 丁慧萍，秦少伟，吴丽明，等.红枣硒多糖的合成及性质研究[J].食品工业，2015，36（6）：220-225.

［5］ 许峰，张瞳，周波，等. 食用蕈菌硒多糖研究进展［J］. 生物技术，2006，16（1）：86-88.

［6］ 杨亚，朱列书，彭细桥，等. 硒对烟草种子萌发的影响［J］. 湖南农业大学学报（自然科学版），2012，38（3）：241-244.

［7］ 崔文革，豆显武，曹祥炼，等. 不同来源硒对烟草农艺性状和经济性状的影响［J］. 浙江农业科学，2010（5）：967-968.

［8］ 吴芳. 硒对烤烟生长发育及含硒量的影响研究［D］. 长沙：湖南农业大学，2008.

［9］ 贾宏昉. 硒在烤烟烟叶中的富集及其生理效应研究［D］. 郑州：河南农业大学，2008.

［10］ 张琳. 硒对烤烟硒积累及烟叶品质的影响研究［D］. 北京：中国农业科学院，2010.

［11］ 刘文星. 外源硒缓解烟草镉毒害及基因型差异的机制研究［D］. 杭州：浙江大学，2015.

［12］ 黎妍妍，李锡宏，王林，等. 富硒烟叶对烟气有害成分释放作用分析［J］. 中国烟草学报，2013，19（2）：7-11.

［13］ 杨寒文. 恩施烤烟硒含量分析及减害作用研究［D］. 郑州：河南农业大学，2009.

［14］ 李丛民，田卫群，吴宏伟. 烟草中的微量元素硒对焦油中自由基的清除研究［J］. 微量元素与健康研究，2000，17（2）：18-19.

［15］ 吴广枫，王姣斐，李平兰. 改性双歧杆菌胞外多糖体外免疫活性研究［J］. 食品科技，2011，36（2）：2-4.

［16］ 傅莉，周林，申洪，等. 羧甲基化裂褶多糖抗肝癌作用的实验研究［J］. 实用医学杂志，2008（11）：1888-1890.

［17］ 张效康. 保润剂保润性能及过程的实验［J］. 烟草科技，1994（4）：11-12.

［18］ 何保江，刘强，赵明月，等. 烟草保润性能测试方法［J］. 烟草科技，2009，259（2）：25-28，45.

［19］ 刘珊，张军涛，胡军，等. 裙带菜多糖的热裂解产物分析及卷烟应用研究［J］. 中国烟草学报，2013，19（5）：10-15.

［20］ 艾绿叶，任天宝，冯雪研，等. 响应面优化烟叶多糖磷酸化工艺及保润性评价［J］. 精细化工，2018，35（12）：2065-2071.

［21］ 芦昶彤，侯佩，孙志涛，等. 灵芝多糖的羧甲基化修饰及其保润性能研究［J］. 郑州轻工业学院学报（自然科学版），2015，30（Z2）：49-53.

［22］ 孙志涛，陈芝飞，郝辉，等. 羧甲基黄芪多糖的制备及其保润性能［J］. 天然产物研究与开发，2016，28（9）：1427-1433.

第十一章

细辛多糖的提取纯化及结构表征

细辛为马兜铃科植物北细辛、汉城细辛或华细辛的干燥根茎。目前，北细辛是细辛药材的主流产品，在吉林、辽宁、安徽和陕西分布较广。细辛常用作中药材，具有解表散寒祛风、止痛、通窍、温肺化饮的功效。现代研究表明，细辛还具有抗病毒、抗氧化、降血压、抑制癌细胞等作用。本章采用"水提醇沉"法提取水溶性细辛粗多糖，经色谱柱分离纯化得到多个纯化细辛多糖组分，并利用高效液相色谱仪（HPLC）、紫外-可见分光光度计（UV-vis）、傅里叶变换红外光谱仪（FT-IR）和电子扫描显微镜（SEM）等对香加皮多糖的分子质量、单糖组成、化学成分和表观形貌等进行研究，以期为细辛多糖的后续应用研究提供依据和应用参考。

第一节 细辛多糖的提取纯化

细辛多糖的提取纯化参考王小莉的方法略有改动：选用辽宁、安徽及陕西3个产地的北细辛进行粗多糖的制备[1]。采用水提醇沉法，取细辛经石油醚脱脂晾干后按照料液比为1:10（g/mL），提取温度60℃，提取时间1h，提取3次合并提取液并浓缩，离心去沉淀后加入无水乙醇至乙醇体积分数为75%，4℃环境下醇沉过夜，离心取沉淀，沉淀物适量水复溶后，透析袋透析72h。透析后多糖水溶液冷冻干燥即得细辛粗多糖。

细辛粗多糖除杂后通过DEAE-52纤维素层析柱（16mm×470mm）进一步分离纯化[2]。DEAE-52纤维素层析柱分离纯化，先添加5mg/mL细辛多糖溶液10mL，然后再依次用0、0.1、0.2、0.3、0.4、0.5、0.6、0.7、1mol/L的NaCl溶液进行梯度洗脱，洗脱流速为1mL/min，洗脱液用自动收集器收集，每个梯度收集20管，每管收集10mL。多糖采用硫酸-苯酚法检测，以管数和检测的吸光度作图得到洗脱曲线[3]。同时将收集到的组分用透析袋透析72h，浓缩，冷冻干燥，备用。

DEAE-52纤维素层析柱为阴离子交换柱，使用不同浓度的NaCl溶液进行洗脱，可以根据所带电荷的强弱将样品分离成不同组分。如图11-1所示，辽宁产地细辛粗多糖经0、0.2、0.3mol/L的NaCl洗脱得到3个多糖组分，将其命名为L-ASP0、L-ASP0.2、L-ASP0.3；安徽细辛粗多糖经0.2、0.5、0.6mol/L洗脱得到3个多糖组分，将其命名为A-ASP0.2、A-ASP0.5、A-ASP0.6；陕西细辛粗多糖经0.4、0.5、0.6mol/L的NaCl洗脱得到3个多糖组分，将其命名为S-ASP0.4、S-ASP0.5、S-ASP0.6。9个组分的吸光度存在差异，表明了糖含量存在差异，L-ASP0.3、A-ASP0.5和S-ASP0.5的吸光度相对较高，说明了其糖含量较高；9个组分峰型均较窄，无明显拖尾，表明成分均一，纯度较高。

由于L-ASP0.3的糖含量是最高的，所以后期修饰及感官评价选用L-ASP0.3。

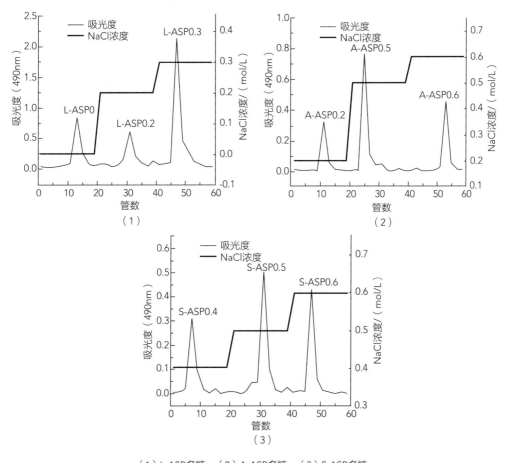

（1）L-ASP多糖　（2）A-ASP多糖　（3）S-ASP多糖

图11-1　细辛多糖DEAE-52纤维素柱洗脱曲线

第二节 细辛多糖的结构表征

一、细辛多糖的紫外扫描

称取细辛多糖，配置成浓度为0.5mg/mL的水溶液，使用UV-vis在190~500nm进行扫描[4]。

图11-2所示为细辛多糖分离纯化后的9个组分及细辛粗多糖的紫外吸收光谱图。对9个组分和细辛粗多糖在190~500nm进行紫外扫描，检测其在260nm、280nm处是否含有核酸和蛋白质缀合物吸收峰[5]。从图中可以看出，细辛多糖均为末端吸收，细辛粗多糖在260~280nm处存在吸收峰，而9个组分在260nm和280nm处均无明显的紫外吸收，曲线平滑，表明9个组分中核酸和蛋白质等杂质已基本去除完全，与下面的红外扫描结果一致。9个组分与碘反应未变蓝，说明非淀粉。

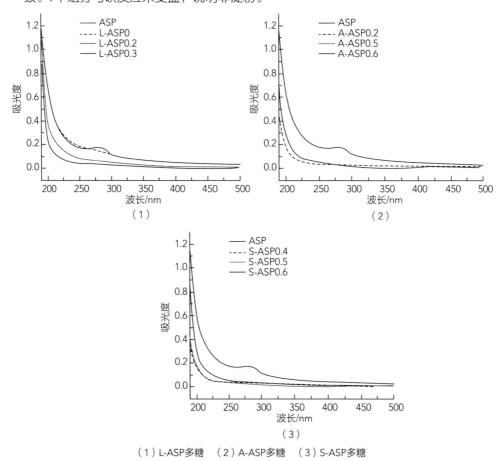

（1）L-ASP多糖　（2）A-ASP多糖　（3）S-ASP多糖

图11-2　细辛多糖紫外吸收光谱

二、细辛多糖的红外光谱

称取少量细辛多糖分别与适量溴化钾粉末混合，在干燥研钵中研磨，烘干后用压片机压片。在4000~500cm⁻¹内进行扫描，样品测试前进行背景扫描去除干扰，记录红外光谱[6,7]。

图11-3所示为3个不同产地的细辛多糖分离出的9个组分在4000~500cm⁻¹内进行红外光谱扫描的红外光谱图。由图可以看出9个组分的红外光谱图明显具有相似的吸收峰。

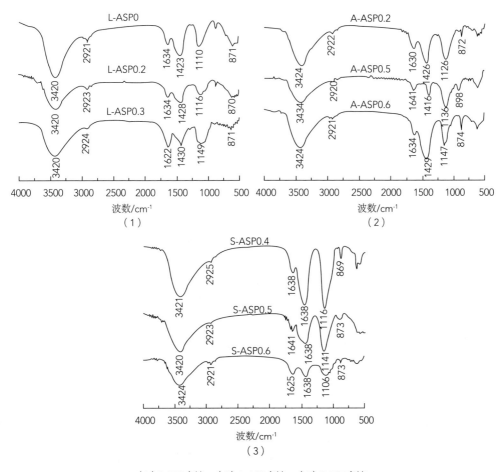

（1）L-ASP多糖　（2）A-ASP多糖　（3）S-ASP多糖

图11-3　3个不同产地细辛多糖的红外光谱图

9个组分在3420cm⁻¹附近出现明显强且宽的峰是O—H键伸缩振动峰，是由于分子内羟基间形成氢键而使吸收峰变宽，具有典型的多糖、淀粉或纤维素等碳水化合物特征[8]。2920cm⁻¹附近较弱的吸收峰是C—H伸缩振动引起的，这两处均为多糖的典型分子结构吸收峰[9]。9个组分在1641~1622cm⁻¹和1437~1416cm⁻¹处的吸收峰是分别为C＝O伸缩振动和糖类C—H的变角振动峰和伸缩振动构成了糖环的特征吸收，说明9个组分存在糖醛酸[10,11]，与单糖组成分析结果一致。9个组分在1149~1110cm⁻¹处的吸收峰是吡喃环骨架的C—O变角振动所引起的，说明分子中存在C—O—H和C—O—C结构[12]，此外，610cm⁻¹附近也存在吡喃糖骨架的伸缩振动[13]。9个组分在870cm⁻¹附近为β-D糖苷键构型的特征吸收[14]。同时，9个组分在1541cm⁻¹处均无吸收峰，说明它们均不含蛋白质[15]。试验结果与上述紫外扫描结果一致。由此推测9个组分均为非淀粉酸性β-吡喃型多糖，不含蛋白质。

三、细辛多糖的均一性及其分子质量

均一性及其分子质量的测定参考王小莉方法略有改动[1]：色谱条件为检测器Shimadzu LC-20（配2410示差折光检测器），示差折光检测器温度40℃，色谱柱Shodex Sugar KS-804（8mm×300mm），柱温50℃，流动相超纯水溶液，流速1.0mL/min。标品为不同分子质量的葡聚糖（4.32、12.6、73.8、126、289、496ku）。

如图11-4所示，L-ASP0、L-ASP0.2、L-ASP0.3、A-ASP0.2、A-ASP0.5、A-ASP0.6、S-ASP0.4、S-ASP0.5、S-ASP0.6的出峰时间分别为6.879、6.96、6.856、6.847、6.821、7.09、7.235、7.048、7.159min，经计算得平均分子质量分别为32.87、22.8、36.46、37.97、42.7、12.68、6.59、15.33、9.29ku。根据图中9个组分色谱峰的峰型来看，峰形均对称且陡峭，说明9个组分均为单一组分，均一性较好，纯度较高。

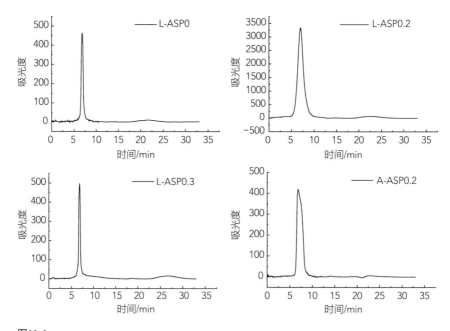

图11-4

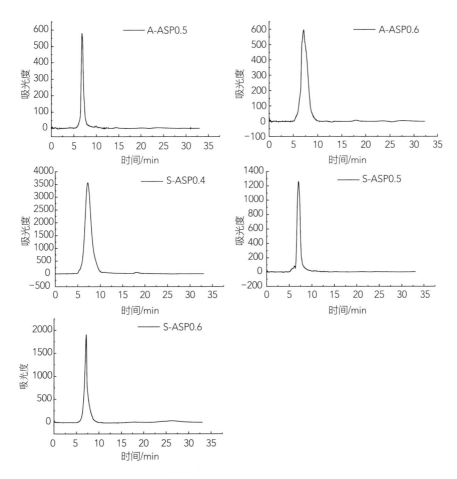

图11-4　细辛多糖HPGPC色谱图（续）

四、细辛多糖的单糖组分分析

细辛多糖的单糖组分采用PMP柱前衍生化HPLC法测定，参考成显波方法略有改动[6]。

（1）水解　采用三氟乙酸水解法对多糖进行水解。称取10mg细辛多糖加入8mL 2mol/L的三氟乙酸（TFA）置于试管中，密封后于110℃油浴水解4h，反应结束后用旋转蒸发仪蒸干，加入甲醇溶液2mL后再蒸干，重复3次除去TFA后用1mL超纯水复溶，得细辛多糖水解液。

（2）细辛多糖水解液的1-苯基-3-甲基-5-吡唑啉酮（PMP）衍生化　取100μL上述细辛多糖水解液加入100μL 0.3mol/L NaOH溶液和100μL 0.5mol/L PMP甲醇溶液涡旋混匀，在70℃烘箱中反应100min，冷却至室温后加入100μL 0.3mol/L HCL中和，加水至1mL，再加入1mL的氯仿，振摇离心后弃去氯仿相，萃取3次。水相用0.45μm针头滤器过滤后供HPLC进样分析。

（3）混合单糖标准液的制备及PMP衍生化　分别精准称取4mg各单糖标准品，超纯水分别溶解至1mL，配制成浓度为4mg/mL的单糖标准母液。吸取适当体积的单糖标准母液混合，配制成混合单糖标准液。混合单糖标准液的PMP衍生化按上述细辛多糖水解液的衍生方法步骤进行衍生。用0.45μm针头滤器过滤后供HPLC进样分析。

（4）色谱条件　Shim-pack GIST C18柱（4.6×250mm，5μm，Shimadzu）柱温30℃，检测波长250nm，流速1.0mL/min，进样量20μL。流动相A为25mmol/L磷酸盐缓冲溶液（pH=6.85），流动相B为甲醇（等度洗脱，体积比A∶B=92∶8）。

表11-1所示为采用PMP柱前衍生高效液相色谱法测得9个组分的单糖组成（物质的量之比），图11-5和图11-6所示为7种单糖混合标准品和9个组分的HPLC分析图谱。

表11-1 7种单糖混合标准品组分

编号	甘露糖（Man）/%	半乳糖醛酸（GalUA）/%	半乳糖（Gal）/%	乳糖（Fru）/%	葡萄糖（Glc）/%	阿拉伯糖（Ara）/%	鼠李糖（Rha）/%
L-ASP0	1.00	1.22	11.74	5.72	52.37	20.12	—
L-ASP0.2	1.00	0.74	3.96	3.50	19.71	15.83	—
L-ASP0.3	1.00	0.42	9.38	1.74	25.15	14.20	—
A-ASP0.2	1.00	0.85	10.15	3.28	37.02	11.46	0.47
A-ASP0.5	1.00	0.94	6.29	4.60	64.07	13.93	0.04
A-ASP0.6	1.00	1.85	5.86	5.37	44.59	12.10	0.56
S-ASP0.4	1.00	1.26	6.82	6.77	42.98	15.98	0.01
S-ASP0.5	1.00	1.52	8.18	5.90	40.09	16.55	0.62
S-ASP0.6	1.00	1.67	5.36	3.57	38.18	13.98	0.16

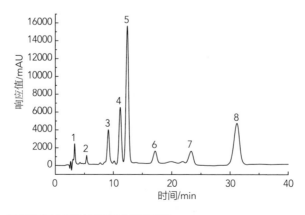

图11-5　7种单糖混合标准品的HPLC分析图谱

1—PMP；2—半乳糖醛酸；3—半乳糖；4—乳糖；5—葡萄糖；6—阿拉伯糖；7—甘露糖；8—鼠李糖。

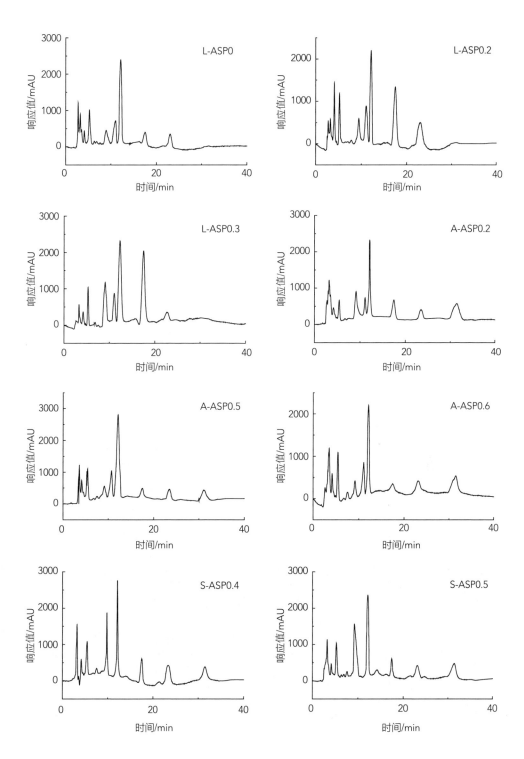

图11-6

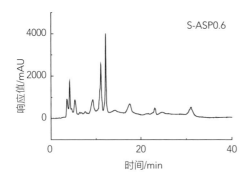

图11-6   9个组分的HPLC分析图谱（续）

结果表明，9个组分的单糖组成相似，但各组分中各单糖比例存在差异，9个组分均为葡萄糖、阿拉伯糖、半乳糖以及少量半乳糖醛酸、乳糖、甘露糖组成的酸性杂多糖。A-ASP0.2、A-ASP0.5、A-ASP0.6、S-ASP0.4、S-ASP0.5、S-ASP0.6存在少量鼠李糖。S-ASP0.4、S-ASP0.5、S-ASP0.6中半乳糖醛酸和乳糖含量相对较高；L-ASP0富含半乳糖［11.74%（质量分数）］和阿拉伯糖［20.12%（质量分数）］；A-ASP0.5富含葡萄糖［64.07%（质量分数）］。

五、细辛多糖扫描电子显微镜

采用扫描电子显微镜观察细辛多糖的微观表面形貌。取适量的细辛多糖黏附在导电胶上，将导电胶黏附在样品盘上并用洗耳球轻吹，将样品盘上未黏附的样品吹走。

根据各产地分离组分洗脱峰吸光度的大小，以糖含量的高低选取L-ASP0.3、A-ASP0.5和S-ASP0.5进行扫描电镜。图11-7所示为L-ASP0.3、A-ASP0.5和S-ASP0.5在

（1）

（2）

图11-7

（3）

（1）L-ASP0.3　（2）A-ASP0.5　（3）S-ASP0.5

图11-7　细辛多糖扫描电子显微镜（续）

3000倍条件下电子扫描显微镜图。L-ASP0.3结构较为致密，层次不一，呈无规则压合片状；A-ASP0.5结构疏松多孔，呈不规则丝状；S-ASP0.5表面粗糙，像干裂的土层，呈类似于海绵的结构，存在明显孔洞及致密无孔区域。3种细辛多糖样品结构上均有较好的聚集性，吸湿时可以更好地在烟丝表面形成网状或膜状结构[16]。

小结

本章以辽宁产北细辛为主要研究对象，同时提取分离纯化了安徽产北细辛和陕西产北细辛，并进行了结构表征；对辽宁北细辛进行了羧甲基化和磷酸化修饰；对3个产地的多糖及修饰产物的抗氧化活性进行考察；对辽宁北细辛多糖的保润性、热裂解产物及感官评价进行分析，以期为细辛多糖及其在烟草保润增香方面进一步的探究提供一定的理论依据。

本章采用"水提醇沉"法从辽宁北细辛、安徽北细辛和陕西北细辛中提取水溶性粗多糖，除杂后通过DEAE-52离子交换柱对细辛粗多糖分离纯化得到L-ASP0、L-ASP0.2、L-ASP0.3、A-ASP0.2、A-ASP0.5、A-ASP0.6、S-ASP0.4、S-ASP0.5、S-ASP0.6 9个纯化的多糖组分。

对9个多糖组分进行紫外扫描，表明组分中蛋白质已去除；与碘反应未变色，表明组分不含淀粉；通过HPGPC检测其均一性和分子质量，其平均分子质量分别为32.87、22.8、36.46、37.97、42.7、12.68、6.59、15.33、9.29ku，且均一性均较好。

对9个组分进行红外扫描，发现9个组分均具有多糖特征吸收峰，且含有糖醛酸均为酸性多糖。通过PMP衍生后经HPLC检测9个组分的单糖组分，发现9个组分均是以葡萄糖、阿拉伯糖、半乳糖为主，同时存在少量半乳糖醛酸、乳糖、甘露糖，其中安徽北细辛多糖和陕西北细辛多糖含有少量鼠李糖。通过扫描电子显微镜发现，L-ASP0.3结构较为致密，A-ASP0.5结构疏松多孔，S-ASP0.5类似于海绵状。

参考文献

［1］ 王小莉. 香加皮多糖提取纯化及其在烟草中的保润增香效应研究［D］. 郑州：河南农业大学，2018.

［2］ 周洋，杨得坡，钱纯果，等. 阳春砂根茎多糖分离纯化、结构表征及抗氧化活性［J］. 食品与发酵工业，2021，47（16）：52-58.

［3］ 张越，程玥，刘洁，等. 不同生长环境下茯苓总三萜和水溶性总多糖含量比较［J］. 安徽中医药大学学报，2019，38（4）：81-84.

［4］ 江琦，娄在祥，王正齐，等. 蛹虫草虫草多糖的分离纯化、分子构象分析及抗氧化活性研究［J］. 食品与发酵工业，2019，45（1）：22-28.

［5］ 孙俊乐，顾相瑞，李梦瑶，等. 响应面法优化三颗针多糖提取工艺［J］. 当代化工研究，2021（23）：128-132.

［6］ 刘学贵，张雪，迈德，等. 金樱子天然硒多糖的结构表征及其体外活性［J］. 食品工业，2021，42（10）：169-174.

［7］ 成显波. 柱前衍生化高效液相色谱法测定多糖水解液中葡萄糖含量［J］. 轻工科技，2021，37（9）：3，4，14.

［8］ 宋丽丽，闻格，霍姗浩，等. 小黄姜多糖的分离纯化及其结构特征及抗氧化活性研究［J］. 食品与发酵工业，2020，46（12）：73-79.

［9］ 杨燕敏，郑振佳，高琳，等. 红枣多糖超声波提取、结构表征及抗氧化活性评价［J］. 食品与发酵工业，2021，47（5）：120-126.

［10］何坤明，王国锭，白新鹏，等. 山茱萸籽多糖分离纯化、结构表征及抗氧化活性［J］. 食品科学，2021，42（19）：81-88.

［11］申进文，史超文，许春平. 肉色迷孔菌胞外多糖的结构分析与抗氧化活性研究［J］. 河南农业大学学报，2013，47（5）：596-599.

［12］张志宏，邢娜，彭东辉，等. 黄瓜子多糖的分离、纯化和体外抗氧化活性研究［J］. 中国药房，2021，32（4）：432-438.

［13］白子凡. 托盘根多糖的提取分离、结构分析及生物活性研究［D］. 吉林：吉林化工学院，2021.

[14] 冯燕茹，刘玮，杨继国. 不同分子量羧甲基茯苓多糖的制备及其抗氧化活性的研究 [J].
中国食品添加剂，2019，30（3）：67-74.

[15] Zhang F，Lin L H，Xie J H. A Mini-review of chemical and biological properties of
polysaccharides from *Momordica charantia* [J]. International Journal of Biological
Macromolecules，2016，92（6）：246-253.

[16] 刘洋，刘珊，胡军，等. 仙人掌多糖的提取及其在卷烟中的应用 [J]. 烟草科技，2010
（10）：8-11.

第十二章

细辛多糖的衍生化修饰及其应用

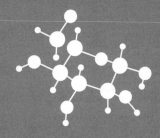

对辽宁、安徽、陕西3个产地的北细辛多糖进行分离纯化，并探究其结构表征和抗氧化活性的差异。对辽宁细辛多糖进行羧甲基化和磷酸化修饰，并探究修饰前后多糖的抗氧化活性。对辽宁细辛多糖进行保润、热裂解和感官评价，探究其对烟草的保润增香效果，以期为细辛多糖及其在烟草保润增香方面的进一步探究提供一定的理论依据。

第一节 细辛多糖的衍生化修饰

一、细辛多糖的羧甲基化修饰

选用糖含量最高的组分L-ASP0.3进行羧甲基化修饰。

参考孙志涛、白家峰等方法并修改[1,2]：称取0.1g细辛多糖于200mL烧瓶中，加入20mL 80%（体积分数）乙醇，搅拌30min，然后加入70mL 2mol/L的NaOH溶液，搅拌碱化1h；加入8mL 1.5mol/L的氯乙酸，50℃下醚化反应3.8h。冷却至室温后用0.5mol/L的HCl将反应液调pH至中性。透析2d，透析后加无水乙醇至乙醇体积分数为80%，醇沉24h，离心取沉淀，冷冻干燥得羧甲基化细辛多糖。

参照李哲、申林卉等的结果设置条件[3,4]，选取主要影响因素NaOH浓度和氯乙酸浓度作为单因素，以取代度作为结果进行单因素试验（表12-1）。

表12-1 细辛多糖羧甲基化修饰单因素

编号	氢氧化钠浓度/（mol/L）	氯乙酸浓度/（mol/L）
ASP-C1	1.5	1.5
ASP-C2	2.5	1.5
ASP-C3	2.0	1.0
ASP-C4	2.0	1.5
ASP-C5	2.0	2.0

称取羧甲基细辛多糖样品0.5g于105℃烘箱中烘至恒重，冷却称重记为W，加入50mL超纯水充分溶解，以3滴甲基红为指示剂，用0.1mol/L HCl溶液滴定至溶液显红色，另加10mL盐酸，记下盐酸消耗总体积V，上述溶液沸水浴10min后即用0.1mol/L

NaOH溶液滴定至显黄色，记下NaOH的消耗体积。取代度计算如式（12-1）、式（12-2）。

$$B = \frac{C_{HCl} \times V_{HCl} - C_{NaOH} \times V_{NaOH}}{W} \qquad (12\text{-}1)$$

$$DS = \frac{0.162B}{1 - 0.058B} \qquad (12\text{-}2)$$

式中　C_{HCl}　——盐酸标准溶液的浓度，mol/L；

　　　V_{HCl}　——消耗的盐酸标准溶液体积，mL；

　　　C_{NaOH}　——氢氧化钠溶液的浓度，mol/L；

　　　V_{NaOH}　——消耗的氢氧化钠的体积，mL；

　　　W　——细辛多糖样品质量，g；

　　　DS　——取代度。

选用糖含量最高的L-ASP0.3进行羧甲基化修饰和磷酸化修饰。由表12-2可知，在NaOH浓度为2.0mol/L，氯乙酸浓度为1.0、1.5、2.0mol/L条件下的羧甲基化修饰细辛多糖的取代度分别为0.454、0.507、0.418。随着氯乙酸浓度的增加，呈现先增加后降低的趋势。可能是随着氯乙酸浓度的增加，与多糖接触更多，反应增加。但是氯乙酸浓度过大也可能会增加副反应，同时氯乙酸还会降低体系的碱性，由于整个取代反应需要在碱性条件下进行，因此取代度随之下降[5]。

在氯乙酸浓度为1.5mol/L，NaOH浓度为1.5、2.0、2.5mol/L的条件下取代度分别为0.359、0.507、0.403。随着NaOH浓度的增加，取代度同样呈先增加后降低的趋势。这是可能是因为随着NaOH浓度的增加，空间位阻使得细辛多糖溶胀更充分，增加了与氯乙酸的接触反应，使得醚化反应更加充分，取代度增加[6]。但是如果溶液中的NaOH浓度过高，会与氯乙酸发生副反应，使得氯乙酸利用率降低，导致取代度降低[7]。

表12-2　羧甲基化细辛多糖取代度

编号	氢氧化钠浓度/（mol/L）	氯乙酸浓度/（mol/L）	取代度
ASP-C1	1.5	1.5	0.359
ASP-C2	2.5	1.5	0.403
ASP-C3	2.0	1.0	0.454
ASP-C4	2.0	1.5	0.507
ASP-C5	2.0	2.0	0.418

二、细辛多糖的磷酸化修饰

选用糖含量最高的组分L-ASP0.3进行磷酸化修饰，参考张难等方法并略有改动[5]：用水溶解0.10g/mL的磷酸化试剂（三聚磷酸钠与三偏磷酸钠混合液），溶解后再加入0.01g/mL细辛多糖，调节pH为9.0，在85℃条件下反应5h，样液加无水乙醇至乙醇体积分数为80%醇沉24h，将醇沉多糖冷冻干燥，再于60℃水浴中复溶，复溶后溶液透析2d，透析后进行冷冻干燥得磷酸化衍生物。

参照路垚、倪海钰等的结果设置条件[9,10]：选取主要影响因素磷酸化试剂和反应温度作为单因素，以细辛多糖中磷酸根含量作为磷酸化修饰程度的评价指标，考察不同条件下细辛多糖磷酸化修饰程度（表12-3）。

表12-3 细辛多糖磷酸化修饰单因素

编号	三聚磷酸钠：三偏磷酸钠 （物质的量的比）	反应温度/℃
ASP-P1	4：3	90
ASP-P2	6：1	90
ASP-P3	5：2	90
ASP-P4	5：2	95
ASP-P5	5：2	85

磷酸化细辛多糖磷酸根的测定，采用钼蓝比色法测定[11,12]。

（1）主要试剂　Tris缓冲溶液：3.6g三羟甲基氨基甲烷（Tris）和120mg氯化镁$MgCl_2 \cdot 6H_2O$溶于水，稀释至300mL，用1mol/L HCl调pH为7.0。定磷试剂：同体积的质量分数为20%的维生素C、3mol/L硫酸与3%（质量分数）钼酸铵溶液，均匀混合。磷酸盐标准溶液：称取0.7165g磷酸二氢钾溶于水，定容至1000mL后吸取10mL再次定容至500mL。得到的溶液含10μg/mL的磷酸盐（PO_4^{3-}）。

（2）标准曲线的绘制　分别吸取0、0.5、1.0、1.5、2.0、2.5、3.0、3.5、4.0、4.5、5.0mL的上述磷酸盐标准溶液于试管中，均加超纯水至5mL。依次加入3mL Tris缓冲液、3mL定磷试剂，45℃水浴锅中加热30min，于580nm处测吸光度。

（3）磷酸根含量的测定　取0.10g样品于烧杯中，加入浓硫酸和浓硝酸各1mL，加热至冒烟，冷却至室温后加入1mL 30%（质量分数）的H_2O_2，再缓慢加热，重复以上操作直至不再产生白烟。然后加入1mL 6mol/L的盐酸，加热分解酸。定容至50mL后取5mL样液，按照标准曲线方法测定吸光度，并根据标准曲线计算得样品中的磷酸根含量。

表12-4所示为不同条件下磷酸化修饰细辛多糖磷酸根含量。反应温度为90℃，在三聚磷酸钠与三偏磷酸钠的物质的量的比为4∶3、5∶2、6∶1条件下磷酸根含量分别为6.35%、8.24%、5.69%，三聚磷酸钠/三偏磷酸钠为5∶2时磷酸根接枝量最大。

定磷试剂中三聚磷酸钠与三偏磷酸钠的物质的量的比为5∶2，在反应温度为85、90、95℃条件下磷酸化细辛多糖的磷酸根含量分别为6.97%、8.24%、7.42%，随着温度的升高，磷酸根含量呈现先增加后降低的趋势。这可能是因为随着温度的升高，反应加快，磷酸化试剂的利用率增加[11]。但温度过高，多糖分子结构可能遭到破坏，导致磷酸根接枝量降低[13]。

表12-4　磷酸化细辛多糖磷酸根含量

编号	三聚磷酸钠∶三偏磷酸钠（物质的量的比）	反应温度/℃	磷酸根含量/%
ASP-P1	4∶3	90	6.35
ASP-P2	6∶1	90	5.69
ASP-P3	5∶2	90	8.24
ASP-P4	5∶2	95	7.42
ASP-P5	5∶2	85	6.97

三、细辛多糖衍生物的红外光谱

图12-1所示为不同NaOH浓度和氯乙酸浓度下进行羧甲基化修饰后的细辛多糖红外光谱图。与L-ASP0.3相比，修饰后的ASP-C1、ASP-C2、ASP-C3、ASP-C4和ASP-C5均在3420cm⁻¹与2920cm⁻¹处呈现出典型的多糖吸收峰。在1640cm⁻¹与1430cm⁻¹附近的吸收峰是羧甲基化特征吸收峰，其中1643cm⁻¹附近的吸收峰为羧基（—COOH）的C═O的非对称伸缩振动[14]，1438cm⁻¹附近的吸收峰为与羧基相连的甲基（—CH₃）的C—H变角振动吸收[15]。870cm⁻¹附近明显的吸收峰为β-D糖苷键构型的特征吸收峰。表明细辛多糖已羧甲基化修饰完成，且仍具备多糖特征，未明显改变多糖自身的结构。

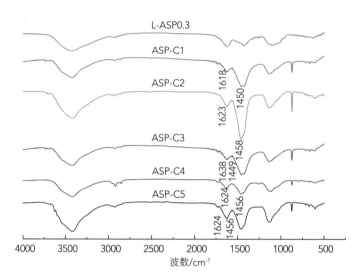

图12-1 羧甲基化细辛多糖红外光谱图

图12-2所示为不同条件下磷酸化修饰后的细辛多糖的红外光谱图。与L-ASP0.3红外光谱相比，ASP-P1、ASP-P2、ASP-P3、ASP-P4和ASP-P5的红外光谱均无明显变化，磷酸化细辛多糖仍具备典型的多糖吸收峰。在1270cm⁻¹附近有较强的吸收峰是由于糖环上引入的磷基团P=O伸缩振动[16]，在980cm⁻¹附近有较强的吸收峰，是由P—O—C伸缩振动引起[17]，说明细辛多糖磷酸化修饰完成，且修饰后的细辛多糖本身的结构没有被破坏，保持了细辛多糖原有的性质。

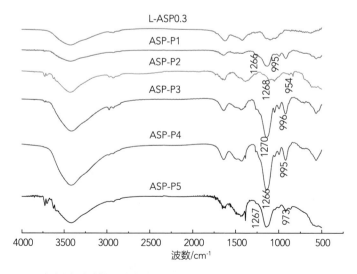

图12-2 磷酸化细辛多糖红外光谱图

四、细辛多糖衍生物扫描电子显微镜

根据修饰后取代度的大小，选用羧甲基取代度最大的ASP-C4和磷酸根含量最高的ASP-P3进行电镜扫描图12-3所示为细辛多糖、羧甲基化细辛多糖及磷酸化细辛多糖的扫描电子显微镜图。在相同的3000倍条件下，通过细辛多糖、羧甲基化细辛多糖和磷酸化细辛多糖的扫描电镜图可以看出，细辛多糖结构较为致密，层次不一，呈无规则片状；羧甲基化修饰后的细辛多糖结构表面多孔，呈不规则薄片状且部分呈弯曲状，整体结构较未修饰的细辛多糖明显疏松；磷酸化修饰细辛多糖结构较细辛多糖出现大量孔洞，表面粗糙。

（1）　　　　　　　　　　　　　　　（2）

（3）

（1）L-ASP0.3　（2）ASP-C4　（3）ASP-P3

图12-3　细辛多糖衍生物扫描电子显微镜图

五、细辛多糖及其衍生物的抗氧化活性

卷烟燃烧过程中，由于烟气中的许多有害成分和自由基通常是因卷烟燃烧

时的氧化反应产生的，因此加入抗氧化类添加剂，可以有效地阻断此类物质的产生[18]。多糖本身具备一定的抗氧化性，并可通过修饰适当提高其抗氧化活性。

分别称取不同质量的细辛多糖及其衍生物，分别配置成0.1、0.25、0.5、0.75、1mg/mL的水溶溶液，备用。

1. DPPH自由基清除能力测定

称取适量DPPH用无水乙醇溶解配制成0.1mmol/L DPPH乙醇溶液，该溶液的最大吸收波长为517nm。取1.0mL样品，加入2.0mL DPPH溶液，混匀后室温避光反应30min，在517nm处测量其吸光度，记为A。以同体积超纯水代替多糖样品作为空白，吸光度记为A_0。维生素C作为对照，DPPH自由基清除率如式（12-3）。

$$DPPH自由基清除率/\% = \frac{A_0 - A}{A_0} \times 100 \qquad （12-3）$$

以维生素C为阳性对照，考察不同浓度下9个组分对DPPH和ABTS自由基的清除率并计算半数有效浓度（Half-maximal effective concentration，EC_{50}）以EC_{50}对比9个组分的DPPH和ABTS自由基清除能力，EC_{50}越低，说明抗氧化能力越强。

如图12-4所示，9个组分对DPPH自由基的清除能力均随多糖浓度增加而增加，增长趋势逐渐减小，具有明显剂量依赖关系且均弱于维生素C。9个组分对DPPH自由基均具有一定的清除能力。L-ASP0、L-ASP0.2、L-ASP0.3、A-ASP0.2、A-ASP0.5、A-ASP0.6、S-ASP0.4、S-ASP0.5、S-ASP0.6的EC_{50}分别为0.56、0.48、0.60、0.70、0.73、0.45、0.40、0.47、0.42mg/mL。9个组分对DPPH自由基清除率顺序是S-ASP0.4 > S-ASP0.6 > A-ASP0.6 > S-ASP0.5 > L-ASP0.2 > L-ASP0 > L-ASP0.3 > A-ASP0.2 > A-ASP0.5。陕西产地北细辛多糖组分对DPPH自由基清除能力整体优于辽宁、安徽，L-ASP0.2优于安徽和S-ASP0.5，其中以S-ASP0.4最佳，即陕西北细辛最佳。

多糖结构复杂，影响其抗氧化能力强弱的因素有许多，如来源、提取方法及糖醛酸含量、分子质量大小、单糖组成和空间构象等[19]。多糖的抗氧化作用与其供氢能力有关，糖醛酸基团的存在会激发多糖中端基碳的氢原子，糖醛酸含量越高，抗氧化能力越强[20]。与单糖组分测得糖醛酸含量结果基本一致，细辛多糖糖醛酸含量相对较低，细辛多糖抗氧化能力受糖醛酸影响相对较小。多糖分子质量较大，而通过分离纯化后可以获得多个多糖组分，这些多糖组分的分子质量有所不同。研究显示，相同来源的多糖分子质量可能对多糖的抗氧化活性产生影响[21]。多糖的分子质量越小，其抗氧化活性越强，可能是由于大分子质量多糖穿过细胞膜的渗透能力弱，且有研究显示在相同质量基础上小分子质量多糖有更多还原羟基末端与自由基反应，因此抗氧化活性提高[22]。细辛多糖抗氧化能力结果符合测得分子质量的结果。

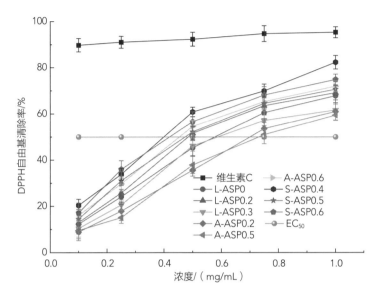

图12-4　细辛多糖的DPPH自由基清除率

　　如图12-5所示，细辛多糖及其衍生物对DPPH自由基的清除能力随多糖浓度增加而增加，增长趋势逐渐减小，具有明显剂量依赖关系且均弱于维生素C。L-ASP0.3、ASP-C1、ASP-C2、ASP-C3、ASP-C4、ASP-C5、ASP-P1、ASP-P2、ASP-P3、ASP-P4、ASP-P5的EC$_{50}$分别为0.60、0.46、0.49、0.39、0.40、0.45、0.55、0.51、0.57、0.44、0.42mg/mL。9个组分对DPPH自由基的清除率顺序是ASP-C3＞ASP-C4＞ASP-P5＞ASP-P4＞ASP-C5＞ASP-C1＞ASP-C2＞ASP-P2＞ASP-P1＞ASP-P3＞L-ASP0.3。修饰后的细辛多糖对DPPH自由基的清除能力均有所增加，其中羧甲基化细辛多糖对DPPH自由基的清除能力整体强于磷酸化细辛多糖，羧甲基化细辛多糖和磷酸化细辛多糖对DPPH自由基的清除能力不同，可能与修饰程度的不同有一定的关系。

2. ABTS自由基清除能力测定

　　称取5.0mg ABTS和1.5mg K$_2$S$_2$O$_8$加入10mL超纯水定容，室温避光反应24h，30℃水浴加热30min，加适量无水乙醇稀释后测得在734nm处吸光度为0.703。

　　取1.0mL不同浓度的多糖溶液，加2.0mL稀释后的ABTS溶液，充分混匀后室温避光反应30min，在734nm处测量其吸光度，记为A。

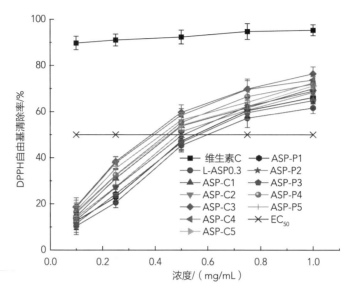

图12-5   细辛多糖衍生物的DPPH自由基清除率

如图12-6所示，9个组分对ABTS自由基的清除能力与对DPPH自由基的清除能力具有相似的变化趋势。9个组分对ABTS自由基的清除能力随多糖浓度的增加而增加，增长趋势逐渐减弱，且均小于维生素C，对ABTS自由基均具有一定的清除能力。

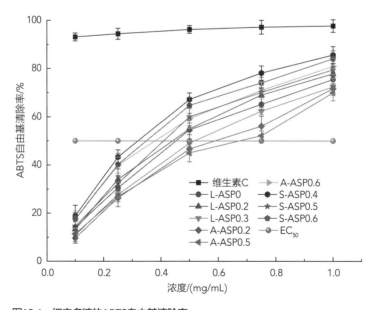

图12-6   细辛多糖的ABTS自由基清除率

L-ASP0、L-ASP0.2、L-ASP0.3、A-ASP0.2、A-ASP0.5、A-ASP0.6、S-ASP0.4、S-ASP0.5、S-ASP0.6的EC_{50}分别为0.45、0.44、0.52、0.59、0.67、0.38、0.32、.041、0.35mg/mL。9个组分对ABTS自由基清除率顺序是S-ASP0.4＞S-ASP0.6＞A-ASP0.6＞S-ASP0.5＞L-ASP0.2＞L-ASP0＞L-ASP0.3＞A-ASP0.2＞A-ASP0.5，与DPPH自由基清除能力的测定结果一致，但对ABTS自由基的清除率相对较高，这可能由于细辛多糖对不同自由基的清除机制不同[23]。

如图12-7所示，11个多糖对ABTS自由基的清除能力与对DPPH自由基的清除能力具有相似的变化趋势。他们对ABTS自由基的清除能力，均随多糖浓度增加而增加，增长趋势逐渐减小，且均小于维生素C，表明对ABTS自由基均具有一定的清除能力。L-ASP0.3、ASP-C1、ASP-C2、ASP-C3、ASP-C4、ASP-C5、ASP-P1、ASP-P2、ASP-P3、ASP-P4、ASP-P5的EC_{50}分别为0.52、0.42、0.44、0.32、0.35、0.41、0.47、0.46、0.50、0.38、0.37mg/mL。对ABTS自由基清除能力的强弱顺序为ASP-C3＞ASP-C4＞ASP-P5＞ASP-P4＞ASP-C5＞ASP-C1＞ASP-C2＞ASP-P2＞ASP-P1＞ASP-P3＞L-ASP0.3。细辛多糖衍生物对ABTS自由基的清除能力均强于未修饰的细辛多糖，且羧甲基化细辛多糖自由基清除能力整体强于磷酸化细辛多糖，与DPPH自由基清除能力的研究结果一致，但对ABTS自由基清除率相对较高。

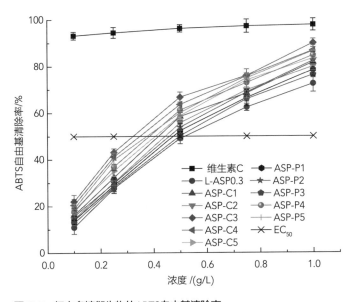

图12-7　细辛多糖衍生物的ABTS自由基清除率

3. 抑制HO·氧化DNA反应

移取13.4mL 2.24g/L DNA溶液，加入1.0mL 30mmol/L H$_2$O$_2$溶液、0.5mL 120mmol/L 四氯氢醌（TCHQ）溶液和0.1mL 10mg/mL待测多糖溶液，充分混匀后37℃水浴 30min。从中移取2mL，再加入1mL 1%（质量分数）的TBA溶液和1mL 3.0%（质量分数）的TCA溶液，100℃水浴30min，冷却至室温后加入1.5mL正丁醇萃取硫代巴比妥酸活性物质（TBARS），离心取正丁醇层，在535nm处测定吸光度，记为A。空白为以同体积超纯水代替多糖样品，吸光度记为A_0，计算如式（12-4）。

$$TBARS百分数 /\% = \frac{A}{A_0} \times 100\% \qquad (12\text{-}4)$$

在自由基引发DNA氧化的过程中，自由基可将DNA氧化成小分子羰基化合物，这些物质统称为硫代巴比妥酸活性物质（TBARS）[24,25]。酸性条件下，TBARS能与硫代巴比妥酸（TBA）反应生成有色物质，其最大吸收波长是535nm。所以可以根据检测 TBARS的产生量，衡量DNA被氧化的程度，以此评估细辛多糖的抗氧化性能。并采用相对于空白组吸光度的TBARS百分数来衡量（空白组TBARS百分数为100%）抗氧化性，TBARS百分数越低抗氧化性能越好[26,27]。

如图12-8所示，9个多糖组分抑制HO·氧化DNA的TBARS百分数均低于空白，表明9个多糖组分均有一定抑制HO·氧化DNA的能力。L-ASP0、L-ASP0.2、L-ASP0.3、A-ASP0.2、A-ASP0.5、A-ASP0.6、S-ASP0.4、S-ASP0.5、S-ASP0.6的TBARS百分数分别为92.3%、91.9%、94.6%、91.1%、96.8%、95.7%、86.5%、91.7%、87.0%。

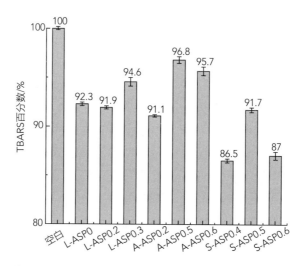

图12-8　细辛多糖抑制HO·氧化DNA的TBARS百分数

9个多糖组分抑制HO·氧化DNA的能力顺序为S-ASP0.4＞S-ASP0.6＞A-ASP0.2＞S-ASP0.5＞L-ASP0.2＞L-ASP0＞L-ASP0.3＞A-ASP0.6＞A-ASP0.5。陕西北细辛多糖组分抑制HO·氧化DNA的能力整体优于辽宁、安徽，A-ASP0.2优于辽宁，其中以S-ASP0.4最佳，即陕西北细辛最佳；可能与羟基含量较多和空间构象等有关，多糖分子中的羟基能够给出氢原子抑制HO·氧化DNA。9个组分抑制HO·氧化DNA的能力强弱与其对DPPH和ABTS自由基的清除能力存在一定差异，可能与反应体系有关。

如图12-9所示，细辛多糖衍生物的TBARS百分数均低于空白（100%）和细辛多糖，表明细辛多糖衍生物均具备一定抑制HO·氧化DNA的能力。抑制HO·氧化DNA能力顺序为ASP-C3＞ASP-C4＞ASP-P5＞ASP-C5＞ASP-P4＞ASP-C1＞ASP-C2＞ASP-P2＞ASP-P1＞ASP-P3＞L-ASP0.3。羧甲基化细辛多糖抑制HO·氧化DNA的能力整体强于磷酸化细辛多糖，原因与修饰后羟基含量增加和空间构象的改变等有关，衍生物抑制HO·氧化DNA的能力强弱与其对DPPH和ABTS自由基的清除能力存在差异，可能与反应体系有关。

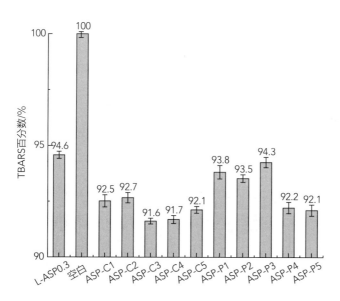

图12-9　细辛多糖衍生物抑制HO·氧化DNA的TBARS百分数

4. 抑制还原型谷胱甘肽自由基（GS·）氧化DNA反应

移取13.4mL 2.24g/L DNA溶液，加入1mL 75mmol/L CuSO$_4$溶液、0.5mL 90mmol/L GSH溶液和0.1mL10mg/mL待测多糖溶液，充分混匀后37℃水浴90min。从中移取

2mL，再加入1mL 30mmol/L EDTA溶液、1.0mL 1.0%（质量分数）TBA溶液和1mL 3%（质量分数）TCA溶液，100℃水浴30min。

如图12-10所示，TBARS百分数均低于空白，表明9个多糖组分均有一定的抑制GS·氧化DNA能力。L-ASP0、L-ASP0.2、L-ASP0.3、A-ASP0.2、A-ASP0.5、A-ASP0.6、S-ASP0.4、S-ASP0.5、S-ASP0.6的TBARS百分数分别为89.2%、87.2%、91.9%、93.0%、94.9%、93.5%、82.6%、88.1%、85.7%。

9个多糖组分抑制GS·氧化DNA的能力顺序为S-ASP0.4＞S-ASP0.6＞L-ASP0.2＞S-ASP0.5＞L-ASP0＞L-ASP0.3＞A-ASP0.2＞A-ASP0.6＞A-ASP0.5。陕西北细辛多糖组分抑制GS·氧化DNA的能力整体优于辽宁、安徽，L-ASP0.2优于S-ASP0.5，其中以S-ASP0.4最佳，即陕西北细辛最佳，可能与成分和空间构象有关。整体顺序与抑制HO·氧化DNA存在差异，可能是9个组分对不同自由基的清除机制不同所致。此外，9个组分抑制GS·氧化DNA的TBARS百分数均小于相对应的抑制HO·氧化DNA体系，说明9个组分抑制GS·氧化DNA的能力更强。

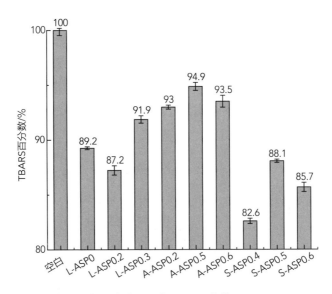

图12-10　细辛多糖抑制GS·氧化DNA的TBARS百分数

图12-11所示为细辛多糖衍生物抑制GS·氧化DNA的TBARS百分数。抑制GS·氧化DNA的能力顺序为ASP-C3＞ASP-C4＞ASP-C5＞ASP-P5＞ASP-P4＞ASP-C1＞ASP-C2＞ASP-P2＞ASP-P3＞ASP-P1＞L-ASP0.3，细辛多糖衍生物抑制能力均优于细辛多糖且均具有一定抑制GS·氧化DNA的能力。磷酸化细辛多糖整体抑制能力弱于羧甲基化细辛

多糖，整体顺序与抑制HO·氧化DNA存在差异，可能是细辛多糖衍生物对不同自由基的清除机制不同所致。细辛多糖衍生物抑制GS·氧化DNA的能力均强于抑制HO·氧化DNA。

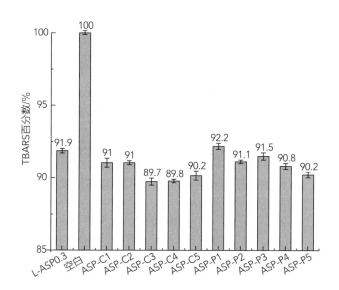

图12-11 细辛多糖衍生物抑制GS·氧化DNA的TBARS百分数

5. 抑制2,2′-偶氮二异丁基脒二盐酸盐（AAPH）氧化DNA反应

移取13.4mL 2.24g/L DNA溶液，加入1.5mL 400mmol/L AAPH溶液和0.1mL 10g/L的待测多糖溶液，充分混匀后37℃水浴120min。从中移取2mL，再加入1mL 1%（质量分数）TBA溶液和1mL 3%（质量分数）TCA溶液。

如图12-12所示，TBARS百分数均低于空白（100%），表明9种多糖均具备抑制AAPH氧化DNA的能力。L-ASP0、L-ASP0.2、L-ASP0.3、A-ASP0.2、A-ASP0.5、A-ASP0.6、S-ASP0.4、S-ASP0.5、S-ASP0.6的TBARS百分数分别为85.4%、82.5%、87.6%、88.5%、90.2%、90.3%、78.6%、81.3%、80.7%。

9个组分抑制AAPH氧化DNA的能力为S-ASP0.4＞S-ASP0.6＞S-ASP0.5＞L-ASP0.2＞L-ASP0＞L-ASP0.3＞A-ASP0.2＞A-ASP0.5＞A-ASP0.6。陕西北细辛多糖组分抑制AAPH氧化DNA的能力均优于辽宁、安徽，其中以S-ASP0.4最佳，陕西北细辛最佳。整体顺序与抑制HO·氧化DNA和抑制GS·氧化DNA存在差异，且9个组分抑制AAPH氧化DNA的TBARS百分数均小于另外2个体系，说明9个组分抑制AAPH氧化DNA能力强于另外两个体系。

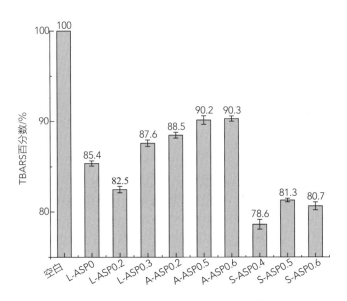

图12-12　细辛多糖抑制AAPH氧化DNA的TBARS百分数

如图12-13所示，TBARS百分数均低于空白（100%），表明细辛多糖衍生物均具备抑制 AAPH氧化DNA的能力。抑制AAPH氧化DNA的能力顺序为ASP-C3＞ASP-C4＞ASP-P5＞ASP-P4＞ASP-C5＞ASP-C1＞ASP-P2＞ASP-C2＞ASP-P1＞ASP-P3＞L-ASP0.3。羧甲基化细辛多糖抑制能力整体强于磷酸化细辛多糖，整体顺序与抑制HO·氧化DNA和抑制GS·氧化DNA存在差异，且抑制AAPH氧化DNA能力强于另外2个体系。

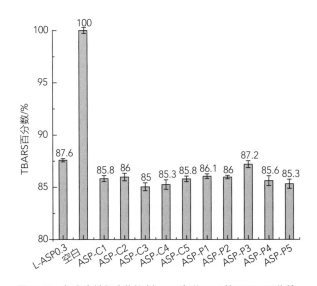

图12-13　细辛多糖衍生物抑制AAPH氧化DNA的TBARS百分数

第二节　细辛多糖的应用

一、细辛多糖的烟草保润性和吸湿性

参考王小莉，何保江的方法[28,29]：称取适量烟丝放入培养皿，置于温度22℃、湿度60%的恒温恒湿箱中平衡48h。称取5份10g平衡后的烟丝，分别喷施配制好的0.1mg/mL的L-ASP0、L-ASP0.2和L-ASP0.3和浓度为1%（质量分数）的甘油及纯水各1.0mL，喷洒纯水烟丝为对照组；将喷施处理后的烟丝重新置于温度22℃、湿度60%的恒温恒湿箱中平衡48h。

保润性试验：将上述处理后的烟丝，每组分为3份，放入培养皿中，称量烟丝质量（m_0）和培养皿质量；然后置于22℃、相对湿度40%的恒温恒湿箱中保持低湿条件，定时称量烟丝质量（m_0），72h。然后将烟丝放入105℃的烘箱中，加热至样品质量恒定得到干烟丝质量。其即时含水率（W）按式（12-5）计算，$m_0=m$为初始含水率。

$$W / \% = \frac{m_0 - m}{m} \times 100\% \qquad (12\text{-}5)$$

式中　m_0——某时间点烟丝样品的质量，g；

　　　m——烟丝样品的干质量，g。

吸湿性试验：按保湿性试验操作，将烟丝置于温度22℃，相对湿度70%的恒温恒湿箱中保持高湿条件，记录烟丝质量的变化，其即时含水率（W_1）根据上式（12-5）计算。

在低湿（相对湿度40%）条件下考察细辛多糖保润性，喷施甘油、L-ASP0、L-ASP0.2、L-ASP0.3及纯水的烟丝含水率随时间变化如图12-14所示。前24h各处理烟丝含水率均下降较快，喷施L-ASP0、L-ASP0.2和L-ASP0.3的处理慢于喷施纯水的对照处理，快于甘油处理；24~48h各处理含水率下降变慢；48h后各处理含水率变化趋于稳定。总体上L-ASP0、L-ASP0.2和L-ASP0.3保润效果优于对照，劣于甘油，其中细辛多糖分离组分保湿性顺序为L-ASP0.3＞L-ASP0＞L-ASP0.2。说明在干燥环境下，细辛多糖对烟丝具有一定保润性。

多糖因具有较多的羟基、羧基等亲水性基团，当与水接触时可以形成氢键从而吸附水分，同时能够在烟丝表面形成网状或膜状结构，从而减少水分的散失。但影响多糖保润性的因素很多，如不同多糖自身物理性质、载体物理结构等[30]。L-ASP0、L-ASP0.2和L-ASP0.3之间保润性的差异，结合扫描电镜图分析，可能是由其不同的构象导致。甘

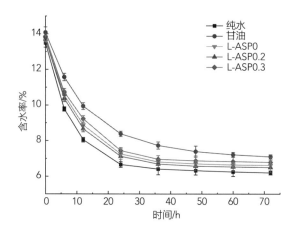

图12-14　低湿条件下不同处理对烟丝含水率的影响

油保润性优于细辛多糖的原因可能是细辛多糖分子中的羟基呈游离态的较少，与水的结合性比甘油弱[31]。

在高湿（相对湿度70%）条件下考察细辛多糖吸湿性，喷施甘油、L-ASP0、L-ASP0.2、L-ASP0.3及纯水的烟丝含水率随时间变化如图12-15所示。前24h各处理烟丝含水率均上升较快，24~48h上升变慢；48h后含水率变化趋于稳定。趋于稳定后，喷施L-ASP0、L-ASP0.2和L-ASP0.3处理的烟丝含水率低于甘油处理，且纯水＜L-ASP0.2＜L-ASP0＜L-ASP0.3＜甘油。说明在潮湿环境下，L-ASP0、L-ASP0.2和L-ASP0.3在防潮方面优于甘油，其中L-ASP0.2效果相对较好。

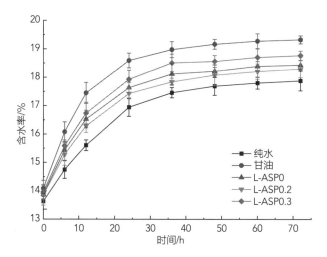

图12-15　高湿条件下不同处理对烟丝含水率的影响

细辛多糖在防潮方面优于甘油的原因可能是在高湿条件下水分子与细辛多糖中的羧基结合形成了网状结构，在烟丝表面形成了一层薄膜，这层薄膜有效地阻碍了水分子继续进入烟丝；同时甘油中的亲水基团羟基或羧基更容易与水形成氢键而易于吸收环境中的水分[32]。综上所述，L-ASP0、L-ASP0.2和L-ASP0.3的保润性和吸湿性无明显差异，低湿条件下具有相对较慢的解湿速率，高湿条件下具有相对较慢的吸湿速率，因此细辛多糖具有一定的保润性和防潮功能。

二、细辛多糖的热裂解产物

参考张翼飞等的方法：取适量干燥的多糖样品放入石英管中，用石英棉堵住两端，随后将石英管放入热裂解仪中，选用300、600、900℃，在氦气气氛中进行无氧热裂解试验[33]。

烟支在燃烧过程中发生多种化学反应，主要发生在燃烧锥区域，温度一般为700~900℃，甚至可达1000℃以上，该区域内有机物在高温缺氧环境下发生热裂解、聚合等化学反应；燃烧锥附近温度为100~700℃，因此本试验选用有代表性的300、600、900℃作为细辛多糖热裂解研究温度，并选用氦气模拟无氧环境[34]。表12-5所示为L-ASP0、L-ASP0.2和L-ASP0.3在300、600、900℃下的热裂解产物。

在300℃时，由于裂解温度较低，L-ASP0热裂解不充分，产物很少，仅有8种，主要有糠醛类28.72%、酮类1.35%；600℃下，热裂解产物为29种，主要有糠醛类26.81%、酮类5.05%、呋喃类6.32%、吡啶类1.8%；900℃下，热裂解产物为41种，主要有糠醛类21.63%、酮类9.88%、呋喃类6.56%、吡啶类1.88%。

与L-ASP0的热裂解产物类似，在300℃下，L-ASP0.2和L-ASP0.3的热裂解产物很少，均只有7种，主要有糠醛类、酮类和呋喃类等，其中糠醛类含量分别为36.18%和23.27%，酮类含量分别为2.33%和1.29%；600℃下热裂解产物有31种和37种，主要有糠醛类、酮类、呋喃类、吡啶类等，其中糠醛类含量分别为30.12%和13.12%，酮类含量分别为6.8%和20.62%，呋喃类含量分别为4.4%和3.48%，吡啶类含量分别为2.23%和1.55%；900℃下热裂解产物有41种和46种，其中主要产物糠醛类含量分别为21.01%和8.32%，酮类含量分别为11.64%和21.77%，呋喃类含量分别为4.87%和4.95%，吡啶类含量分别为2.41%和2.05%。

对于多糖的热裂解产物及其在烟草中的应用，刘珊等对裙带菜多糖、张翼飞等对香加皮多糖、许春华等对香料烟烟叶多糖的热裂解产物等的研究均表明，多糖的热裂解产物中含有对烟草有益的致香物质[35,33,36]。表12-5所示为不同温度下细辛多糖的热裂解产物，随着热裂解温度的升高，L-ASP0、L-ASP0.2和L-ASP0.3中小分子质量的易挥发性物质先挥发，大分子质量的物质开始分解，同时小分子质量的物质由于受热会发生聚合、缩合等复杂的反应[37]。随着温度的升高，糠醛类物质含量均有所下降；而酮类、呋喃类、吡啶类含量有所上升，可能是由于温度升高，糠醛类物质热裂解、重排形成如酮类及一些杂环类小分子物质。L-ASP0、L-ASP0.2和L-ASP0.3热裂解产生的杂环类物质，主要有吡啶、吡咯、吲哚等化合物，这类物质可能是葡萄糖、半乳糖等残基分解的产物，此类物质一般具有焦香、焦甜香香味，卷烟中常添加的美拉德反应产物同属此类物质，可以提高卷烟香气量[38]；酮类、醛类、酯类和酸类化合物一般具有甜香、果香香味，在卷烟中有醇和烟气的作用[36]；酚类物质可以产生酚香和药草香气，也是烟草和烟气中的常见物质[39]。

表12-5 不同温度下L-ASP0、L-ASP0.2和L-ASP0.3的热裂解产物

编号	保留时间/min	化合物	L-ASP0/%			L-ASP0.2/%			L-ASP0.3/%		
			300℃	600℃	900℃	300℃	600℃	900℃	300℃	600℃	900℃
1	5.73	3-甲基呋喃	—	3.05	3.25	—	1.74	—	—	2.33	4.12
2	6.59	1,4-环己二烯	—	—	2.66	—	—	1.58	—	—	0.98
3	7.76	2,5-二甲基呋喃	—	—	—	—	1.19	3.85	—	—	—
4	8.74	3-甲基-1H-吡咯	—	1.32	—	—	—	—	—	—	—
5	8.98	甲苯	—	0.87	1.48	—	1.51	2.7	—	1.91	2.28
6	9.61	糠醛	15.23	7.37	3.99	13.37	7.38	5.06	7.34	5.06	4.57
7	9.96	2-甲基吡啶	—	—	0.65	—	0.38	1.01	—	0.99	—
8	11.3	3-糠醛	8.25	19.44	13.68	10.23	12.42	6.98	12.27	6.4	3.75
9	11.77	1-甲基-1H-吡唑	—	—	—	—	—	—	—	5.68	—
10	11.82	3-甲基吡咯	—	0.67	0.93	—	0.73	0.88	—	1	0.79
11	11.97	3-甲基吡啶	—	0.43	0.28	—	0.5	—	—	—	0.71
12	12.44	乙苯	—	—	1.17	—	—	0.9	—	—	0.95
13	12.9	2-丙基呋喃	—	1.99	1.33	—	—	1.02	—	—	—
14	12.99	间二甲苯	—	1.12	1.6	—	—	2.76	—	2.04	2.21

续表

编号	保留时间/min	化合物	L-ASP0/%			L-ASP0.2/%			L-ASP0.3/%		
			300℃	600℃	900℃	300℃	600℃	900℃	300℃	600℃	900℃
15	13.2	苯乙烯	—	1.05	2.55	—	1.38	—	—	1.7	1.55
16	13.99	2-甲基环戊烯-1-酮	—	—	0.96	—	2.13	—	—	2.65	1.58
17	14.59	2-乙酰基呋喃	0.33	1.28	1.98	—	1.47	—	0.35	1.15	0.83
18	14.77	2,5-二甲基吡啶	—	0.75	—	—	0.91	0.72	—	—	0.55
19	15.71	柠檬酸酐	—	—	1.03	—	2.64	2.78	—	2.37	1.7
20	15.91	5-甲基糠醛	5.24	—	3.96	12.58	10.32	8.97	3.66	1.66	—
21	16.86	3-甲基-2-环戊烯-1-酮	—	—	2.01	—	—	1.58	—	3.1	1.78
22	16.97	苯酚	—	2	3.34	—	2.63	2.92	—	4.08	3.82
23	17.54	甲基环戊烯酮	—	0.47	1.56	—	0.98	1.87	—	0.65	1.5
24	19.43	3-羟基-2-甲基-2-环戊烯-1-酮	—	—	—	—	—	—	—	—	5.82
25	19.47	3,4-二甲基-2-环戊二酮	1.35	3.48	4.27	2.33	2.38	1.29	1.29	10.71	8.32
26	19.5	3-羟基-2-甲基-环戊烯酮	—	—	—	—	—	5.32	—	—	—
27	19.53	2,3-二甲基-2-环戊烯-1-酮	—	0.66	—	—	—	—	—	—	0.38
28	19.95	3-甲基苯乙炔	—	—	1.98	—	—	1.63	—	0.53	0.75
29	20.21	苯乙酮	—	—	0.57	—	—	0.65	—	—	0.44
30	20.45	邻甲酚	—	0.76	1.42	—	1.25	1.59	—	1.62	1.49
31	21.04	4-甲基苯酚	—	0.28	0.66	—	—	0.73	—	—	—
32	21.28	2-甲基苯并呋喃	1.28	1.4	1.16	1.35	—	0.55	1.68	—	0.31
33	21.41	2-呋喃甲酰肼	—	3.25	1.27	—	—	1.08	—	2.22	—
34	21.7	3-甲基苄醇	—	4.06	—	—	2.17	1.44	—	1.62	1.06

续表

编号	保留时间/min	化合物	L-ASP0/%			L-ASP0.2/%			L-ASP0.3/%		
			300℃	600℃	900℃	300℃	600℃	900℃	300℃	600℃	900℃
35	22.89	1-乙基-3,5-二甲基吡唑	—	—	—	—	2	1.01	—	3.88	0.72
36	22.98	2,3-二氢-3,5-二羟基-6-甲基-4(H)-吡喃-4-酮	—	—	—	—	—	—	—	2.2	1.38
37	23.06	2,4-二甲基苯酚	—	—	—	—	0.87	—	—	0.43	1.01
38	24.05	2-甲基茚	—	—	0.68	—	—	—	—	0.71	0.53
39	24.3	1-甲基-1H-茚	—	—	—	—	—	0.78	—	0.74	0.56
40	24.73	3-乙基苯酚	—	—	—	—	—	0.33	—	—	—
41	25.2	3-乙基苯酚	—	—	—	—	—	—	—	—	0.28
42	25.67	3,5-二甲基苯酚	—	—	0.14	—	—	—	—	—	—
43	26.64	对甲基苯甲醛	—	—	—	—	—	0.49	—	0.44	—
44	26.66	3-甲氧基苯酚	—	—	—	—	1.92	2.29	—	—	—
45	27.01	苯乙酸苯乙酯	0.88	1.22	—	2.78	1.3	—	3.21	1.66	0.56
46	28.1	1-茚酮	—	—	0.51	—	0.63	0.45	—	0.8	0.57
47	29.13	吲哚	—	—	0.73	—	0.61	1.22	—	1.39	1.08
48	29.53	肉桂醇	—	—	—	—	—	0.97	—	—	0.83
49	29.66	对乙烯基愈疮木酚	—	1.33	2.05	—	—	1.99	—	—	1.46
50	30.17	2-甲氨基苯酚	—	—	—	—	—	—	—	0.45	0.78
51	32.49	4-羟基-3-甲基苯乙酮	—	0.44	—	—	0.68	0.48	—	0.51	—
52	32.54	联苯	—	—	—	—	—	—	—	—	—
53	32.68	1-十一烷醇	—	—	—	—	0.71	—	—	—	—
54	33.14	3-甲基吲哚	0.77	—	—	0.81	0.8	0.93	—	1.11	0.99

续表

编号	保留时间/min	化合物	L-ASP0/%			L-ASP0.2/%			L-ASP0.3/%		
			300℃	600℃	900℃	300℃	600℃	900℃	300℃	600℃	900℃
55	34.9	月桂醛	—	1.23	0.85	—	0.83	—	—	1.08	1.12
56	35.71	2,3-二甲基吲哚	—	0.99	1.56	—	0.78	1.3	—	0.83	1.28
57	37.82	2,3-联吡啶	—	0.62	0.95	—	0.44	0.68	—	0.56	0.79
58	38.99	月桂酸	—	—	1.29	—	—	—	—	0.93	1.43
59	43.41	1H-迫苯并萘	—	—	0.2	—	—	—	—	—	0.18
60	44.58	肉豆蔻酸	—	—	0.55	—	—	0.82	—	—	—
61	46.53	9-亚甲基-9H-芴	—	—	0.23	—	—	—	—	—	—
62	48.66	棕榈醇	—	—	0.63	—	—	—	—	—	—
63	50.6	3,3-二羟基联苯	—	—	—	—	—	0.49	—	—	0.97
64	52.41	棕榈酸	—	2.66	—	—	—	—	—	—	—
65	58.41	月桂醇	—	—	0.65	—	—	—	—	—	0.45
66	62.67	邻苯二甲酸二丁酯	—	—	—	—	—	0.68	—	—	—
67	66.32	芥酸酰胺	—	—	—	—	—	—	—	—	0.88

三、感官评价

参考刘珊等的方法，选用糖含量最高的组分L-ASP0.3添加至单料烟丝[40]。烟丝先在温度22℃、相对湿度60%的恒温恒湿箱中平衡水分48h，多糖用纯水稀释按质量分数0.02%、0.04%、0.06%、0.08%添加至烟丝，以添加纯水为对照（CK）。添加后再平衡水分48h。手工卷制后采用"九分制"量表对10个指标进行打分。

如表12-6所示，添加细辛多糖对卷烟香气质和香气量有提升，同时杂气有一定减轻，香气有改善；减少刺激，余味略有提升，甜味增加，口感改善；浓度和劲头改变不大；燃烧性及灰分和CK相比，没有变化。其中0.04%和0.06%添加量处理的烟丝，其评吸效果相对较好。总体来说，添加细辛多糖可以改善一定的烟气质量。

表12-6 添加细辛多糖的烟叶感官评价

指标	CK	添加量0.02%	添加量0.04%	添加量0.06%	添加量0.08%
香气质	5.5	6.0	6.5	6.5	6.0
香气量	6.0	6.0	6.5	6.5	7.0
杂气	5.5	6.0	6.0	6.5	5.5
刺激性	5.5	6.5	6.0	6.5	6.5
余味	5.5	5.5	6.0	6.0	5.5
甜度	6.0	6.0	6.5	6.5	6.5
浓度	5.0	5.0	5.5	5.0	5.0
劲头	5.0	5.5	5.0	5.5	5.0
燃烧性	7.0	7.0	7.0	7.0	7.0
灰分	7.0	7.0	7.0	7.0	7.0
合计	58.0	60.5	62.5	63.0	61.0

　　对细辛多糖以不同条件进行羧甲基化和磷酸化修饰，并检测其取代度，结果表明衍生产物均有一定的取代度。同时，修饰后细辛多糖衍生物的红外光谱显示，2个修饰均出现了特征吸收峰，表明修饰成功。

　　对5个抗氧化反应体系考察不同产地间北细辛多糖的抗氧化活性，结果显示不同产地北细辛多糖均具有一定的抗氧化性，其中陕西北细辛多糖组分抗氧化能力整体优于辽宁、安徽。同样以5个抗氧化反应体系考察不同修饰前后细辛多糖的抗氧化活性，结果显示经过修饰后的细辛多糖在5个抗氧化反应体系中抗氧化能力均有提高，其中羧甲基化细辛多糖抗氧化能力整体强于磷酸化细辛多糖。

　　细辛多糖的保润性和对烟草的增香作用：辽宁北细辛多糖3个组分在低湿、高湿条件下解湿、吸湿速率无明显差异，但均具有一定的保润和防潮效果。对3个组分的热裂解产物分析，发现其热裂解产物中均含有对卷烟有益的物质。感官评价分析表明，添加细辛多糖有助于丰富卷烟香气，改善烟气质量，并且0.04%和0.06%（质量分数）的添加量较为适宜。

小结

本章介绍以制备的辽宁产北细辛多糖L-ASP0.3为原料进行了羧甲基化和磷酸化修饰，对修饰前后的多糖进行红外光谱、扫描电镜对比，开展抗氧化活性研究，以及进行细辛多糖的保润性、热裂解产物及感官评价，以期为细辛多糖及其在烟草保润增香方面进一步的探究提供参考。

对细辛多糖以不同条件进行羧甲基化修饰和磷酸化修饰，并检测其取代度，结果表明衍生产物均有一定的取代度。同时，修饰后细辛多糖衍生物的红外光谱显示，两个修饰均出现了特征吸收峰，表明修饰成功。

通过5个抗氧化反应体系考察了不同产地间细辛多糖的抗氧化活性，结果显示不同产地细辛多糖均具有一定的抗氧化性，其中在陕西细辛多糖组分抗氧化能力整体优于辽宁优于安徽。同样以5个抗氧化反应体系考察不同修饰前后细辛多糖的抗氧化活性，结果显示经修饰的细辛多糖在5个抗氧化反应体系中抗氧化能力方面均有提高，其中羧甲基化细辛多糖抗氧化能力整体强于磷酸化细辛多糖。

在细辛多糖的保润性和对烟草的增香作用方面，辽宁细辛多糖3个组分在低湿、高湿条件下解湿、吸湿速率无明显差异，但均具有一定的保润和防潮效果。对3个组分的热裂解产物分析，发现其热裂解产物中均含有对卷烟有益的物质。感官评价分析表明，添加细辛多糖有助于丰富卷烟香气，改善烟气质量，同时0.04%和0.06%（质量分数）的添加量较为适宜。

参考文献

［1］　孙志涛，陈芝飞，郝辉，等. 羧甲基化黄芪多糖的制备及其保润性能［J］. 天然产物研究与开发，2016，28（9）：1427-1433.

［2］　白家峰，姚延超，郑毅，等. 罗汉果多糖的羧甲基化修饰及抗氧化性能影响研究［J］. 湖北农业科学，2021，60（15）：107-111.

［3］　李哲，袁媛，朱旻鹏，等. 米糠多糖羧甲基化反应条件优化［J］. 食品与机械，2016，32（01）：135-139，166.

［4］　申林卉，刘丽侠，陈冠，等. 苦豆子多糖羧甲基化修饰及其抗氧化活性的研究［J］. 天津

中医药大学学报，2014，33（3）：157-160.

[5] 李容，姜凌子，许艳萍，等. 羧甲基川木瓜多糖的制备及对 α-葡萄糖苷酶的抑制作用 [J]. 中国食品添加剂，2019，30（4）：112-118.

[6] 杨建安，张超，文焱炳，等. 油茶籽粕多糖羧甲基化、乙酰化修饰及其对透明质酸酶的抑制作用 [J]. 食品与机械，2021，37（10）：44-49.

[7] 李霞，胡楠，赵启迪，等. 肠浒苔多糖的羧甲基化修饰及其抗氧化活性研究 [J]. 广西植物，2019，39（11）：1519-1526.

[8] 张难，吴远根，莫莉萍，等. 香菇多糖磷酸化修饰工艺条件的研究 [J]. 食品与发酵工业，2007（12）：63-67.

[9] 路垚，杨琳燕，朱清杰，等. 磷酸化姬松茸多糖制备、安全性及抑菌性研究 [J]. 华北农学报，2020，35（S1）：371-377.

[10] 倪海钰，关珊，衣蕾，等. 响应面法对磷酸化淫羊藿多糖制备工艺的研究 [J]. 畜牧与兽医，2017，49（7）：114-119.

[11] 张扬. 平菇多糖的磷酸化修饰及其结构、肝保护作用的研究 [D]. 西安：陕西师范大学，2019.

[12] 路垚. 磷酸化姬松茸多糖的制备及药理作用研究 [D]. 天津：天津农学院，2016.

[13] 张难. 香菇的深层培养及其多糖的结构修饰 [D]. 贵阳：贵州大学，2008.

[14] 渠琛玲，玉崧成，罗莉，等. 羧甲基化修饰对大枣多糖抗氧化活性的影响 [J]. 河南工业大学学报（自然科学版），2012，33（6）：18-21.

[15] 焦中高，刘杰超，王思新，等. 羧甲基红枣多糖制备及其活性 [J]. 食品科学，2011，32（17）：176-180.

[16] 张泽，吴欣怡，丁霄，等. 白背毛木耳多糖APP3a磷酸化修饰工艺及其抗氧化活性 [J]. 食品工业，2021，42（9）：47-52.

[17] 郑常领，赵柄舒，王玉华，等. 黑木耳多糖的磷酸化修饰及其抗氧化活性研究 [J]. 食品工业科技，2019，40（17）：134-141，147.

[18] 田海英，张展，聂聪，等. 烟丝添加剂在卷烟降焦减害中的研究进展 [J]. 中国烟草学报，2016，22（5）：142-153.

[19] 周洋，杨得坡，钱纯果，等. 阳春砂根茎多糖分离纯化、结构表征及抗氧化活性 [J]. 食品与发酵工业，2021，47（16）：52-58.

[20] Zhao C C，Li X，Miao J，et al. The effect of different extraction techniques on property and bioactivity of polysaccharides from *Dioscorea hemsleyi* [J]. International Journal of Biological Macromolecules，2017，102：847-856.

[21] 刘玉婷，李井雷. 多糖体外抗氧化活性研究进展 [J]. 食品研究与开发，2019，40（6）：214-219.

[22] Hang L，Hu Y，Duan X Y，et al. Characterization and antioxidant activities of polysaccharides from thirteen boletus mushrooms [J]. International Journal of Biological Macromolecules，2018，113：1-7.

[23] 刘瑞馨，郭佳敏，刘锐，等. 黄秋葵籽多糖的组成结构及抗氧化活性研究 [J]. 食品安全质量检测学报，2021，12（15）：6132-6138.

［24］赵旭，席高磊，陈芝飞，等. 5种多孔菌发酵胞外多糖抗氧化性能研究［J］. 信阳师范学院学报（自然科学版），2021，34（3）：457-461，466.

［25］Xi G L, Liu Z Q. Coumestan inhibits radical-induced oxidation of DNA：is hydroxyl a necessary functional group?［J］. Age Food Chem，2014，62（24）：5636-5642.

［26］He J H, Li J Z, Liu Z Q. Synthesis of licochalcones and inhibition effects on radical-induced oxidation of DNA［J］. Med Chem Res，2013，22：2847-2854.

［27］X G L, Liu Z Q. Coumarin moiety can enhance abilities of chalcones to inhibit DNA oxidation and to scavenge radicals［J］. Tetrahedron，2014，70：8397-8404.

［28］王小莉. 香加皮多糖提取纯化及其在烟草中的保润增香效应研究［D］. 郑州：河南农业大学，2018.

［29］何保江，刘强，赵明月，等. 烟草保润性能测试方法［J］. 烟草科技，2009（2）：25-28，45.

［30］陶红，于立梅，郭文，等. 柚皮多糖在不同烟叶载体上保润特性的变化［J］. 现代食品科技，2014，30（2）：84-88，289.

［31］许春平，王充，曾颖，等. 烤烟上部鲜烟叶多糖的结构及保润性能［J］. 烟草科技，2017，50（4）：58-64.

［32］艾绿叶，任天宝，冯雪研，等. 响应面优化烟叶多糖磷酸化工艺及保润性评价［J］. 精细化工，2018，35（12）：2065-2071.

［33］张翼飞，刘志凯，林雨晟，等. 香加皮精多糖的单糖组成、热重和热裂解分析［J］. 食品工业科技，2019，40（6）：256-262，272.

［34］韩富根. 烟草化学［M］. 2版. 北京：中国农业出版社，2010.

［35］刘珊，张军涛，胡军，等. 裙带菜多糖的热裂解产物分析及卷烟应用研究［J］. 中国烟草学报，2013，19（5）：10-15.

［36］许春平，杨琛琛，郝辉，等. 香料烟烟叶多糖的热裂解产物研究［J］. 轻工科技，2014，30（8）：18-22.

［37］刘欢，楚桂林，何力，等. 多糖的热裂解性质分析及其在卷烟中的应用［J］. 食品与机械，2020，36（11）：217-222.

［38］谷风林. 酪蛋白美拉德产物的制备、性质及在烟草中的应用研究［D］. 无锡：江南大学，2010.

［39］刀宣权. 酚类物质对烟叶中香气的影响［J］. 中国农业信息，2013（7）：56-57.

［40］刘珊，张军涛，胡军，等. 裙带菜多糖的热裂解产物分析及卷烟应用研究［J］. 中国烟草学报，2013，19（5）：10-15.